INTERFACES PREDIAIS

Hidráulica, gás, segurança contra incêndio, elétrica, telefonia, sanitários acessíveis, NBR 15575: Edificações habitacionais – desempenho e BIM – nova forma de projetar

Blucher

PROF. ENG. ROBERTO DE CARVALHO JÚNIOR

INTERFACES PREDIAIS

Hidráulica, gás, segurança contra incêndio, elétrica, telefonia, sanitários acessíveis, NBR 15575: Edificações habitacionais – desempenho e BIM – nova forma de projetar

3ª edição revista e ampliada

Interfaces Prediais: hidráulica, gás, segurança contra incêndio, elétrica, telefonia, sanitários acessíveis, NBR 15575: Edificações habitacionais - desempenho e BIM - nova forma de projetar, 3ª ed.

Editora Edgard Blücher Ltda.

Publisher Edgard Blücher
Editor Eduardo Blücher
Coordenação editorial Jonatas Eliakim
Diagramação Thaís Pereira
Capa Laércio Flenic
Imagem da capa iStockphoto

Blucher

Rua Pedroso Alvarenga, 1245, 4º andar
04531-934 - São Paulo - SP - Brasil
Tel.: 55 11 3078-5366
contato@blucher.com.br
www.blucher.com.br

Segundo o Novo Acordo Ortográfico, conforme 5. ed. do *Vocabulário Ortográfico da Língua Portuguesa*, Academia Brasileira de Letras, março de 2009.

Dados Internacionais de Catalogação na Publicação (CIP) Angélica Ilacqua CRB-8/7057

Carvalho Júnior, Roberto de
Interfaces Prediais: hidráulica, gás, segurança contra incêndio, elétrica, telefonia, sanitários acessíveis, NBR 15575: edificações habitacionais - desempenho e BIM - nova forma de projetar/ Roberto de Carvalho Júnior. - 3ª ed. - São Paulo : Blucher, 2023.
308 p.

Bibliografia
ISBN 978-65-5506-410-0

1. Edifícios, estruturas, etc. - Projeto arquitetônico 2. Instalações hidráulicas e sanitárias 3. Instalações elétricas 4. Sistemas telefônicos 5. Prevenção de incêndios I. Título

22-5002 CDD 690

Índices para catálogo sistemático:
1. Edifícios, estruturas, etc. - Projeto arquitetônico

Aos meus queridos e inesquecíveis avós
Lucato e Lucrécia (in memoriam*),*
a minha mãe Arleider Lucato, e as minhas
filhas Lívia Beatriz e Maria Luísa, razão de tudo.

PALAVRAS INICIAIS

As instalações prediais constituem subsistemas que devem ser integrados ao sistema construtivo proposto pela arquitetura, de maneira harmônica, racional e tecnicamente correta.

Quando não há coordenação e/ou entrosamento entre o arquiteto e os profissionais contratados para a elaboração dos projetos complementares, pode ocorrer uma incompatibilização entre os projetos, o que, certamente, aparecerá depois, durante a execução da obra, gerando inúmeras improvisações para solucionar os problemas surgidos e finalizar a execução das instalações.

O desenvolvimento dos projetos dos sistemas prediais (hidráulicos e sanitários, gás, segurança contra incêndio, elétrica e telefonia) devem ser conduzidos concomitantemente com os projetos de arquitetura, estrutura, fundações e outros pertinentes do edifício, de modo que se consiga a compatibilização de todos os requisitos técnicos e econômicos envolvidos.

O conjunto de normas denominado NBR 15575:2013 (ABNT, 2013), cuja versão foi cancelada e atualizada em 2021, prevê a necessidade dessa integração, e foi desenvolvido com a finalidade de estabelecer um padrão de desempenho mínimo nas edificações habitacionais, visando a qualidade e a inovação tecnológica na construção, visto que muita coisa mudou na construção civil.

A área de instalações prediais é carente de uma bibliografia que atenda às necessidades do aprendizado acadêmico, e até mesmo dos profissionais, no que se refere às interfaces físicas e funcionais entre a arquitetura e as instalações prediais. Foi no decorrer do nosso trabalho como projetista e na área acadêmica, observando e resolvendo problemas afins, que resolvemos fazer uma espécie de cartilha preventiva, de modo a melhorar a qualidade dos projetos.

Pelo fato de as instalações do edifício ficarem embutidas (ocultas), pouca importância é dada ao seu projeto, sendo muito comum a execução de obras ricas em improvisações e gambiarras na busca por máxima economia, utilizando-se de materiais de qualidade inferior que, somados à baixa qualificação da mão de obra, acabam por comprometer a qualidade final da obra.

Este livro foi desenvolvido com o intuito de abordar as principais interferências e interfaces entre as instalações prediais e o projeto arquitetônico. Para tanto, apresenta noções básicas necessárias, ou seja, uma visão simplificada dos vários subsistemas das instalações prediais voltadas para o engenheiro civil, arquiteto ou *designer*, para que estes possam antecipar as soluções das interfaces, visando ao perfeito funcionamento das instalações. É importante ressaltar que essa compatibilização entre os vários subsistemas envolvidos na construção do edifício resultará em um correto andamento de obra, evitando improvisações.

Nesta nova edição, com colaboração dos colegas Marcelo Fabiano Costella e Gabriela Schneider de Souza Bottega, apresentamos um resumo da ABNT NBR 15575 - Edificações habitacionais - Desempenho, e com colaboração do engenheiro Renato Rodrigues Raimundo, apresentamos um capítulo especial sobre a tecnologia BIM, que vem sendo cada vez mais utilizada por escritórios de arquitetura e engenharia, tanto no Brasil quanto no exterior.

É importante ressaltar que este trabalho não tem por objetivo formar especialistas em instalações; por esse motivo, a parte relativa a cálculos e dimensionamentos foi basicamente substituída pela abordagem direta dos conceitos, tratando somente das instalações prediais e suas principais interfaces com a arquitetura. Houve também a preocupação de evidenciar as normas brasileiras que regem cada assunto tratado.

Para a elaboração deste livro, valemo-nos da bibliografia indicada e da experiência conquistada, no decorrer dos anos, como projetista de instalações e professor em curso de graduação nas áreas de Engenharia Civil e Arquitetura e Urbanismo.

PREFÁCIO

A obra do engenheiro civil, pós-graduado, consultor de sistemas e redes prediais e professor universitário Roberto de Carvalho Júnior tem reconhecida qualidade técnica e consistência mercadológica, a partir de um plano editorial, do objetivo de orientar estudantes e profissionais - destacadamente de Arquitetura -, e da experiência forjada em mais de trinta anos como projetista no campo de instalações de diferentes magnitudes e complexidades.

Carvalho Júnior lança os fundamentos de seu trabalho com duas publicações articuladas ao projeto de arquitetura, *Instalações hidráulicas e o projeto de arquitetura* (2007) e *Instalações elétricas e o projeto de arquitetura* (2009). Segue, então, com um título sobre *Patologias em sistemas prediais hidráulico-sanitários* (2013), e lança, após esse, o trabalho adicional e complementar *Instalações hidráulicas prediais: princípios básicos para elaboração de projetos* (2014). Agora, oferece às comunidades acadêmica e profissional este conteúdo sobre as *Interfaces prediais*, hidráulicas, elétricas, de telefonia e gás, aproximando-as aos projetos de arquitetura e estrutura.

Sua preocupação em aproximar os arquitetos à problemática de levar o conhecimento técnico de instalações prediais ao projeto de arquitetura, faz com que, hoje, seus livros sejam adotados nas escolas de arquitetura de todo país. Adicionalmente, pode-se apontar a sua convicção de que todos os procedimentos executivos devem se orientar pelo projeto, evitando dramáticas estatísticas de patologias originadas por falhas técnicas. Finalmente, também é válido mencionar sua consciência de que, sem o projeto, não se faz engenharia e não se pratica gestão e controle, presente em qualquer fase de seus empreendimentos e estruturando sua obra com métodos seguros para a elaboração de projetos.

Interfaces prediais nos prepara para a unificação dos esforços e conhecimentos das várias frentes de projeto e cálculo, visando a sua compatibilidade e aos máximos desempenhos físico e funcional, com as bases de design de arquitetura e estrutura. Prepara-nos, conceitualmente, por meio das interfaces, para o futuro imediato: a utilização dominante das plataformas BIM (Building Information Modeling), um processo tecnológico integrado que cria, usa e atualiza o modelo digital de uma obra, ou um conjunto de tecnologias, processos e políticas que possibilitam aos vários interessados e intervenientes, de modo colaborativo, que projetem, construam e operem uma edificação ou uma instalação. O BIM possibilita a simulação e a visão prévia definitiva de todas as articulações dos sistemas e de todo o processo de execução e montagem.

Interfaces prediais é o novo livro indispensável, mais um *bestseller*, do professor Roberto de Carvalho Júnior. É também mais uma realização editorial da Blucher, que se notabiliza por seu portfólio de publicações qualificadas.

Mário Sérgio Pini

Arquiteto, Ex-Diretor de Relações Institucionais

Grupo PINI

CONTEÚDO

CAPÍTULO 1

Interfaces dos sistemas hidráulicos e sanitários

1.1 CONSIDERAÇÕES GERAIS

As instalações prediais hidráulico-sanitárias têm como finalidade fazer a distribuição de água em quantidade suficiente e sob pressão adequada a todas as peças de utilização e aparelhos sanitários da edificação, promover a coleta e o afastamento adequados das águas pluviais e das águas servidas e impedir o retorno de águas poluídas nas canalizações de alimentação dos aparelhos, bem como a entrada de gases de esgotos, roedores ou insetos nos edifícios, criando, dessa maneira, condições favoráveis ao conforto e à segurança dos usuários.

O projeto hidráulico é indispensável ao bem construir, pois evita inúmeros erros na montagem das instalações. Quando o assunto é hidráulica, além de um bom projeto, é necessário o emprego de materiais de qualidade comprovada, pois os reparos no sistema de canalizações sempre apresentam custos elevados.

Para se ter uma ideia da negligência com relação ao projeto e à execução das instalações hidráulico-sanitárias, estima-se que a maior incidência de patologias dos edifícios é decorrente de problemas relacionados às instalações hidráulicas prediais, e a maior parte dessas falhas tem origem no projeto.

Por outro lado, um projeto arquitetônico elaborado com os equipamentos adequadamente localizados, tendo em vista suas características funcionais, compatibilizado com os projetos de estrutura, instalações e outros pertinentes, é condição básica para a perfeita integração entre os vários subsistemas construtivos. O projeto hidrossanitário harmoniosamente integrado aos demais projetos do edifício permitirá fácil operação e manutenção das instalações. Essa compatibilização entre os vários subsistemas envolvidos na construção do edifício resultará em um correto andamento de obra, evitando improvisações.

A quantidade e a complexidade dos equipamentos utilizados em instalações prediais vêm crescendo muito nos últimos anos. Nas instalações de água e esgoto, por exemplo, é possível listar uma série de itens que até pouco tempo não faziam parte do escopo básico dos edifícios residenciais, como estações de tratamento, sistemas de medição individualizada de água, aparelhos de aquecimento solar, equipamentos de reúso de águas pluviais, entre outros.

O grande desafio para os projetistas de instalações é organizar tudo isso em um espaço físico restrito e cada vez mais limitado pelo projeto arquitetônico e ainda garantir condições de operação e manutenção das instalações.

Os avanços conceituais e tecnológicos que vem ocorrendo na área das instalações prediais hidráulicas e sanitárias visam, sobretudo à qualidade total nas várias etapas que envolvem a implantação desses sistemas.

Dessa maneira, a adequação dos avanços observada nesse segmento está diretamente relacionada ao nível de atendimento das reais necessidades dos usuários. Cabe ao arquiteto planejar e prever essas necessidades.

A instalação e operacionalização desses novos conceitos, exigem do arquiteto a adoção de sistemas construtivos e a previsão de espaços adequados na concepção do projeto de arquitetura.

1.2 INTERFACES DO RAMAL PREDIAL COM O PROJETO ARQUITETÔNICO

Uma instalação predial de água fria pode ser alimentada de duas maneiras: pela rede pública de abastecimento ou por um sistema privado, quando a primeira não estiver disponível.

Quando a instalação for alimentada pela rede pública, a entrada de água no prédio será feita por meio do ramal predial, executado pela concessionária pública responsável pelo abastecimento, que interliga a rede pública de distribuição de água à instalação predial.

De maneira geral, todo sistema público que fornece água exige a colocação de um medidor de consumo, chamado hidrômetro. Esse dispositivo é instalado em um compartimento de alvenaria ou concreto, junto com um registro de gaveta, e a canalização ali existente é chamada de cavalete. Mas, frente à necessidade do uso racional da água muitas concessionárias tem adotado a utilização de caixas para proteção do cavalete de entrada de água. O abrigo para cavaletes de água é um produto industrializado, confeccionado em chapas de aço galvanizado e pintura eletrostática ou de policarbonato, destinado à proteção do hidrômetro e suas conexões nas entradas de água das residências, empresas, indústrias, condomínios e edifícios que possuem redes de distribuição de água. O produto possibilita melhor controle do consumo de água por parte das operadoras de água, do uso do hidrômetro, inibe fraudes e impede o vandalismo. O abrigo para cavaletes de água deve atender às normativas da concessionaria de água local.

Os equipamentos de medição de água e energia elétrica serão instalados pelas concessionárias, em local previamente preparado, dentro da propriedade particular, preferencialmente no limite do terreno com a via pública, em parede externa da própria edificação, em muros divisórios, e servirá para medir o consumo de água e energia elétrica da edificação.

A localização do compartimento que abriga o cavalete e do quadro de medição de energia elétrica vai depender basicamente do posicionamento dos ramais de entrada de água e de energia.

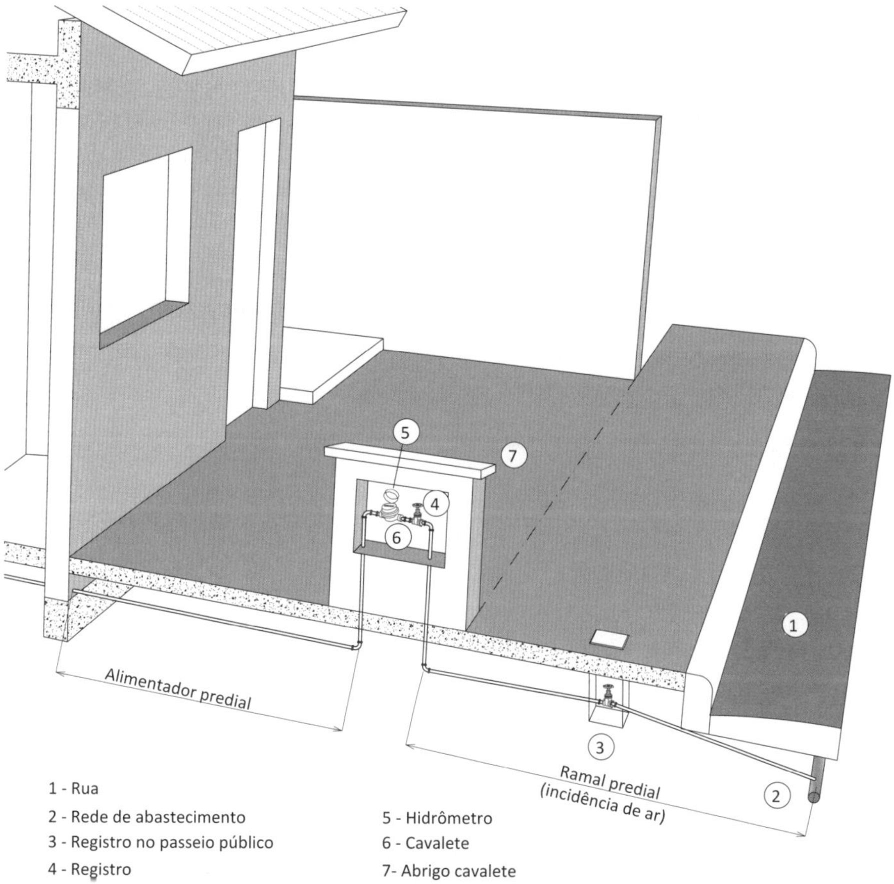

Figura 1.1 Detalhe da entrada de água fria.

Tabela 1.1 Dimensões do abrigo para o cavalete

Ramal predial diâmetro D (mm)	Hidrômetro		Cavalete diâmetro D (mm)	Abrigo/dimensões: altura, largura e profundidade (m)
	Consumo provável (m^3/dia)	Vazão característica (m^3/hora)		
25	5	3	25	0,85 x 0,65 x 0,30
25	8	5	25	0,85 x 0,65 x 0,30
25	16	10	32	0,85 x 0,65 x 0,30
25	30	20	40	0,85 x 0,65 x 0,30
32	50	30	50	2,00 x 0,90 x 0,40

Antes de iniciar o projeto, o arquiteto deve efetuar um estudo do terreno e da posteação da rua para definir a melhor localização do conjunto: hidrômetro, medidor de energia elétrica, caixa de correspondência, campainha com interfone e câmera de TV.

A entrada de água e de energia deve sempre ser composta de acordo com a ideia usada para o poste, de modo que se consiga uma coerência de padrões. Assim, se o poste foi embutido numa estrutura de alvenaria, o mesmo deve acontecer com a caixa de medição (centro de medição). Dessa maneira, facilita-se a medição do hidrômetro e do relógio de medição. Até para facilitar a medição do hidrômetro e do relógio de medição, as três peças (entrada de água, energia e poste) devem formar um só elemento no projeto arquitetônico.

Assim, vale ressaltar que o compartimento deve ter os painéis de leitura voltados para o lado do passeio público, para que possam ser lidos, mesmo que a casa esteja fechada ou sem morador.

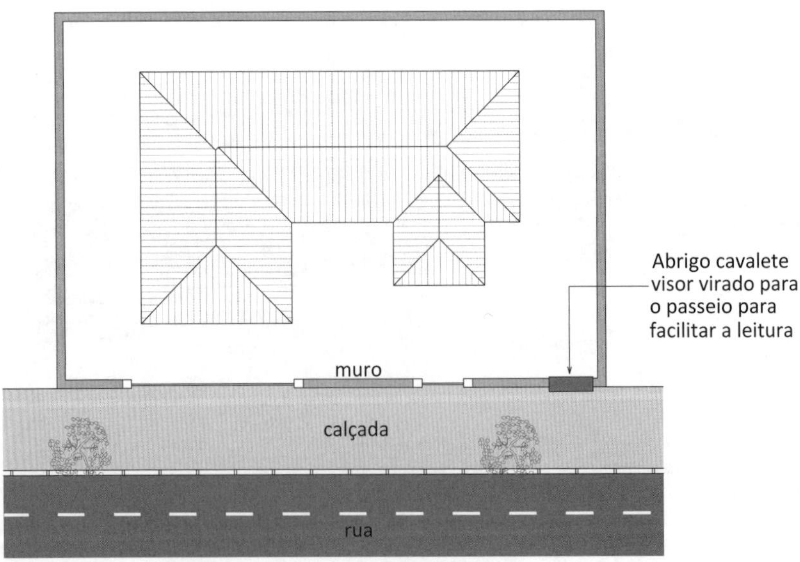

Figura 1.2 Localização do compartimento que abriga o cavalete.

1.3 CONCEPÇÃO DE SISTEMAS DE MEDIÇÃO INDIVIDUALIZADA

Independentemente de sua obrigatoriedade, a medição de água por meio de um único hidrômetro, em edifícios multifamiliares, há muito tempo vem sendo gradativamente substituída pela medição de água individualizada que constitui sinônimo de economia de água e justiça social (o consumidor paga efetivamente pelo seu consumo).

Esse tipo de medição sempre despertou o interesse de muitos arquitetos e projetistas, bem como dos administradores de condomínios e concessionárias (empresas) de abastecimento de água para combater a inadimplência.

A medição individual da água em condomínios prediais é importante por várias razões, dentre as quais se destacam: redução do desperdício de água e, consequentemente, do volume efluente de esgotos; economia de energia elétrica, em razão da redução do volume bombeado para o reservatório superior; e identificação de vazamentos de difícil percepção.

Em nível nacional, foi aprovada uma lei em julho de 2016, a Lei Federal 13.312, que determina que o uso de medidores individuais de água seja obrigatório em todos os imóveis entregues a partir de 2021.

O sistema consiste na instalação de um hidrômetro no ramal de alimentação de cada unidade habitacional, de modo que seja medido todo o seu consumo, com a finalidade de racionalizar o uso da água e fazer a cobrança proporcional ao volume consumido.

Dessa forma, em edifícios multifamiliares, não teremos mais várias colunas alimentando um apartamento, mas somente uma coluna alimentando vários apartamentos, com medição de água individualizada.

O sistema consiste na instalação de um hidrômetro no ramal de alimentação de cada unidade habitacional, de modo que seja medido todo o seu consumo, com a finalidade de racionalizar o seu uso e fazer a cobrança proporcional ao volume consumido.

A medição individual pode ser concentrada em um único local ou distribuída ao longo do edifício. Na medição concentrada, os medidores são posicionados próximos uns dos outros. Os locais mais indicados são na mesma área do barrilete ou, então agrupados no térreo ou subsolo do edifício. Isso facilita a instalação, manutenção e leitura dos medidores. Na medição distribuída os medidores são posicionados em todos os pavimentos do edifício, o mais próximo possível dos apartamentos.

A locação dos medidores nos halls de cada um dos pavimentos do edifício é a mais utilizada pelos projetistas, pois uma única coluna de distribuição derivada do barrilete pode alimentar todos os aparelhos de medição.

No sistema de medição de água individualizada (SMI), o ramal de distribuição principal (RDP) corresponde à tubulação derivada da coluna de distribuição. Este ramal se desenvolve horizontalmente pela unidade habitacional com o objetivo de abastecer o ramal de distribuição secundário (RDS), que por sua vez alimenta dois ou mais pontos de utilização dentro de cada área molhada (banheiro, cozinha e área de serviço).

O sub-ramal é o trecho que alimenta um único ponto de utilização.

É importante ressaltar que, nas edificações que empregam a medição individualizada, o uso de bacias sanitárias com válvulas de descarga é vetado.

1.3.1. INTERFACES COM A ARQUITETURA

O local da instalação dos medidores deve ser em área comum do edifício, sendo os medidores abrigados adequadamente e acessíveis para leitura visual e manutenção. Deve ser adotado um único medidor para cada unidade autônoma. Deve ser prevista a infraestrutura adequada para o sistema de medição remota dos hidrômetros – dutos para comunicação e alimentação dos medidores, ponto de energia elétrica.

O traçado da rede de distribuição no sistema de medição individual da água é diferente do sistema de distribuição convencional (sem medição individualizada).

As colunas de água são centralizadas, de modo que a distribuição horizontal é feita em cada apartamento, gerando a necessidade de rebaixo em gesso ou sancas no interior das unidades habitacionais. O sistema de medição individualizada deve ser integrado ao sistema construtivo proposto pela arquitetura, de forma harmônica, racional e tecnicamente correta. Portanto, o traçado da rede interna de distribuição dentro das unidades consumidoras deve ser estudado pelos profissionais envolvidos para minimizar o impacto na estética e no custo da instalação.

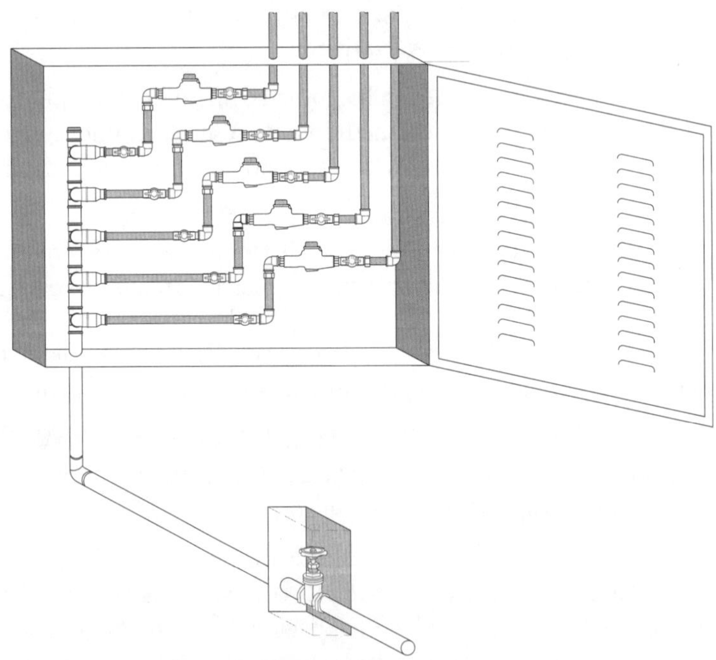

Figura 1.3 Caixa de proteção metálica para seis hidrômetros.

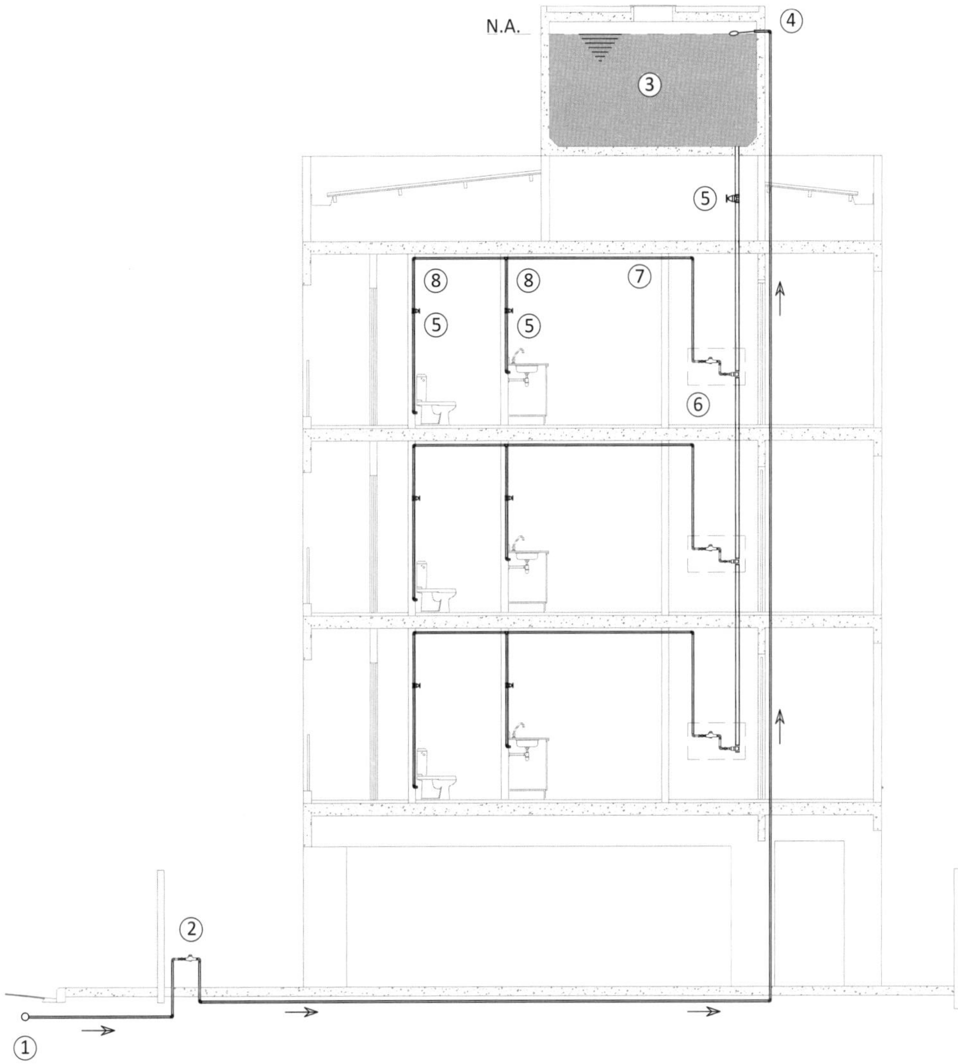

1 - Rede de abastecimento
2 - Hidrômetro principal
3 - Reservatório superior
4 - Abastecimento resevatório
5 - Registro
6 - Hidrômetro individual
7 - Ramal distribuição principal
8 - Ramal de distribuição secundário

Figura 1.4 Medição individualizada sem sistema de recalque.

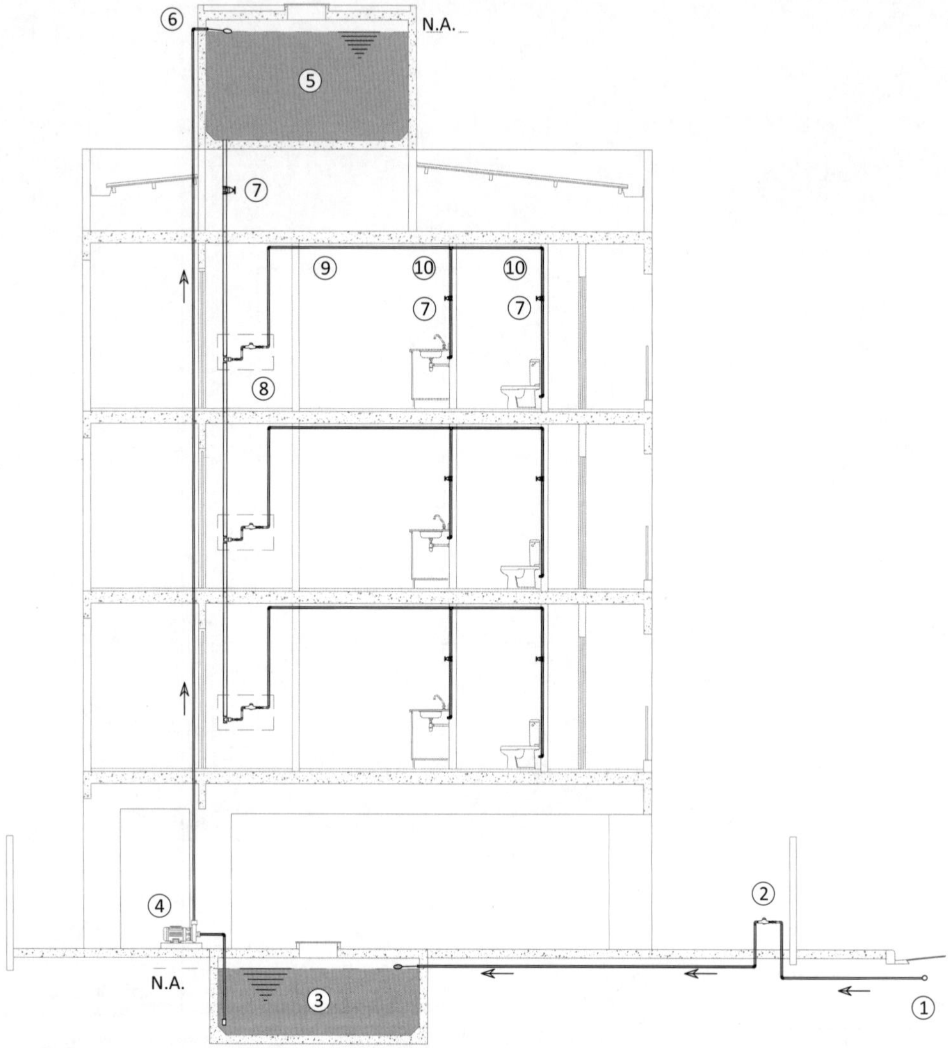

1 - Rede de abastecimento
2 - Hidrômetro principal
3 - Reservatório inferior
4 - Bomba centrifuga
5 - Reservatório superior
6 - Abastecimento reservatório
7 - Registro
8 - Hidrômetro individual
9 - Ramal de distribuição principal
10 - Ramal de distribuição secundário

Figura 1.5 Medição individualizada com sistema de recalque.

1.4 SISTEMAS DE ABASTECIMENTO DE ÁGUA E O PROJETO DE ARQUITETURA

Antes da elaboração do projeto arquitetônico deve-se definir o sistema de abastecimento da rede predial de distribuição. Existem três sistemas de abastecimento: direto, indireto e misto.

Cada um desses sistemas apresenta vantagens e desvantagens que devem ser analisadas pelo projetista de arquitetura, conforme a realidade local e as características do edifício em que esteja trabalhando. A seguir, são apresentadas as principais interfaces desses sistemas com o projeto arquitetônico.

1.4.1 SISTEMA DE DISTRIBUIÇÃO DIRETO

A alimentação da rede predial de distribuição é feita diretamente da rede pública de abastecimento. Nesse caso, não existe reservatório domiciliar, e a distribuição é feita de forma ascendente, ou seja, as peças de utilização de água são abastecidas diretamente da rede pública.

Esse sistema tem baixo custo de instalação, porém, se houver qualquer problema que ocasione a interrupção no fornecimento de água no sistema público, certamente faltará água na edificação.

Quando o tipo de abastecimento do sistema de distribuição é direto, devem ser tomadas precauções para que seus componentes não sejam submetidos a pressões elevadas.

Para evitar pressão excessiva nos aparelhos de uso de água as seguintes precauções devem ser tomadas: instalar um redutor de pressão na linha de abastecimento para reduzir a pressão da água para níveis seguros para os aparelhos de uso; a pressão da água deve ser verificada regularmente para garantir que ela esteja dentro dos limites de segurança; instalar válvulas de alívio de pressão em alguns equipamentos para aliviar a pressão excessiva quando necessário; instalar reguladores de fluxo nos aparelhos de utilização, como chuveiros, para reduzir a quantidade de água que flui através deles. Isso ajuda a manter a pressão sob controle.

As tubulações devem ser verificadas regularmente em busca de vazamentos e obstruções que possam aumentar a pressão da água.

Com relação ao projeto arquitetônico esse sistema dispensa reservatórios e apresenta menor custo da estrutura, pois há menor carga depositada sobre a edificação; dispõe de maior área útil, já que o espaço destinado aos reservatórios pode ser utilizado para outros fins e garante melhor qualidade de água, tendo em vista que o reservatório pode se constituir em fonte de contaminação (limpeza inadequada, possibilidade de entrada de elementos estranhos etc.).

A grande desvantagem desse tipo de sistema é que ele fica inoperante quando falta água na rede de abastecimento pública. Além disso, é um sistema que necessita de dispositivos para impedir o retorno da água e evitar a contaminação da rede pública.

Em caso de funcionamento inadequado do dispositivo (componente mecânico) pode ocorrer contaminação da rede pública.

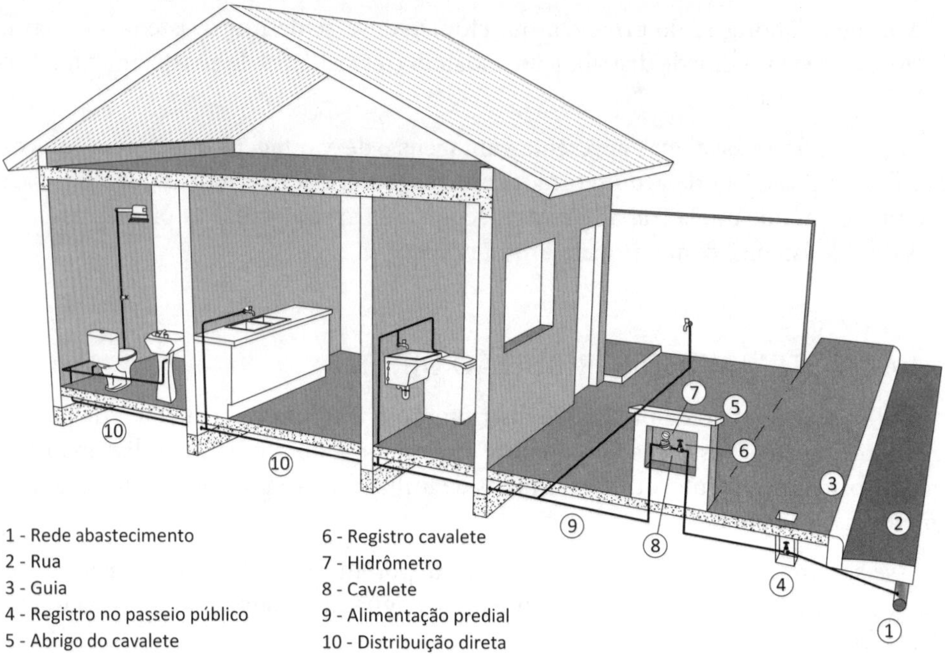

Figura 1.6 Sistema de distribuição direto.

1.4.2 SISTEMA DE DISTRIBUIÇÃO INDIRETO

No sistema indireto, adotam-se reservatórios para minimizar os problemas referentes à intermitência ou a irregularidades no abastecimento de água e a variações de pressões da rede pública. No sistema indireto, consideram-se três situações, descritas a seguir.

1.4.2.1 Sistema indireto sem bombeamento

Esse sistema é adotado quando a pressão na rede pública é suficiente para alimentar o reservatório superior. O reservatório interno da edificação ou do conjunto de edificações alimenta os diversos pontos de consumo por gravidade; portanto, ele deve estar sempre a uma altura superior a qualquer ponto de consumo.

Obviamente, a grande vantagem desse sistema é que a água do reservatório garante o abastecimento interno, mesmo que o fornecimento da rede pública seja provisoriamente interrompido.

A rede predial fica menos exposta às falhas da rede pública de abastecimento, uma vez que com o reservatório se garante, dentro do possível, a continuidade da vazão e pressão necessárias para o sistema predial. Por ser um sistema alimentado diretamente pela rede pública, ou seja, sem conjunto moto-bomba gera também economia de energia elétrica.

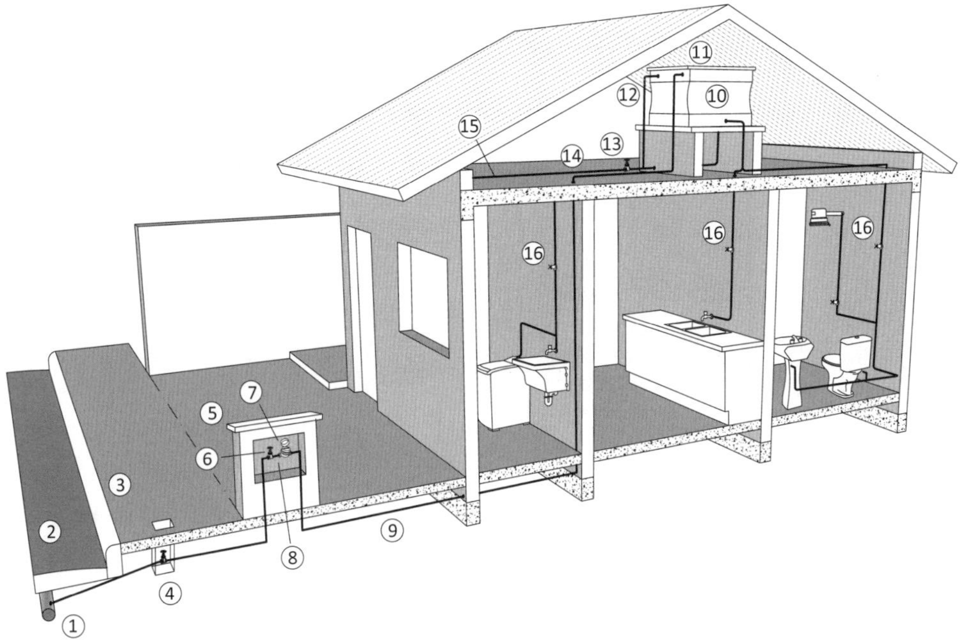

1 - Rede de abastecimento
2 - Rua
3 - Guia
4 - Registro no passeio público
5 - Abrigo do cavalete
6 - Registro cavalete
7 - Hidrômetro
8 - Cavalete
9 - Alimentação predial
10 - Reservatório
11- Abastecimento com bóia
12 - Ladrão
13 - Registro
14- Limpeza
15- Desagua na guia
16- Coluna de distribuição

Figura 1.7 Sistema indireto sem bombeamento.

1.4.2.2 Sistema indireto com bombeamento

Esse sistema, normalmente, é utilizado quando a pressão da rede pública não é suficiente para alimentar diretamente o reservatório superior – como em edificações com mais de dois pavimentos.

Nesse caso, adota-se um reservatório inferior, de onde a água é bombeada até o reservatório elevado, por meio de um sistema de recalque. A alimentação da rede de distribuição predial é feita por gravidade, a partir do reservatório superior.

Assim como no sistema indireto sem bombeamento, a rede predial fica menos exposta as falhas da rede pública de abastecimento, uma vez que com o(s) reservatório(s) se garante, dentro do possível, a continuidade da vazão e pressão necessárias para o sistema predial. Entretanto, pelo fato de possuir reservatórios existe a possibilidade de contaminação da água no reservatório por falta de manutenção (ausência de limpeza). Esse sistema apresenta maior custo: devido ao acréscimo de carga na estrutura, decorrente da existência de um reservatório superior; maior tempo de execução da obra, pois a existência de reservatório implica uma estrutura mais complexa e maior área de construção, com o acréscimo das áreas dos reservatórios (menor área útil).

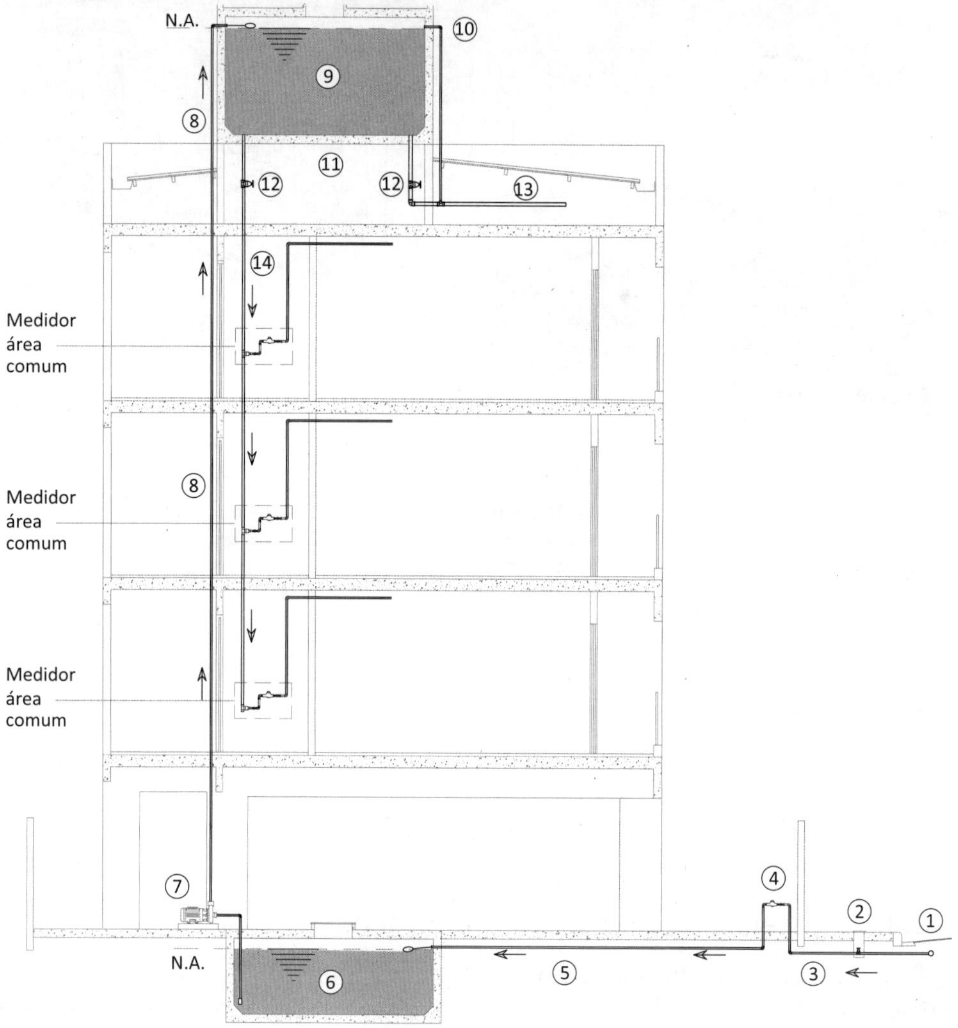

1 - Rua
2 - Registro passeio público
3 - Ramal predial
4 - Cavalete
5 - Alimentador predial
6 - Reservatório inferior
7 - Bomba recalque
8 - Tubulação recalque
9 - Reservatório superior
10 - Ladrão
11 - Barrilete
12 - Registro
13 - Limpeza
14 - Coluna de distribuição

Figura 1.8 Sistema indireto com bombeamento.

1.4.2.3 Sistema indireto hidropneumático

No sistema indireto hidropneumático, o escoamento na rede de distribuição é pressurizado através de um tanque de pressão contendo ar e água. Ele pode ser com ou sem bombeamento, ou, ainda, com bombeamento e reservatório inferior (RI). Ele é adotado sempre que há necessidade de pressão em determinado ponto da rede, que não pode ser obtida pelo sistema indireto por gravidade, ou quando, por razões técnicas e econômicas, se deixa de construir um reservatório elevado.

É um sistema que demanda alguns cuidados especiais. Além do custo adicional, exige manutenção periódica. Além disso, caso falte energia elétrica na edificação, ele fica inoperante, necessitando de gerador alternativo para funcionar.

Esse sistema tem custo elevado, exige manutenção frequente e pode ficar inoperante em caso de falta de energia elétrica, necessitando de gerador alternativo para que não haja falta de água. Assim, só é recomendado em casos especiais.

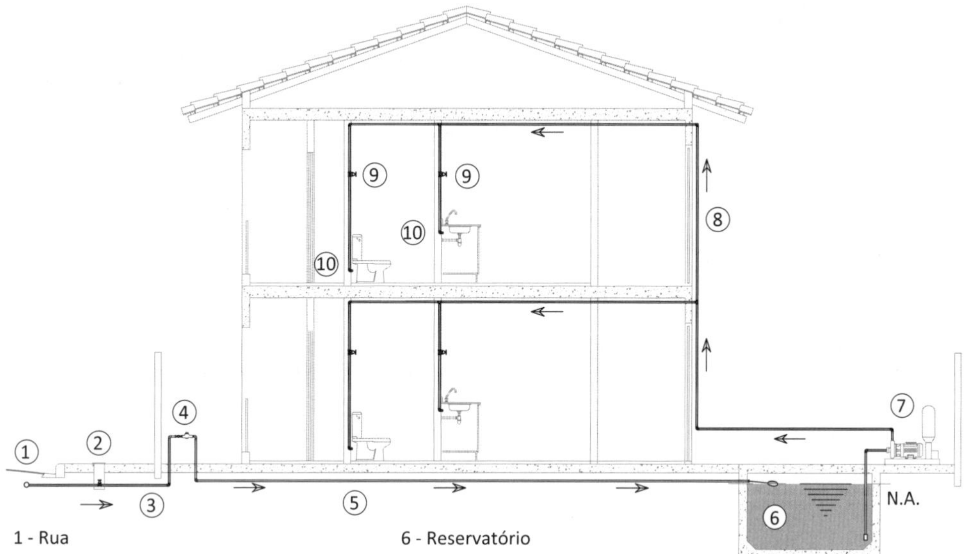

1 - Rua
2 - Registro Passeio Público
3 - Ramal Predial
4 - Cavalete
5 - Alimentador Predial
6 - Reservatório
7 - Sistema hidropneumático
8 - Coluna de Distribuição
9 - Registro
10 - Ponto de Distribuição

Figura 1.9 Sistema indireto hidropneumático.

1.4.3 SISTEMA DE DISTRIBUIÇÃO MISTO

No sistema de distribuição mista, parte da alimentação da rede de distribuição predial é feita diretamente pela rede pública de abastecimento, e parte é feita pelo reservatório superior.

Esse sistema é o mais usual e é mais vantajoso que os demais, pois algumas peças podem ser alimentadas diretamente pela rede pública, como torneiras externas, tanques em áreas de serviço ou edícula, situados no pavimento térreo. Nesse caso, como a pressão na rede pública quase sempre é maior do que a obtida a partir do reservatório superior, os pontos de utilização de água terão maior pressão.

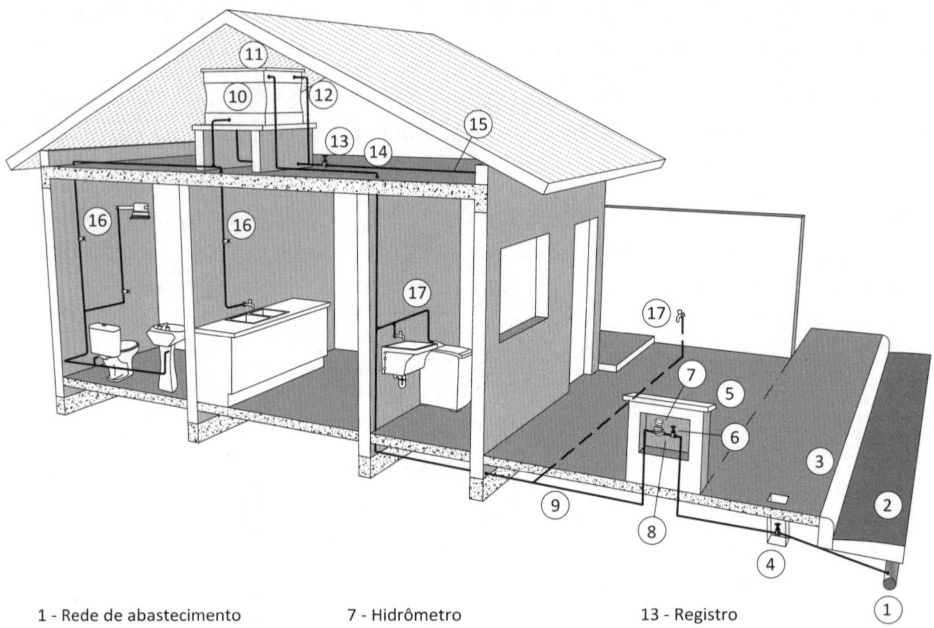

1 - Rede de abastecimento
2 - Rua
3 - Guia
4 - Registro no passeio público
5 - Abrigo do cavalete
6 - Registro cavalete
7 - Hidrômetro
8 - Cavalete
9 - Alimentação predial
10 - Reservatório
11- Abastecimento com bóia
12 - Ladrão
13 - Registro
14- Limpeza
15- Desagua na guia
16- Prumada de distribuição
17- Distribuição direta

Figura 1.10 Sistema de distribuição misto.

1.5 APARELHOS SANITÁRIOS E O PROJETO DE ARQUITETURA

O aparelho sanitário é um componente da instalação destinado ao uso da água ou ao recebimento de dejetos líquidos e sólidos (na maioria das vezes, pertencentes à instalação de esgoto sanitário). Incluem-se nessa definição aparelhos como lavatórios, bacias, bidês, banheiras de hidromassagem, pias, tanques, máquinas de lavar roupa e de lavar pratos etc.

Recomenda-se que as peças de utilização possuam vazões que permitam tornar o mais eficiente possível o uso da água nelas utilizadas, o que implica a redução do consumo de água a valores mínimos necessários e suficientes para o bom funcionamento dessas peças e para o atendimento dos requisitos do usuário.

A norma de desempenho NBR 15575-1:2021, em seu Anexo F, apresenta uma sugestão das possíveis formas de organização dos cômodos e dimensões compatíveis com as necessidades humanas. Essa parte da norma também indica as dimensões mínimas de mobiliário e circulação das áreas molhadas.

A definição e a localização desses aparelhos deverão, obrigatoriamente, constar do projeto arquitetônico. Para tanto, é necessário o conhecimento de alguns aspectos técnicos dos diversos aparelhos existentes no mercado como condição básica para uma perfeita integração e compatibilização da arquitetura com os projetos de estrutura e instalações do edifício. A estética e o custo também devem ser analisados pelo projetista, antes da escolha e especificação do produto.

As normas brasileiras fixam as exigências para fabricação dos aparelhos sanitários, que devem satisfazer às condições de conforto, higiene, facilidade de limpeza e desobstrução, durabilidade etc. Existe, no mercado, grande variedade de marcas e dimensões, todas buscando atender às condições mencionadas.

Em qualquer tipo de edifício, o arquiteto deve prever, no projeto, quantidades adequadas de aparelhos sanitários. Para isso, deve consultar o Código de Obras da municipalidade, para saber das exigências locais. Caso não consiga as informações necessárias, poderá consultar a Tabela 1.2, que serve de orientação aos projetistas. Essa tabela, publicada no Uniform Plumbing Code (IAPMO, 1955), apresenta as instalações sanitárias mínimas em função do tipo de edifício ou ocupação.

O conhecimento das normas pertinentes, assim como de alguns códigos estaduais que regulamentam a questão, é também de extrema importância. Muitos órgãos e entidades governamentais possuem suas próprias regulamentações, critérios e itens, que devem ser analisados e considerados para calcular a quantidade mínima de aparelhos no projeto de alguns tipos especiais de edificação, como escolas, hospitais, bancos, edifícios públicos etc.

Tabela 1.2 Instalações mínimas*

Tipo de edifício ou de ocupação	Bacias sanitárias	Mictórios	Lavatórios	Banheiras ou chuveiros	Bebedouros **
Residência ou apartamento ***	1 para cada residência ou apartamento + 1 para serviço		1 para cada residência	1 para cada residência ou apartamento + 1 chuveiro para serviço	

(continua)

Tabela 1.2 Instalações mínimas* *(continuação)*

<table>
<tr><th>Tipo de edifício ou de ocupação</th><th colspan="2">Bacias sanitárias</th><th>Mictórios</th><th colspan="2">Lavatórios</th><th>Banheiras ou chuveiros</th><th>Bebedouros **</th></tr>
<tr><td>Escolas primárias</td><td colspan="2">Meninos:
1 para cada 100;
meninas:
1 para cada 35</td><td>1 para cada
30 meninos</td><td colspan="2">1 para cada
60 pessoas</td><td></td><td>1 para cada 75 pessoas</td></tr>
<tr><td>Escolas secundárias</td><td colspan="2">Meninos:
1 para cada 100;
meninas:
1 para cada 45</td><td>1 para cada
30 meninos</td><td colspan="2">1 para cada
100 pessoas</td><td>1 para cada 20 alunos (havendo educação física)</td><td></td></tr>
<tr><td rowspan="2">Edifícios públicos ou de escritórios</td><td>Número de pessoas
1-15
16-35
36-55
56-80
81-110
111-150</td><td>Número de aparelhos
1
2
3
4
5
6</td><td rowspan="2">Havendo mictórios, instalar 1 WC a menos para cada mictório, desde que o número de WC não seja reduzido a menos de $\frac{2}{3}$ do especificado</td><td>Número de pessoas
1-15
16-35
36-60
61-90
91-125</td><td>Número de aparelhos
1
2
3
4
5</td><td rowspan="2"></td><td rowspan="2">1 para cada 75 pessoas</td></tr>
<tr><td colspan="2">Acima de 150, adicionar
1 aparelho para
cada 40 pessoas</td><td colspan="2">Acima de 125, adicionar
1 aparelho para
cada 45 pessoas</td></tr>
<tr><td rowspan="2">Indústrias</td><td>Número de pessoas
1-9
10-24
25-29
30-74
75-100</td><td>Número de aparelhos
1
2
3
4
5</td><td rowspan="2">Havendo mictórios, instalar 1 WC a menos para cada mictório, desde que o número de WC não seja reduzido a menos de $\frac{2}{3}$ do previsto</td><td>Número de pessoas
1-100</td><td>Número de aparelhos
1 para cada 10 pessoas</td><td rowspan="2">1 chuveiro para cada 15 pessoas expostas a calor excessivo ou contaminação de pele com substâncias venenosas ou irritantes</td><td rowspan="2">1 para cada 75 pessoas</td></tr>
<tr><td colspan="2">Acima de 100, adicionar
1 aparelho
para cada
30 empregados</td><td colspan="2">Acima de 100,
1 para cada
15 pessoas****</td></tr>
</table>

(continua)

Tabela 1.2 Instalações mínimas* *(continuação)*

Tipo de edifício ou de ocupação	Bacias sanitárias		Mictórios		Lavatórios		Banheiras ou chuveiros	Bebedouros **
Teatros, auditórios e locais de reunião	Número de pessoas	Número de aparelhos	Número de pessoas homens	Número de aparelhos	Número de pessoas	Número de aparelhos		1 para cada 100 pessoas
	1-100 101-200 201-400	1 2 3	1-100 101-200 201-600	1 2 3	1-200 201-400 401-750	1 2 3		
	Acima de 400, 1 aparelho para cada 500 homens ou 300 mulheres		Acima de 600, 1 aparelho para cada 300 homens adicionais		Acima de 750, 1 para cada 500 pessoas			
Dormitórios	Número de pessoas	Número de aparelhos homem/mulher	1 para cada 25 homens Acima de 150, adicionar 1 aparelho para cada 50 homens		1 para cada 12 pessoas (prever lavatórios para higiene dental, na razão 1 para cada 50 pessoas). Adicionar 1 lavatório para cada 20 homens, 1 para cada 15 mulheres		1 para cada 8 pessoas. No caso de dormitório de mulheres, adicionar banheiras, 1 para cada 30 pessoas	1 para cada 75 pessoas
	1-10 1-8	1/0 0/1						
	Acima de 10, 1 para cada 25 homens adicionais							
	Acima de 8, 1 para cada 20 mulheres adicionais							

* Fonte: IAPMO, 1955.

** Bebedouros não devem ser instalados em compartimentos sanitários.

*** Um tanque para cada residência ou dois para cada dez apartamentos. Uma pia de cozinha para cada residência ou apartamento.

**** Onde houver contaminação da pele com germens ou matérias irritantes, prever um lavatório para cada cinco pessoas.

1.5.1 INSTALAÇÕES EM BANHEIROS

Para as áreas destinadas à higiene pessoal, recomenda-se que os projetos de arquitetura de edifícios habitacionais prevejam, no mínimo: lavatório, chuveiro (box) e bacia sanitária. No caso de lavabos, não é necessário o chuveiro

O planejamento das instalações de um banheiro é de fundamental importância para se obter resultados satisfatórios quanto a seu uso e funcionamento. Portanto, ao projetá-lo, deve-se levar em consideração a tipologia de suas utilizações (residencial, comercial, industrial etc.), não esquecendo que se está criando ou reorganizando um espaço de utilização específica, cujas dimensões devem oferecer um conforto adequado quanto à distribuição das peças. Para atender aos parâmetros de conforto e funcionalidade, antes da elaboração do projeto, é extremamente importante pesquisar alguns detalhes técnico-construtivos nos catálogos dos fabricantes de aparelhos e dispositivos hidrossanitários, bem como em algumas revistas específicas[1].

Para uma boa distribuição interna das peças, as boas normas de higiene determinam que se coloque, sequencialmente, a partir do vão de acesso: lavatório, vaso sanitário, ducha higiênica, chuveiro e banheira.

1.5.1.1 Lavatório

Os lavatórios podem ser de bancada, de parede ou de coluna, existentes no mercado em grande variedade de modelos e dimensões. No projeto, o profissional deve especificar o tipo mais indicado, analisando o uso, a função, a estética e o conforto, além do custo final. Se especificar uma cuba de embutir ou de sobrepor, por exemplo, haverá necessidade de uma bancada de granito ou similar, além de sifões e engates com melhor acabamento, se forem ficar aparentes. Por outro lado, os lavatórios de coluna têm custo final mais baixo, por esconderem o sifão e os engates, mas eliminam a possibilidade de utilização de armários sob a bancada.

Quanto ao uso, os lavatórios poderão ser do tipo individual ou coletivo. Nesse caso, é importante indicar torneiras que controlem o racionamento de água, além de deixar uma distância mínima de 60 cm do eixo de uma cuba a outra, quando em uma mesma bancada.

A alimentação de água poderá ser feita só com água fria ou com água fria e quente (por meio de aparelho misturador). O ponto de água fria deve ser localizado a 10 cm do eixo de simetria da peça; quando fria e quente, a 20 cm. A altura de ambos os pontos é de 60 cm do piso acabado.

O esgotamento do aparelho é realizado a partir da válvula que fica acoplada a um sifão (plástico ou metálico), e, a partir deste, vai para uma caixa sifonada. A altura do ponto de saída de esgoto é a 50 cm do piso acabado.

A norma que especifica os requisitos para a instalação de lavatórios é NBR 16728-2:2019 -Tanques, lavatórios e bidês Parte 2: Procedimento para instalação. Para o caso de aparelhos sanitários para utilização por portadores de necessidades especiais, deve-se consultar a NBR 9050:2020 - Acessibilidade a edificações, mobiliário, espaços e equipamentos urbanos.

1 Netto; Morais, 1990.

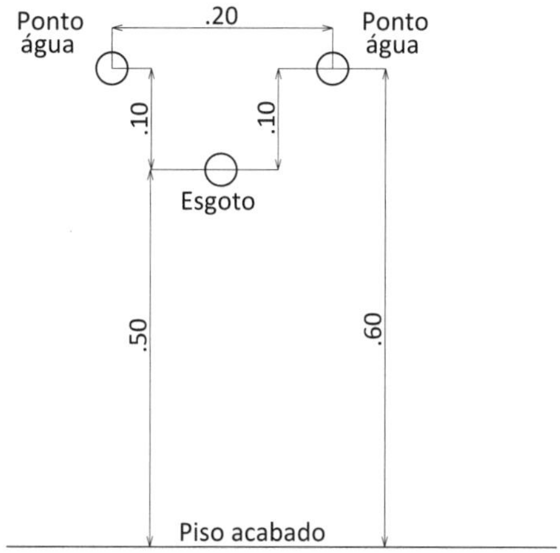

Figura 1.11 Instalação de lavatório.

1.5.1.2 Bacia sanitária

Atualmente, existem no mercado vários modelos de bacia, mas o que os difere, basicamente, é o dispositivo de funcionamento. As bacias podem funcionar por sifonagem (bacias convencionais que descarregam o esgoto para baixo) ou pelo princípio do arraste (bacias de saída horizontal, que podem direcionar o fluxo tanto no sentido horizontal como para baixo).

A limpeza das bacias poderá ser feita por meio de válvula ou caixa de descarga. A válvula apresenta a desvantagem do barulho e o alto consumo de água, particularmente as mais antigas. A caixa apresenta como desvantagens a demora entre duas descargas consecutivas, a maior necessidade de manutenção e o aspecto estético e/ou de dimensionamento; ela pode ser suspensa, embutida na parede ou ainda acoplada ao vaso sanitário, com capacidades que variam de acordo com o fabricante.

Os dispositivos de descarga evoluíram muito nos últimos anos. As caixas vêm conseguindo, gradativamente, aumentar sua participação no mercado brasileiro, depois de muita resistência por parte dos consumidores. Duas razões têm justificado essa resistência: o sistema operacional é mais lento e o equipamento ocupa mais espaço no banheiro.

Se o dispositivo escolhido for válvula de descarga, a distância (altura) mínima entre a válvula e a saída da água do reservatório deverá ser de 2 m. Uma distância menor poderá comprometer o bom funcionamento da válvula. Essa medida determina a bitola da válvula, que é responsável pela quantidade de água no vaso. Em residências, usualmente, utiliza-se a bitola de $1\frac{1}{2}$" (uma polegada e meia), adequada para baixa pressão, com saída exclusiva da caixa-d'água, para não comprometer a vazão do chuveiro ou da torneira do lavatório. Para pressões (alturas) acima de 15 m.c.a., deve-se utilizar válvulas com bitola de $1\frac{1}{4}$" (uma polegada e um quarto).

Em bacias sanitárias com caixa acoplada, a tubulação é mais leve, ½" (meia polegada), e não exige saída exclusiva do reservatório, pois a descarga da bacia não interfere na vazão das demais peças de utilização. O ponto de esgoto deve ter seu eixo de 30 cm a 45 cm da parede, dependendo do modelo adotado.

Quando o dispositivo de limpeza utilizado for válvula de descarga ou caixa de embutir, a saída de água para a bacia sanitária será sempre a 33 cm do piso acabado. O ponto de esgotamento deve ter seu eixo de 25 cm a 30 cm da parede, dependendo do modelo adotado. O esgotamento é feito ligando-se a saída da bacia sanitária ao esgoto primário.

A norma que especifica os requisitos para as bacias sanitárias (convencionais, com caixa acoplada e integrada) fabricadas em qualquer material, destinadas à instalação em sistema predial de água potável é a NBR 16727-1:2019 - Bacia sanitária - Parte 1: Requisitos e métodos de ensaio.

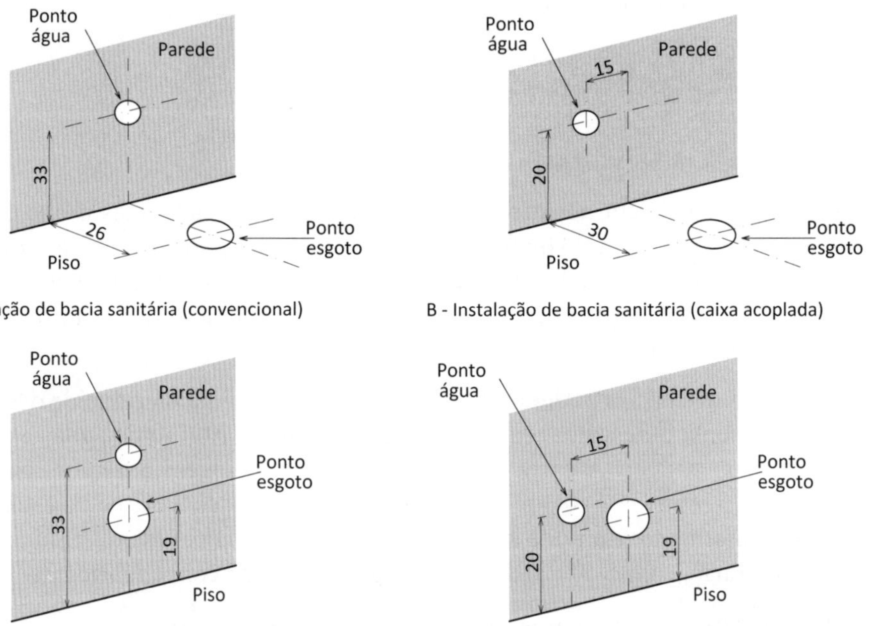

A - Instalação de bacia sanitária (convencional)

B - Instalação de bacia sanitária (caixa acoplada)

C - Bacias convencionais com saída horizontal apoiadas no piso ou suspensas.

D - Bacias com caixa acoplada com saída horizontal apoiadas no piso.

Figura 1.12 Instalação de bacias sanitárias (pontos de água e esgoto).

1.5.1.3 Bidê e ducha manual

Bidê é uma palavra que vem do francês, *bidet*, uma invenção francesa do final do século XVII ou do começo do XVIII, embora não se saiba exatamente a data e o inventor. Defendido por uns e criticado por outros, o bidê foi uma peça bastante comum nos banheiros das residências de classes média e alta.

Tecnicamente, o uso do bidê sempre foi muito questionado pela possibilidade de ocorrer a contaminação da rede de abastecimento de água potável por retrossifonagem. Seu uso deve ser evitado para fazer a higiene íntima, pois pode haver risco de contaminação por fezes que ficam nos orifícios do chuveiro fixo do bidê. Por essa razão, há muito tempo o bidê vem sendo gradativamente substituído pela ducha manual, instalada próxima à bacia sanitária. Na ausência da ducha higiênica, o mais indicado é usar o chuveirinho móvel, aquele que fica na mangueira do chuveiro.

O ponto de alimentação de água fria do bidê deve ser a 20 cm do piso acabado. Quando alimentado por água fria e quente, utilizando-se misturador, a altura é a mesma, e os pontos devem ficar simétricos em relação ao eixo da peça, com um espaçamento de 20 cm, sendo o ponto da esquerda o convencionado para água quente.

O ponto de esgotamento deve ter seu eixo a 25 cm da parede, dependendo do fabricante e do modelo adotado. O esgotamento é feito por ligação do ramal de descarga do bidê à caixa sifonada.

As duchas higiênicas são uma alternativa moderna ao bidê. Adaptam-se a banheiros de qualquer tamanho e proporcionam mais conforto aos usuários.

Os pontos de alimentação de água fria e quente devem ser a 50 cm do piso acabado. No uso profissional, a ducha manual também é indicada para a lavagem de cabelos em salões de beleza, e sua altura pode ser adaptada em função de uso.

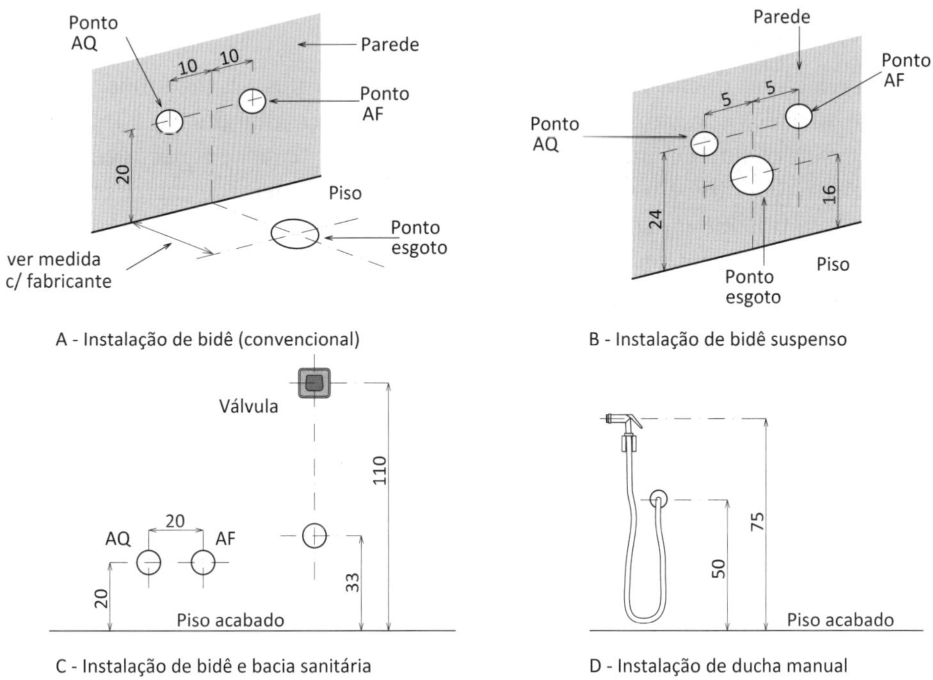

Figura 1.13 Instalação de bidê e ducha manual.

1.5.1.4 Chuveiro e ducha

São bastante diversificados os modelos existentes. Há as duchas e os chuveiros elétricos, em que a água é aquecida. A diferença é que as duchas apresentam jato concentrado e sem abertura, enquanto os chuveiros têm jato disperso e com certa abertura do jato de água.

O chuveiro exige um investimento inicial baixo e gasta menos água em comparação com as duchas acionadas por misturador, e sua instalação é mais simples. Apesar desses atrativos, pode ser o vilão dos gastos de energia elétrica dentro de uma residência, sendo responsável por 24% da conta de luz (em uma casa com quatro pessoas), de acordo com os dados do Procel (Programa Nacional de Conservação de Energia Elétrica). Outra desvantagem é a limitação em relação à temperatura e à vazão da água.

Na instalação de chuveiros elétricos, devem ser observadas as exigências previstas na NBR 5410:2004 - Instalações Elétricas de baixa tensão. Também é importante seguir as instruções do manual de instalação, pois nele há informações importantes referentes à parte elétrica. Em geral, os chuveiros exigem uma pressão mínima de 1 m.c.a. Como a pressão de uso varia de acordo com o modelo, deve-se verificar o número indicado na embalagem.

Os chuveiros devem ser instalados em pequeno recinto, separado das demais instalações. Esse compartimento destinado ao banho é denominado *box* e tem dimensões mínimas de 80 cm × 80 cm. O ponto de abastecimento deve ficar a 2,20 m do piso acabado.

Com relação às duchas, são vários os modelos existentes. Os desenhos, formatos e recursos variados chamam a atenção, mas, ao escolher uma ducha, é importante lembrar que elas requerem misturadores de água e um sistema de aquecimento (solar, a gás ou elétrico)[2]. Também se encontram disponíveis no mercado cabines e colunas de banho, que funcionam como hidromassagem e vêm prontas para instalar. Esses produtos, porém, exigem aquecimento central.

Ao escolher uma ducha, é importante saber se o modelo é compatível com o projeto de hidráulica (ver no manual do fabricante a pressão exigida e a vazão do aparelho, que corresponde ao volume de água por minuto). Se o modelo escolhido for um chuveiro de teto, a escolha deve ser feita ainda na fase de projeto, para que a tubulação seja embutida na laje, sem transtornos.

A instalação de uma ducha de teto é um pouco mais complexa, por isso é recomendável que um profissional qualificado seja contratado para executar o trabalho.

2 Medeiros; Baracuhy, 2008

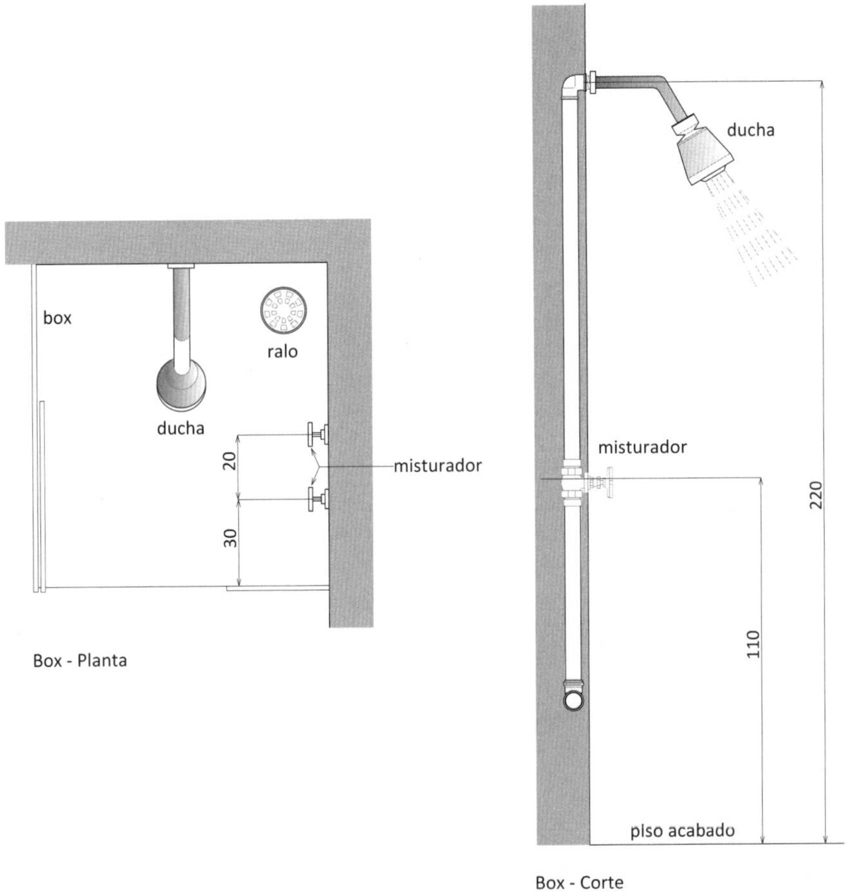

Figura 1.14 Instalação de chuveiro.

1.5.1.5 Pressão de água no chuveiro

Uma boa pressão de água é fundamental na hora do banho. A pressão é diretamente proporcional à distância, em altura, do fundo do reservatório até o tubo de vazão (ponto de saída de água para o chuveiro). Dessa maneira, quanto mais alto o reservatório, maior a pressão da água no chuveiro.

A distância mínima recomendável da base do reservatório à saída da ducha deve ser de 2 m de altura. Caso a localização do reservatório no projeto de arquitetura não permita essa distância, deve-se recorrer a equipamentos especiais para atingir uma pressão satisfatória (veja Figura 1.15). Os equipamentos mais indicados, nesse caso, sao os pressurizadores. Dependendo do modelo, podem ser instalados na rede de distribuição ou no próprio chuveiro.

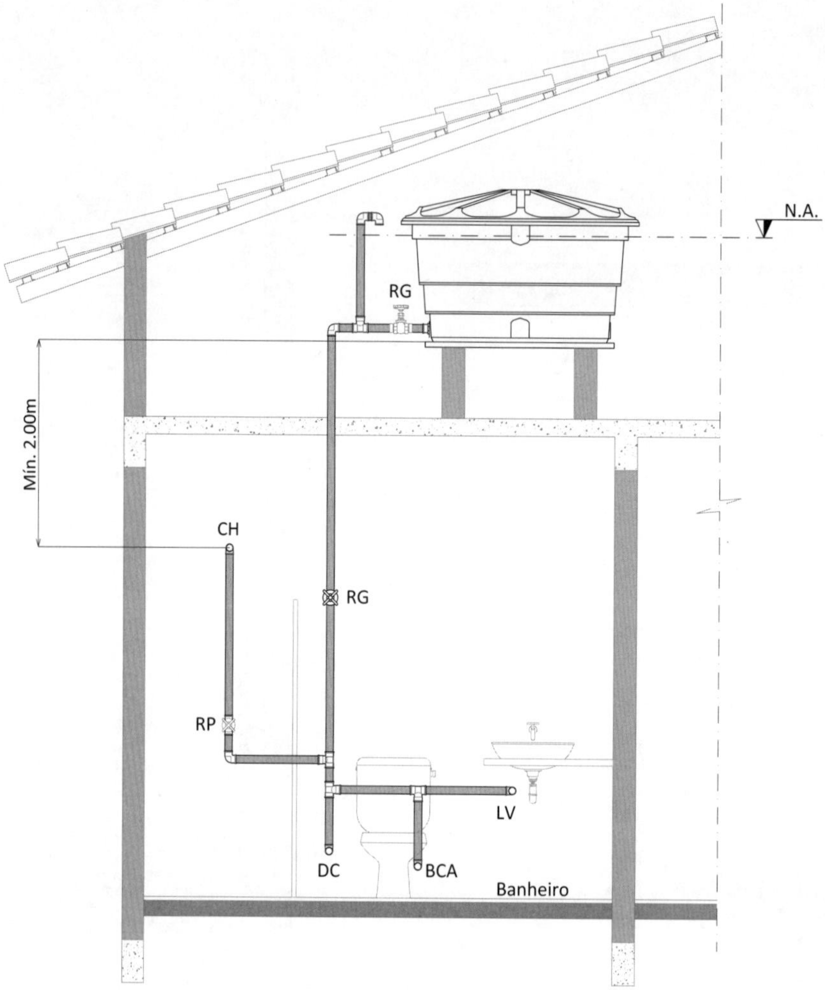

Figura 1.15 Distância mínima da base do reservatório à saída da ducha.

1.5.1.6 Banheiras

Existem no mercado diversos modelos de banheira de hidromassagem, fabricadas em diversos formatos (retangular, circular, de canto etc.) e dimensões. Essas banheiras são fabricadas em fibra de vidro, com piso antiderrapante, assento anatômico e apoios laterais para braços. Podem também ser executadas no local e revestidas com azulejo, mármore, epóxi etc.

Independentemente do tipo, é indispensável deixar uma área livre de pelo menos 60 cm, ao lado da banheira, para que o usuário possa enxugar-se e movimentar as torneiras e registros. Também é importante a opção por pisos antiderrapantes e alças de apoio, para evitar acidentes.

O abastecimento de água nas banheiras, quase sempre, é realizado com água fria e quente, e as banheiras devem ser equipadas com dispositivo misturador. A altura dos registros de pressão deve ser de 60 cm do piso acabado, dependendo exclusivamente do modelo adotado e do fabricante. Os pontos de alimentação de água fria e quente devem ficar simétricos, com um espaçamento entre si de 15 cm a 20 cm, sendo o ponto da esquerda o convencionado para água quente.

O esgotamento é realizado a partir da válvula de fundo diretamente para a caixa sifonada. A altura de saída de esgoto em relação ao piso acabado deve ser de 40 cm, dependendo também do modelo adotado e do fabricante.

Apesar da simplicidade da instalação (os modelos já vêm com todo o encanamento interno e a bomba elétrica adequada), a banheira de hidromassagem requer muita atenção, pois o equipamento funciona com água pressurizada e aquecida, duas características que, por si só, demandam maiores cuidados. Também deve-se evitar o uso excessivo de conexões, que sempre aumentam as chances de problemas. A bomba de hidromassagem jamais deve ser acionada com a banheira vazia, pois existe o risco de danificar o motor.

Outro detalhe que não deve ser esquecido é a caixa sifonada do banheiro, que precisa ter uma vazão maior para suportar a água e a espuma (provenientes da banheira) que entram no sistema de esgoto. Nesse caso, adota-se caixa com saída de diâmetro de 75 mm.

A capacidade da banheira é um dado básico para o dimensionamento correto da instalação de água quente. A localização e a capacidade, especificadas no projeto arquitetônico, são fundamentais para a elaboração do projeto hidráulico.

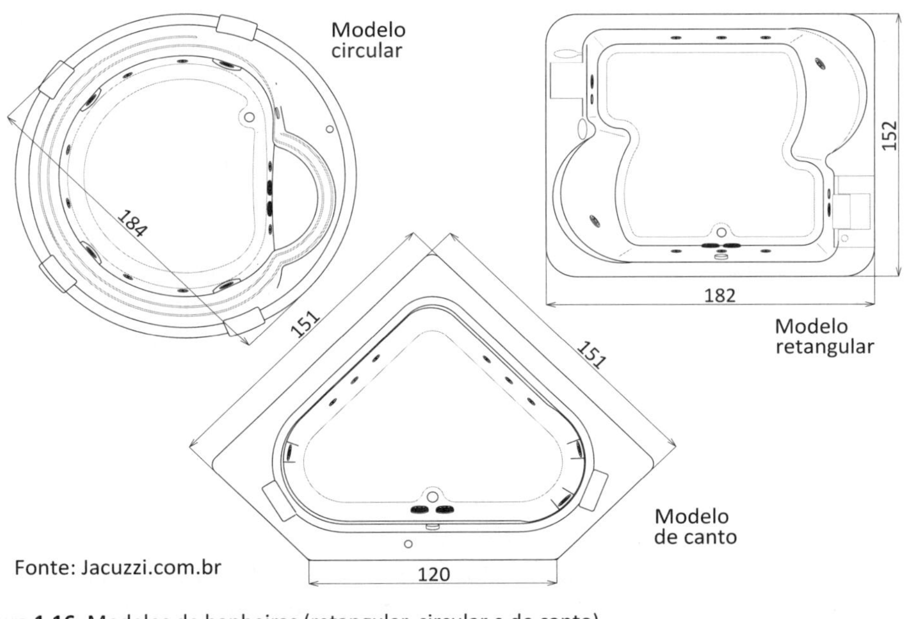

Fonte: Jacuzzi.com.br

Figura 1.16 Modelos de banheiras (retangular, circular e de canto).

1.5.2 INSTALAÇÕES EM COZINHAS

Para as áreas destinadas ao preparo de alimentos, é previsto, além de móveis e eletrodomésticos, no mínimo uma pia de cozinha, sendo opcional a instalação de máquina de lavar louças.

Para planejar as instalações de uma cozinha, primeiro o arquiteto deve definir quais equipamentos serão nela utilizados, pois o projeto hidráulico depende da localização não só da pia, como também da máquina de lavar louças, do filtro e de geladeiras que fazem gelo. A presença de ralos em cozinhas só se justifica pela necessidade de lavagem constante, como em cozinhas industriais. Os ralos, comumente sifonados, poderão perder seu fecho hídrico e permitir a entrada de insetos e odores desagradáveis no ambiente.

1.5.2.1 Pia

A pia de cozinha divide-se em duas partes: o tampo e a cuba. Elas poderão ter uma ou duas cubas, de formato quadrado ou retangular. O material da cuba normalmente utilizado nas instalações prediais é o aço inoxidável. O tampo pode ser de pedra natural, granito industrializado (feito de granito moído e resina acrílica), fibra, alumínio, aço inoxidável etc. Antes de comprar uma pia, é importante verificar as medidas do tampo e a profundidade da cuba, para saber se ela se encaixa no projeto. Se a opção for uma pia com duas cubas, deve-se também optar por torneiras com bica móvel, que se movimentam para os lados. Durabilidade e facilidade de manutenção também são pontos importantes a serem analisados.

O abastecimento de água poderá ser apenas com água fria, ou com água fria e quente, por meio de um dispositivo misturador. Os pontos de água devem estar entre 1,10 m e 1,15 m de altura do piso acabado. Quando a alimentação for de água fria e quente, os pontos deverão apresentar simetria em relação ao eixo da cuba, com um espaçamento de 20 cm. Para a água não espirrar, o jato da torneira deve cair exatamente sobre o ralo da cuba.

A altura do ponto de saída de esgoto é de 55 cm do piso acabado. O esgotamento é realizado a partir da válvula de fundo acoplada a um sifão, e deste para uma caixa de gordura, nos edifícios térreos, ou tubo de gordura, nos edifícios com mais de um pavimento. Na utilização de aparelhos trituradores em pias de cozinha, deve-se atentar para sua adequação ao sistema, segundo recomendações do fabricante.

1.5.2.2 Máquina de lavar louças

As máquinas de lavar louça não são utilizadas no Brasil com a frequência com que são utilizadas em outros países. Não obstante, com a aceitação crescente, o consumo de água e de energia nesses equipamentos deve ser objeto de consideração, uma vez que cerca de 18% do consumo de água total em uma residência ocorre na cozinha. Porém, é importante lembrar que a evolução tecnológica das máquinas de lavar louça também resulta no desenvolvimento de lava-louças mais eficientes e econômicas.

Existem vários modelos no mercado. Para a escolha do modelo, é preciso considerar basicamente dois aspectos: onde a máquina será colocada (no chão, sobre a pia ou embutida dentro de armário) e a capacidade que a lava-louças deve ter (número de serviços).

Na instalação convencional, o abastecimento de água é feito por meio de ponto, a 60 cm do piso. A alimentação de água fria deve ser proveniente de uma torneira com bocal de rosca ¾" (19 mm), no qual será rosqueada a mangueira de entrada. A máquina de lavar louças também pode ser conectada à alimentação de água quente da residência, desde que não ultrapasse a temperatura de 60 °C. Caso isso ocorra, o tempo de lavagem será reduzido em aproximadamente 15 minutos, e a eficiência da lavagem será prejudicada. A conexão para água quente deverá seguir o mesmo procedimento utilizado para a água fria.

A altura do ponto de saída de esgoto é de 60 cm a partir do piso acabado. A canalização para o esgotamento da máquina de lavar louças deverá ser de PVC rígido, com diâmetro de 40 mm. As águas servidas deverão ser escoadas para uma caixa sifonada com tampa cega (para evitar o refluxo de espuma para dentro do compartimento), e posteriormente lançadas à rede coletora de esgoto.

Por ocasião da elaboração do projeto arquitetônico, é importante a previsão do local exato da instalação da máquina de lavar louça, o que se consegue com a definição do *layout* do ambiente, acompanhado de um projeto técnico de especificação do produto (alturas da entrada de água e saída do esgoto).

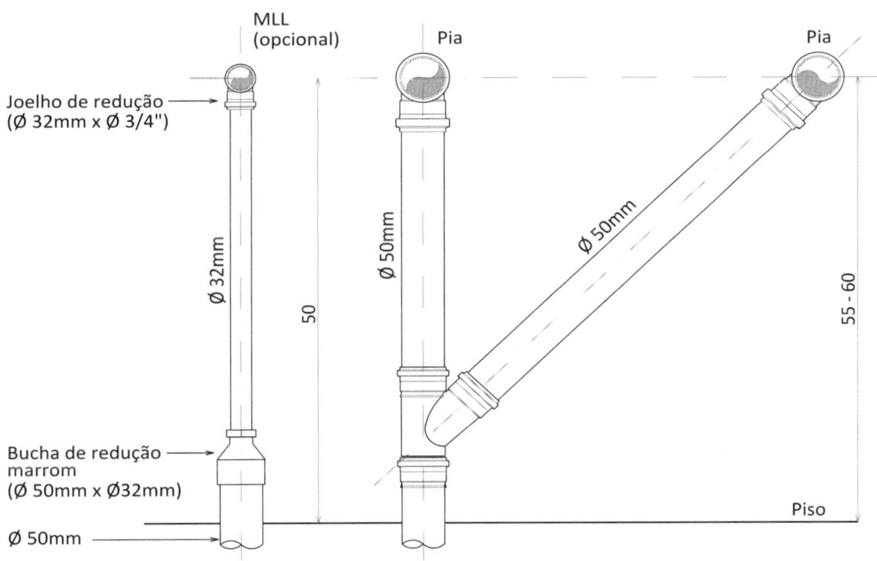

Obs: o diâmetro nominal do ramal de descarga da máquina de lavar louças deve obedecer às recomendações dos fabricantes.

Figura 1.17 Detalhe de esgoto (cozinha).

1.5.3 INSTALAÇÕES EM ÁREAS DE SERVIÇO

A grande maioria das áreas de serviço (lavanderias) tem poucos metros quadrados, principalmente nos apartamentos mais novos onde é projetada a cozinha com área de serviço. E isso pode acabar dificultando de certa forma o uso desse local.

O planejamento das instalações de uma área de serviço obedece basicamente aos mesmos critérios da cozinha. O arquiteto deve definir quais equipamentos de utilização de água serão colocados. Os mais comuns são o tanque e a máquina de lavar roupas. Opcionalmente, pode ser colocada uma torneira de lavagem. Os diferentes modelos desses equipamentos existentes no mercado devem ser criteriosamente observados, tendo em vista que o espaço físico reservado para a área de serviço sempre é muito pequeno. Além do tanque, deve ser previsto um local adequado para a instalação da máquina de lavar roupas. Embora possuam instalações diferentes, normalmente esses equipamentos ficam próximos um do outro e na mesma parede hidráulica. Isso se deve a alguns aspectos funcionais, por exemplo, a utilização simultânea dos dois aparelhos ao lavar roupas. Com relação às caixas sifonadas e aos ralos secos, ao contrário da cozinha, a área de serviço é um ambiente que se lava constantemente; portanto, é necessária a presença de um desses dispositivos. Por razões econômicas, nesse caso, a colocação de uma caixa sifonada com grelha servirá também para receber as águas provenientes de lavagem. Quando esses dispositivos forem instalados em pavimentos sobrepostos, é necessário colocar forros rebaixados, para esconder as tubulações de esgoto.

1.5.3.1 Tanque

Existe uma grande variedade de modelos de tanque. Podem ser de louça, esmaltados, de plástico, de concreto armado, mármore sintético, granitado, de aço inoxidável etc. Podem também ser moldados no local e receber os mais variados materiais de acabamento.

Verificar o espaço disponível também é uma consideração importante ao escolher um tanque de lavar roupa. Antes de comprar é importante medir o espaço existente da lavanderia ou área de serviço para garantir que o tanque se encaixe adequadamente no espaço disponível. Além disso, deve-se considerar o espaço necessário para a instalação das tubulações de água e esgoto, bem como a distância entre o tanque e outros elementos, como a máquina de lavar roupa ou prateleiras.

O abastecimento de água é feito por meio de torneiras, normalmente com água fria, a 1,15 m do piso.

A altura do ponto de saída de esgoto é de 40 cm a partir do piso acabado. O esgotamento é realizado a partir da válvula de fundo acoplada a um sifão, e deste até uma caixa sifonada.

Quando o tanque for de coluna, desprovido de sifão, a água servida deverá ser direcionada para uma caixa sifonada, com diâmetro de saída de 75 mm, para evitar o retorno de espuma para dentro do compartimento.

1.5.3.2 Máquina de lavar roupas

Ao escolher uma máquina de lavar roupa, existem alguns fatores importantes a serem considerados. Aqui estão algumas dicas úteis para ajudar a escolher uma máquina de lavar roupa: tipo de máquina, tamanho, capacidade, eficiência energética, recursos adicionais (algumas opções incluem ciclos de lavagem especiais, configurações de temperatura e recursos de economia de água), marca e qualidade.

Na elaboração do projeto, o arquiteto deve prever um espaço adequado, normalmente ao lado do tanque, para a instalação da máquina de lavar roupas. A máquina ideal deve ser econômica, silenciosa, segura e fácil de usar.

A máquina de lavar precisa de basicamente três pontos de instalação: ponto de elétrica (tomada que vai alimentar a máquina com energia), de água (ponto que vai alimentar a máquina com água) e de esgoto (por onde vai sair toda a água utilizada).

A alimentação da máquina é feita por meio de um ponto na parede, instalado a 75 cm do piso, que possibilita a ligação do tubo de entrada na máquina. Deve ser previsto, na instalação, um registro de pressão, para controle do escoamento e também do bloqueio total da água. A altura do ponto de saída de esgoto é de 85 cm a partir do piso acabado.

As águas servidas da máquina de lavar roupas, em pavimentos sobrepostos, devem ser despejadas em ramais exclusivos, que serão ligados ao tubo de queda. Essa canalização deverá ser sifonada dentro da parede, com conexões, e não deve ter comunicação com nenhuma caixa ou ralo sifonado, a não ser que eles possuam tampa cega. Caso contrário, a espuma despejada pela máquina sairá pelas grelhas.

Hoje, existe no mercado um dispositivo chamado antiespuma, que impede a saída de espuma das máquinas de lavar roupas pela grelha da caixa sifonada. Sua instalação é simples, sem exigir a desmontagem da caixa sifonada.

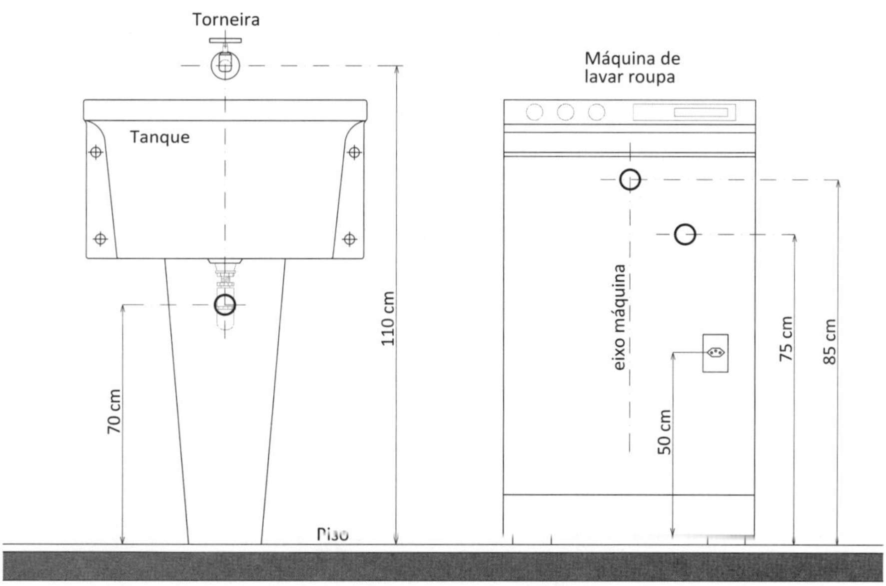

Figura 1.18 Instalação de tanque e máquina de lavar roupa em área de serviço.

1.6 OS RESERVATÓRIOS NO PROJETO ARQUITETÔNICO

Enquanto, em alguns países da Europa e nos Estados Unidos, o abastecimento de água é feito diretamente pela rede pública, as edificações brasileiras, normalmente, utilizam um reservatório superior, o que faz com que as instalações hidráulicas funcionem sob baixa pressão. Os reservatórios domiciliares têm sido comumente utilizados para compensar a falta de água na rede pública, em virtude das falhas existentes no sistema de abastecimento e na rede de distribuição.

Em resumo, sabe-se que, em uma instalação predial de água, o abastecimento pelo sistema indireto, com ou sem bombeamento, necessita de reservatórios para garantir sua regularidade e que o reservatório interno alimenta os diversos pontos de consumo por gravidade; dessa maneira, ele está sempre a uma altura superior a qualquer ponto de consumo.

Apesar de sua importância, muitos projetos arquitetônicos omitem informações fundamentais sobre os reservatórios, como localização, altura, tipo, capacidade etc. Outros sequer preveem o reservatório.

O arquiteto deve inteirar-se das características técnicas dos reservatórios para garantir a harmonização entre os aspectos estéticos e técnicos na concepção do projeto.

Os reservatórios moldados *in loco* de maior capacidade devem ser divididos em dois ou mais compartimentos (interligados por meio de um barrilete), para permitir operações de manutenção sem interrupção na distribuição de água. O arquiteto deve também verificar a necessidade ou não da reserva de incêndio, que deverá ser acrescida à capacidade destinada ao consumo, quando colocada no reservatório superior ou em um reservatório independente.

Além do dimensionamento e da localização dos reservatórios, o arquiteto deve prever uma altura adequada para o barrilete, com facilidade de acesso, para facilitar futuras operações de manobra de registros e manutenção das canalizações.

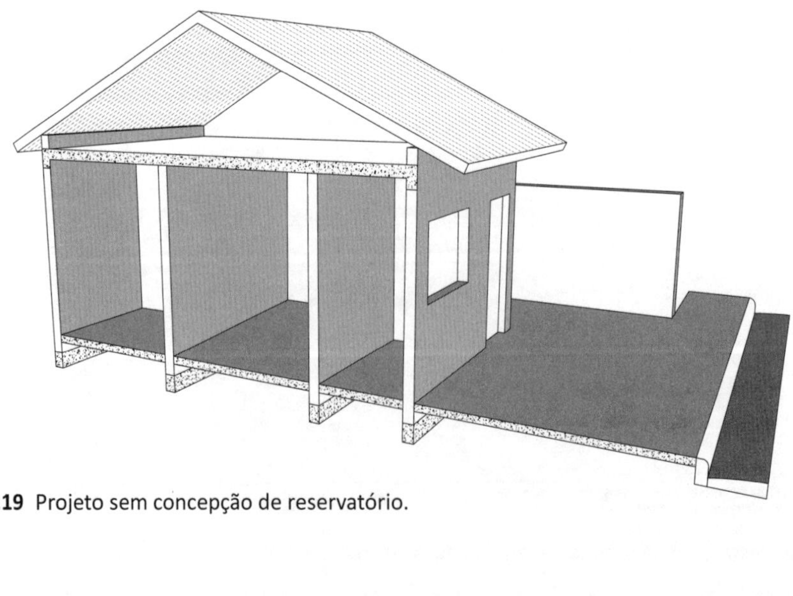

Figura 1.19 Projeto sem concepção de reservatório.

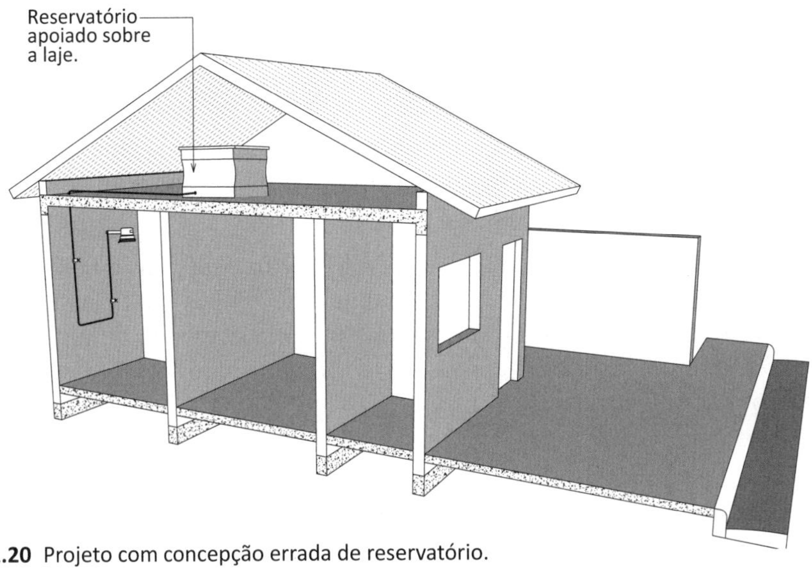

Figura 1.20 Projeto com concepção errada de reservatório.

O reservatório superior pode ser alimentado diretamente pela pela rede pública ou por um sistema de recalque.

Quando abastecido diretamente pela rede pública, em edificações térreas, localiza-se habitualmente na cobertura, na posição mais próxima possível dos pontos de consumo, em virtude de dois fatores: perda de carga e economia.

Nas residências de pequeno e médio porte, os reservatórios pré-fabricados, normalmente, localizam-se sob o telhado, embora possam também localizar-se sobre ele. Quando a reserva de água for considerável o reservatório deverá ser projetado sobre o telhado, com estrutura adequada de suporte. Normalmente, nesse tipo de residência, utiliza-se estrutura de madeira ou de concreto, que serve de apoio para transmissão de cargas às vigas e paredes mais próximas. Deve-se evitar o apoio (concentração de cargas) sobre lajes de concreto ou sobre forros.

Nos prédios com mais de dois pavimentos, o reservatório superior é locado, geralmente, sobre a caixa de escada, em função da proximidade de seus pilares. O reservatório superior deve ficar com o fundo no mínimo a 1,00 m acima do piso do compartimento em que estiver instalado (Figura 1.21), para facilitar o acesso ao barrilete.

As tampas que dão acesso ao reservatório devem ser estanques em seu fechamento, impedindo a entrada de insetos, roedores e sujeiras que venham a comprometer a potabilidade da água.

A principal causa de problema das tampas de acesso em instalações hidráulicas é a falta de compatibilização dos projetos de arquitetura, estrutural e hidrossanitário. A falta de detalhamento das tampas dos reservatórios (as vezes, o projeto de arquitetura nem contempla a locação desses itens) pode ser uma das causas de infiltraçao e contaminação da água. Os reservatórios comerciais feitos em fibra de vidro e afins, já vem com suas tampas fabricadas de forma correta e estanques.

Na execução ou instalação do reservatório elevado, é importante prever a facilidade de acesso, como a utilização de escadas ou portas independentes. O reservatório e seus equipamentos também devem ser localizados de modo adequado, em função de suas características funcionais, tais como: espaço, iluminação, ventilação, proteção sanitária, operação e manutenção.

O reservatório inferior se faz necessário em edifícios com mais de dois pavimentos, pois, geralmente, até esse limite, a pressão na rede pública é suficiente para abastecimento do reservatório elevado. Nesses casos, há necessidade de um sistema de recalque com dois reservatórios: um na parte inferior e outro na parte superior da edificação, o que também evitará a sobrecarga nas estruturas.

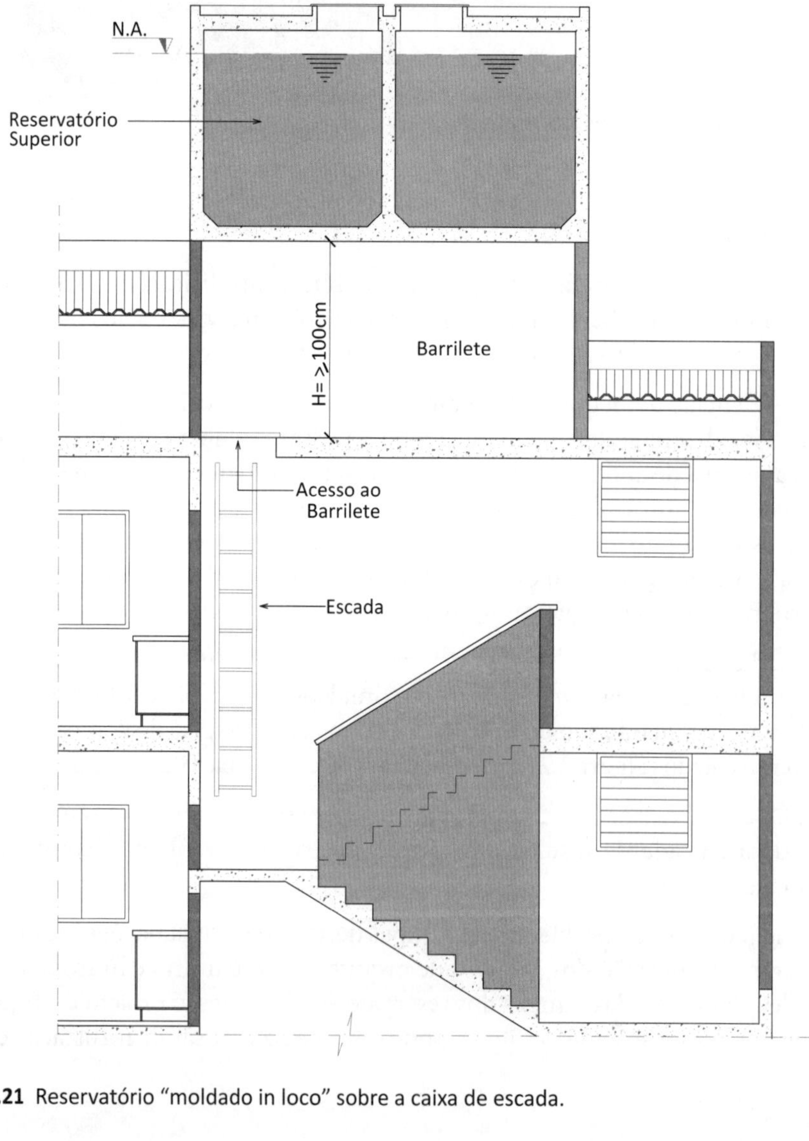

Figura 1.21 Reservatório "moldado in loco" sobre a caixa de escada.

O reservatório inferior deve ser instalado em locais de fácil acesso, de maneira isolada, e afastado de tubulações de esgoto, para evitar eventuais vazamentos ou contaminações pelas paredes. Quando localizados no subsolo, as tampas deverão ser elevadas pelo menos 10 cm em relação ao piso acabado, e nunca rentes a ele, para evitar a contaminação pela infiltração de água.

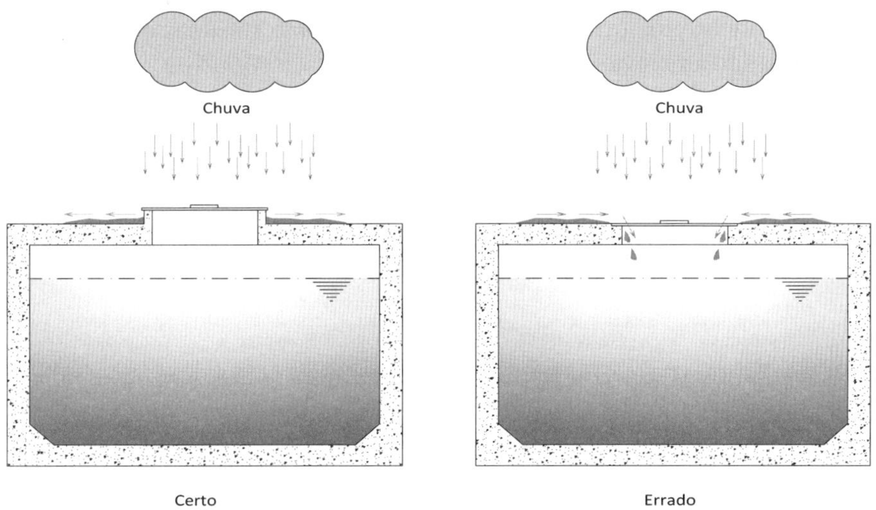

Figura 1.22 Detalhe da tampa do reservatório.

1.6.1 SISTEMA ELEVATÓRIO (CASA DE BOMBAS)

No projeto arquitetônico, deve ser previsto um espaço físico adequado para localização do sistema elevatório, denominado "casa de bombas", suficiente para a instalação de dois conjuntos de bomba, ficando um de reserva para atender a eventuais emergências.

Uma casa de bombas precisa situar-se em um local suficientemente amplo para permitir montagens e desmontagens dos equipamentos, bem como a circulação de pessoas. O espaço mínimo entre as bombas deve ser de 1,5 m entre cada conjunto, caso contrário, a realização de serviços de operação fica prejudicada.

O sistema elevatório depende da localização do reservatório inferior, pois deve estar junto a ele. Quanto às bombas, existem dois tipos básicos de disposição, com relação ao nível de água do poço de sucção: acima do reservatório, e em posição inferior, no nível do piso do reservatório (bomba afogada). A disposição mais comumente utilizada é em nível mais elevado, que permite melhores condições de manutenção do sistema e de seu próprio abrigo.

Os erros mais comuns relacionados à casa de bombas são:

- ausência ou insuficiência de folga entre as paredes laterais da cisterna e as paredes limítrofes do subsolo e entre a laje de fundo e o piso;
- cisterna enterrada ou semienterrada, impedindo esgotamento total por gravidade;

- insuficiência de espaço na casa de bombas de recalque para instalação de registros de fechamento adequados nas tubulações de sucção das bombas centrífugas;
- casa de bombas em cota superior ao fundo da cisterna, impedindo afogamento das bombas;
- tampa da abertura de acesso à cisterna sem fechamento estanque e/ou de modo incorreto; formato alongado da cisterna, com zonas de estagnação, dificultando a renovação da água.

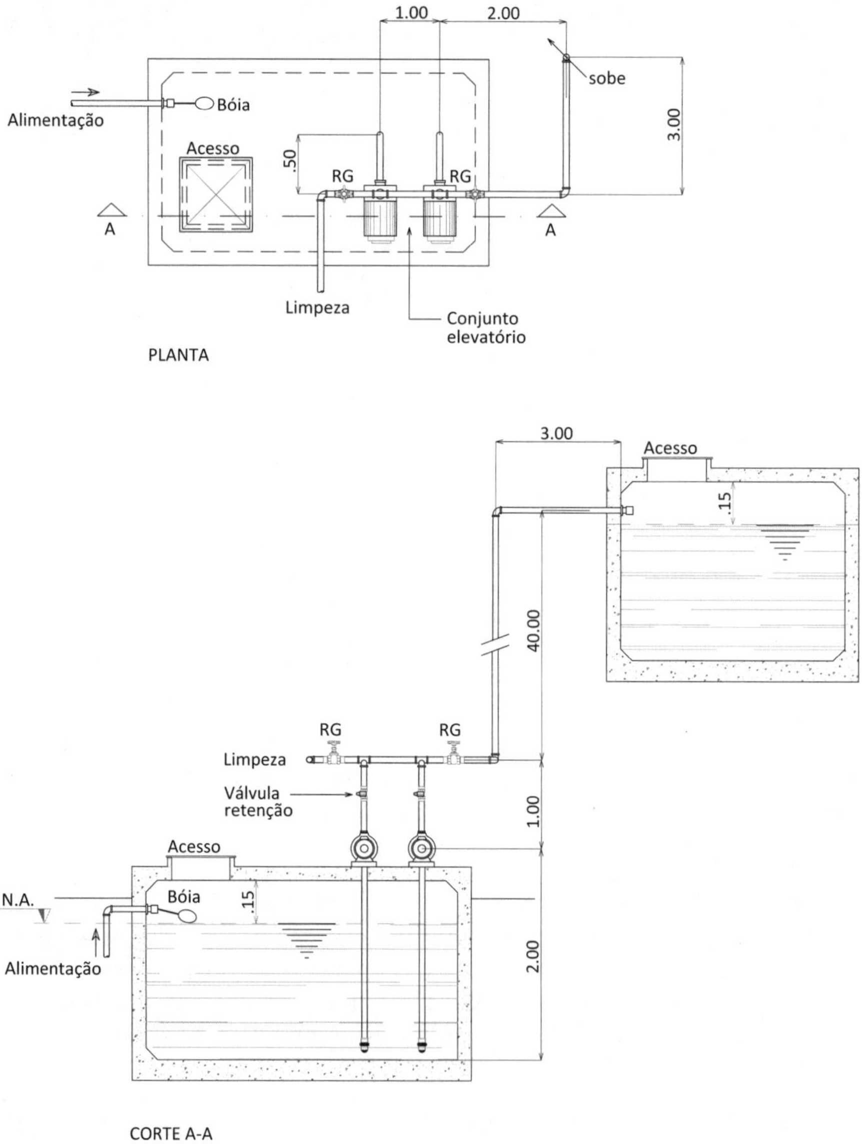

Figura 1.23 Sistema elevatório.

1.6.2 CAPACIDADE DOS RESERVATÓRIOS

A capacidade dos reservatórios deve ser estabelecida levando-se em consideração o padrão de consumo de água no edifício e, onde for possível obter informações, a frequência e duração de interrupções do abastecimento.

De acordo com a NBR 5626:2020, o volume de água reservado para uso doméstico deve ser, no mínimo, o necessário para 24 horas de consumo normal no edifício, sem considerar o volume de água para combate a incêndio.

Na ausência de critérios e informações, para calcular o consumo diário de uma edificação, utilizam-se tabelas apropriadas (veja Tabelas 1.3 e 1.4). Verifica-se a taxa de ocupação de acordo com o tipo de uso do edifício e o consumo per capita. O consumo diário (Cd) pode ser calculado pela seguinte fórmula:

$$Cd = P \times q$$

Em que:

Cd = consumo diário (litros/dia)

P = população que ocupará a edificação

q = consumo per capita (litros/dia)

Para o volume máximo, devem ser atendidos dois critérios: garantia de potabilidade da água nos reservatórios no período de detenção médio em utilização normal; atendimento à disposição legal ou ao regulamento que estabeleça volume máximo de reserva.

De acordo com a norma, na impossibilidade de determinar o volume máximo permissível, recomenda-se limitar o volume total ao valor que corresponda a três dias de consumo diário ou prever meios que assegurem a preservação das características da água potável.

Tabela 1.3 Taxa de ocupação de acordo com a natureza do local

Natureza do local	Taxa de ocupação
Residências e apartamentos	Duas pessoas por dormitório
Bancos	Uma pessoa por 5,00 m^2 de área
Escritórios	Uma pessoa por 6,00 m^2 de área
Lojas (pavimento térreo)	Uma pessoa por 2,50 m^2 de área
Lojas (pavimento superior)	Uma pessoa por 5,00 m^2 de área
Shopping centers	Uma pessoa por 5,00 m^2 de área

(continua)

Tabela 1.3 Taxa de ocupação de acordo com a natureza do local (*continuação*)

Natureza do local	Taxa de ocupação
Museus e bibliotecas	Uma pessoa por 5,50 m² de área
Salões de hotéis	Uma pessoa por 5,50 m² de área
Restaurantes	Uma pessoa por 1,40 m² de área
Teatro, cinemas e auditórios	Uma cadeira para cada 0,70 m² de área

Tabela 1.4 Consumo predial diário (valores indicativos)

Prédio	Consumo (litros/dia)
Alojamento provisório	50 a 80 *per capita*
Ambulatórios	20 a 25 por atendimento
Apartamentos sem individualização	95 a 160 *per capita*
Apartamentos com individualização	75 a 125 *per capita*
Apartamentos de luxo	165 a 280 *per capita*
Cinemas e teatros	1 a 2 por lugar
Creches	40 a 50 *per capita*
Edifícios públicos ou comerciais	30 a 50 *per capita*
Escolas com período integral	35 a 55 *per capita*
Escolas (internatos)	70 a 120 *per capita*
Escolas por período	17 a 27 *per capita*
Escritórios e consultórios (médicos, dentistas etc.)	30 a 50 *per capita*
Garagens	30 a 50 *per capita*
Hotéis (sem cozinha e sem lavanderia)	80 a 120 por hóspede
Hotéis (com cozinha e com lavanderia)	200 a 300 por hóspede
Jardins (rega)	1 a 2 por m²
Lavanderias	30 por kg de roupa seca, 1.700 por máquina de lavar
Mercados	3 a 5 por m² de área
Oficinas de costura	30 a 50 *per capita*
Orfanatos, asilos, berçários	70 a 120 *per capita*

(*continua*)

Tabela 1.4 Consumo predial diário (valores indicativos)(*continuação*)

Prédio	Consumo (litros/dia)
Postos de serviços para automóveis	100 a 150 por veículo
Quartéis	70 a 120 *per capita*
Residências	70 a 120 *per capita*
Residência de luxo	120 a 210 *per capita*
Restaurantes e outros similares	15 a 40 por refeição, 20 a 26 por m²
Templos	0,5 a 1 por lugar
Padarias (com refeição)	100 a 300 por empregado
Padarias (sem refeição)	30 a 220 por empregado

Fonte: Norma Técnica SABESP NTS 181.

No caso de edifícios de múltiplos pavimentos, recomenda-se, adotar o consumo de dois dias no mínimo, por precaução contra eventuais falhas no sistema elevatório ou no fornecimento de água. Então, a quantidade total de água a ser armazenada será:

$$CR = 2 \times Cd$$

Em que:

CR = capacidade total do reservatório (litros)

Cd = consumo diário (litros/dia)

Para os casos comuns de reservatórios domiciliares, recomenda-se a seguinte distribuição, a partir da reserva total (CR):

- reservatório inferior: 60% CR;
- reservatório superior: 40% CR.

Esses valores são fixados para aliviar a carga da estrutura, pois a maior reserva (60%) fica no reservatório inferior, próximo ao solo. A reserva de incêndio, usualmente, é colocada no reservatório superior, que deve ter sua capacidade aumentada para comportar o volume referente a essa reserva.

Exemplo de dimensionamento

Calcular a capacidade dos reservatórios (inferior e superior) de um edifício residencial de dez pavimentos, com medição de água individualizada, com dois apartamentos por pavimento, sendo que cada apartamento possui dois dormitórios e uma dependência de empregada. Adotar consumo per capita de 120 l/dia e reserva de incêndio de 10 mil litros, prevista para ser armazenada no reservatório superior.

Solução:

$Cd = P \times q$

Adotamos: 2 pessoas/dormitório

1 pessoa/dependência de empregada

$P = (2 \times 2) + 1 = 5$ pessoas/apartamento × 20 apartamentos

$P = 100$ pessoas

$Cd = 100 \times 120$ l/dia = 12.000 l/dia

$CR = 2\ Cd$

$CR = 2 \times 12.000 = 24.000$ l

CR (superior) = (0,4 × 24.000) + 10.000 l = 19.600 l

CR (inferior) = 0,6 × 24.000 = 14.400 l

1.6.3 TIPOS DE RESERVATÓRIO

1.6.3.1 Reservatórios moldados *in loco*

São considerados moldados *in loco* os reservatórios executados na própria obra. Podem ser de concreto armado, alvenaria armada etc. São utilizados, geralmente, para grandes reservas, e são construídos conjuntamente com a estrutura da edificação, seguindo o projeto específico.

A quantidade de água que o reservatório irá receber deve estar de acordo com o projeto do empreendimento, assegurando uma reserva de emergência e de incêndio nas células instaladas dentro do reservatório.

Os reservatórios de concreto devem ser executados de acordo com a NBR 6118:2014 – Projeto de estruturas de concreto – procedimento – e a NBR 14931:2004 – Execução de estruturas de concreto – procedimento. Alguns cuidados com a impermeabilização também são importantes. Para tanto, deve ser consultada a NBR 9575:2010 – Impermeabilização – seleção e projeto. Além desses materiais, a NBR 15577:2018 – Agregados – partes 1 a 7 oferece um guia para avaliação e prevenção da reatividade potencial no uso de agregados em concreto, fenômeno que pode originar fissuras ou deformações estruturais.

Para calcular as dimensões (altura, área e volume) dos reservatórios moldados *in loco*, utiliza-se a seguinte fórmula:

$V = A \times H$

Em que:

V = capacidade do reservatório (m^3)

A = área do reservatório (m^2)

H = altura do reservatório (m)

Exemplos de dimensionamento

Calcular o volume em litros de um reservatório moldado *in loco*, cuja área é de 6,0 m^2 e altura de lâmina d'água é 1,5 m.

Solução:

$V = A \times H$

$V = 6,0 \times 1,5$

$V = 9\ m^3$

$V = 9.000\ l$

Calcular qual deve ser a altura da lâmina d'água de um reservatório de 7.200 litros cujas dimensões em planta são 2,0 m × 3,0 m.

Solução:

$V = 7.200\ \text{litros} = 7,2\ m^3$

$V = A \times H$

$7,2 = (2,0 \times 3,0) \times H$

$H = 7,2 / 6,0$

$H = 1,2\ m$

1.6.3.2 Reservatórios industrializados

Os reservatórios industrializados podem ser fabricados a partir de vários materiais: fibra de vidro, plástico, aço inoxidável, aço carbono (mais comuns em aplicações industriais) etc. Cada material tem suas próprias vantagens e segurança, e a escolha do material dependerá das necessidades específicas da edificação em questão.

Normalmente, são usados para pequenas e médias reservas (capacidade máxima em torno de mil a 2 mil litros). Em casos extraordinários, podem ser fabricados sob encomenda para grandes reservas (principalmente os reservatórios de aço).

Os reservatórios pré fabricados vêm sendo muito utilizados nas instalações prediais em virtude de algumas vantagens que apresentam em relação aos demais reservatórios: em decorrência do fato de sua superfície interna ser lisa, acumulam menos sujeira que os demais, sendo, portanto, mais higiênicos; são mais leves e têm encaixes mais precisos, além da facilidade de transporte, instalação e manutenção. Outra vantagem desses reservatórios é que são fabricados também para médias e grandes reservas, ocupando muito menos espaço que os convencionais de menor capacidade.

Na compra de um reservatório industrializado, deve-se verificar sempre as especificações das normas pertinentes.

As normas da ABNT para caixas-d'água plásticas são: NBR 14799:2018 – Reservatório poliolefínico para água potável – requisitos; NBR 14800:2018 – Reservatório poliolefínico para água potável – instalações em obra.

Na instalação dos reservatórios pré-fabricados, devem ser tomados alguns cuidados especiais. A caixa d'água deve ser instalada em local ventilado e de fácil acesso para inspeção e limpeza. Recomenda-se um espaço mínimo em torno da caixa de 60 cm, podendo chegar a 45 cm para caixas de até mil litros. O reservatório deve ser instalado sobre uma base estável, capaz de resistir aos esforços sobre ela atuantes. A base, preferencialmente de concreto, deve ter a superfície plana, rígida e nivelada, sem a presença de pedriscos pontiagudos capazes de danificar a caixa; a furação também é importante: além de ferramentas apropriadas, o instalador deve verificar os locais indicados pelo fabricante antes de começar o procedimento.

1.7 PRESSÕES MÍNIMAS E MÁXIMAS E SUAS INTERFACES COM A ARQUITETURA

A altura do reservatório no projeto de arquitetura é determinante no cálculo da pressão nos pontos de utilização de água.

Dessa maneira, independentemente do tipo de reservatório, deve-se posicioná-lo a uma determinada altura, para que as peças de utilização e aparelhos sanitários tenham um funcionamento perfeito.

É importante lembrar que a pressão não depende do volume de água contido no reservatório, e sim da altura do reservatório e das perdas de carga.

Cabe ao arquiteto compatibilizar os aspectos técnicos para o posicionamento da caixa-d'água e sua proposta arquitetônica. Porém, a altura da caixa-d'água deve ser calculada pelo projetista de instalações e, depois, compatibilizada com as alturas estabelecidas nos projetos arquitetônico e estrutural.

Além da altura, a localização inadequada do reservatório no projeto de arquitetura (por exemplo, distante do chuveiro) também pode interferir na pressão da água nos pontos de utilização. Isso se deve às perdas de carga que ocorrem durante o percurso da água na rede de distribuição.

O reservatório deve ser localizado o mais próximo possível dos pontos de consumo. O ideal seria localizá-lo em uma posição equidistante dos pontos de consumo, diminuindo, consequentemente, as perdas de carga e a altura necessária para compensar essas perdas.

Na Figura 1.24, observa-se um posicionamento do reservatório no forro de uma residência e distante do ponto do chuveiro. Levando-se em consideração os conceitos de perda de carga, quando esse posicionamento é inevitável, por razões arquitetônicas ou estruturais, deve-se posicionar o reservatório a uma determinada altura, para compensar essas perdas e para que não ocorra um comprometimento das pressões dinâmicas nos pontos de utilização.

Como foi visto, a altura e localização do reservatório no projeto de arquitetura são determinantes no cálculo da pressão dinâmica no ponto do chuveiro. Quando o ponto de utilização está muito distante se faz necessário elevar o reservatório para compensar as perdas de carga.

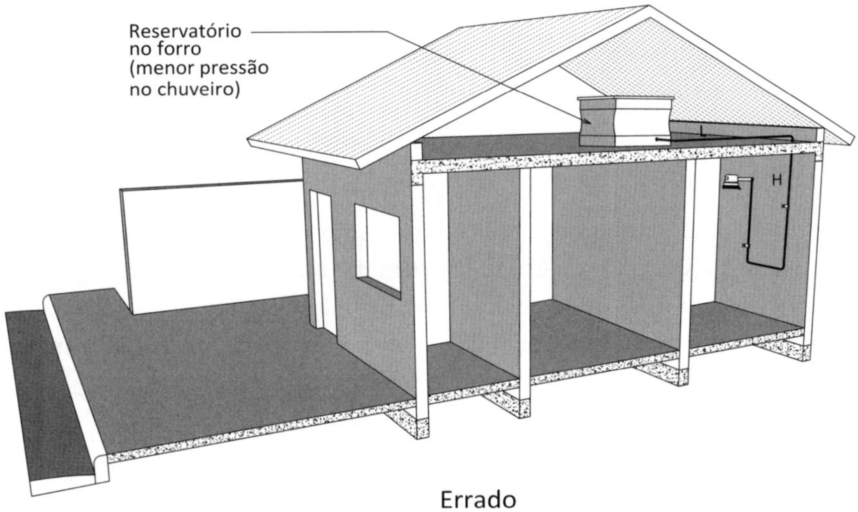

Errado

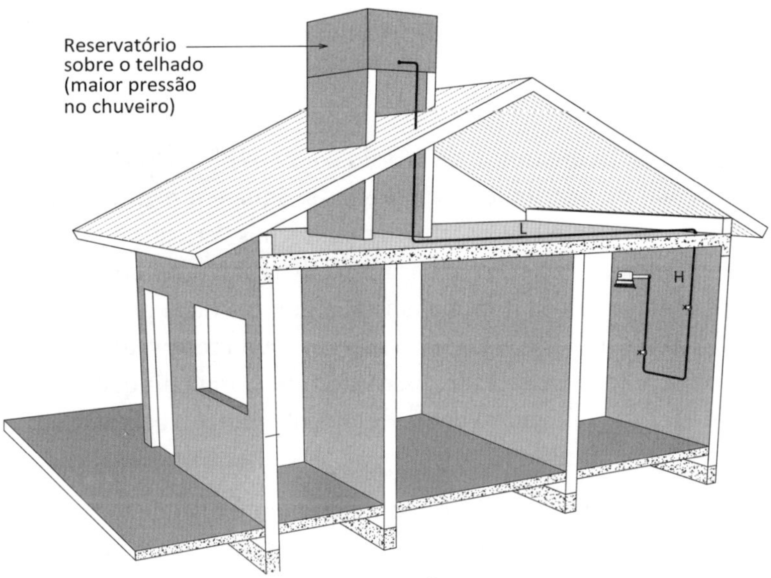

Certo

Figura 1.24 Localização do reservatório no projeto de arquitetura.

Nas instalações prediais, consideram-se basicamente três tipos de pressão: a estática (pressão nos tubos com a água parada), a dinâmica (pressão com a água em movimento) e a de serviço (pressão máxima que se pode aplicar a um tubo, conexão, válvula ou outro dispositivo, quando em uso normal).

Com relação à pressão estática, a NBR 5626:2020 diz o seguinte: "em uma instalação predial de água fria, em qualquer ponto, a pressão estática máxima não deve ultrapassar 40 m.c.a. (metros de coluna d'água)".

Isso significa que a diferença entre a altura do reservatório superior e o ponto mais baixo da instalação predial não deve ser maior que 40 m.

Uma pressão acima desse valor ocasionará ruídos, golpe de aríete e necessidade de manutenção constante nas instalações. Dessa maneira, devem-se tomar alguns cuidados em edifícios com mais de 40 m de altura, normalmente edifícios com mais de 13 pavimentos convencionais (pé-direito de 3 m × 13 = 39 m). Como, então, projetar uma instalação de água fria em um edifício com mais de 40 m de altura?

A solução mais utilizada pelos arquitetos e projetistas, por ocupar menos espaço, é o uso de válvulas redutoras de pressão. Antigamente eram comuns os reservatórios intermediários para redução de pressão em sistemas hidráulicos. Esses reservatórios eram usados como um meio de armazenar o fluido sob pressão, permitindo que a pressão fosse reduzida antes que o fluido fosse liberado para o sistema.

No entanto, a utilização de válvulas de redução de pressão tornou-se mais comum com o avanço da tecnologia e dos materiais utilizados na fabricação desses dispositivos.

Com relação à pressão dinâmica, de acordo com a NBR 5626:2020, em qualquer ponto da rede predial de distribuição, a pressão da água em regime de escoamento não deve ser inferior a 0,50 m.c.a., excetuados os trechos verticais de tomada d'água nas saídas de reservatórios elevados para os respectivos barriletes em sistemas indiretos, em que a pressão dinâmica mínima em cada ponto é dada pelo correspondente desnível geométrico ao nível d'água de cota mais baixa no reservatório, descontada a perda de carga até o ponto considerado. Esse valor visa a impedir que o ponto crítico da rede de distribuição, geralmente o ponto de encontro entre o barrilete e a coluna de distribuição, possa obter pressão negativa.

De acordo com a norma, "a pressão requerida para o adequado funcionamento da peça de utilização ou do correspondente aparelho sanitário operando com vazão de projeto pode ser obtida junto ao respectivo fabricante ou responsável pela colocação do produto no mercado nacional, ou à especificação técnica do componente." Portanto, o fabricante deve definir os valores-limite da pressão dinâmica para as peças de utilização de sua produção, respeitando sempre as normas específicas. Em qualquer caso, a pressão dinâmica da água no ponto de utilização não pode ser inferior a 10 kPa (1 m.c.a.).

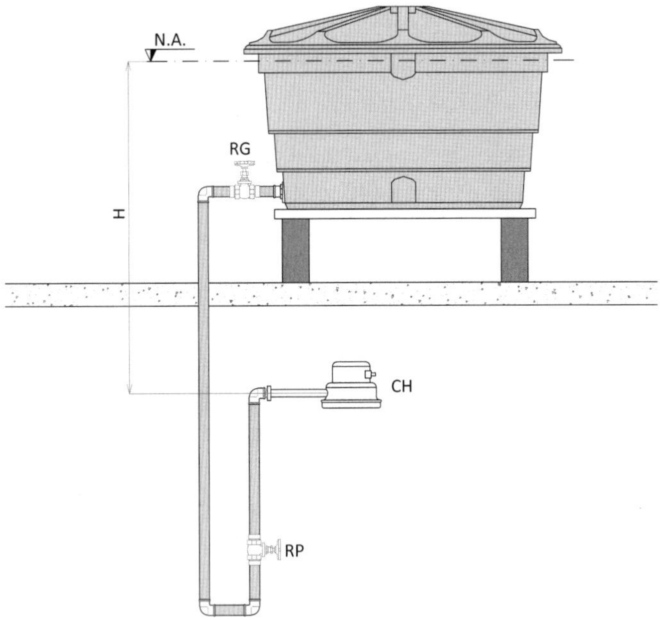

Figura 1.25 Pressão estática (sem escoamento).

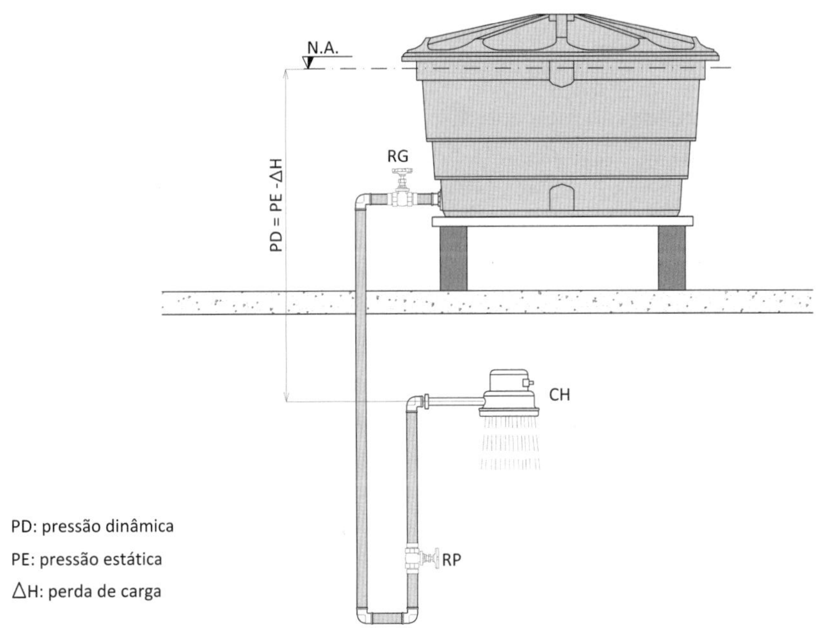

Figura 1.26 Pressão dinâmica (com escoamento).

A ocorrência de sobrepressões devidas a transientes hidráulicos também deve ser considerada no dimensionamento das tubulações. De acordo com a NBR 5626:2020, "estas sobrepressões em relação à pressão dinâmica prevista em projeto são admitidas desde que não superem 200 kPa (20 m.c.a.)".

Isso significa que a pressão de serviço não deve ultrapassar 60 m.c.a., pois é o resultado da máxima pressão estática (40 m.c.a.) somada à máxima sobrepressão (20 m.c.a.).

Alguns profissionais da construção civil que executam instalações em prédios com grandes alturas utilizam tubos metálicos, pensando que estes são mais resistentes que os tubos de PVC. É importante ressaltar que o conceito de pressão máxima independe do tipo de tubulação, pois a norma não faz distinção quanto ao tipo de material. Dessa maneira, a pressão estática máxima de 40 m.c.a. deve ser obedecida em qualquer caso, independentemente dos materiais dos tubos (PVC, cobre ou ferro) que serão utilizados nas instalações de água fria e quente.

1.7.1 INSTALAÇÃO DE DISPOSITIVOS CONTROLADORES DE PRESSÃO

As peças de utilização são projetadas de modo a funcionar com pressões estática e dinâmica (máximas e mínimas) preestabelecidas pelos fabricantes dos tubos, dispositivos e aparelhos sanitários. Portanto, uma das maiores preocupações nas redes hidráulicas é a pressão nos pontos de utilização.

Atualmente, existem no mercado dispositivos que elevam ou reduzem a pressão da água nas canalizações. Quando falta pressão na rede, o pressurizador é um recurso eficiente; quando a pressão é elevada (acima de 40 m.c.a.), utilizam-se válvulas reguladoras de pressão.

1.7.1.1 Instalação de pressurizador

Um dos problemas mais comuns em todo tipo de edificação é a falta de pressão de água do reservatório. Para resolvê-lo, geralmente são utilizados pressurizadores para aumentar e manter a pressão nas redes. Além do custo reduzido, esses dispositivos praticamente não exigem manutenção. São encontrados em diversos modelos no mercado e podem ser utilizados em residências, apartamentos, hotéis, motéis, hospitais, restaurantes etc. Também podem ser utilizados em indústrias, para alimentar máquinas, equipamentos etc., dispensando a construção de torres para caixa-d'água. No meio rural, podem ser utilizados para o abastecimento de residências, irrigação etc.

A instalação de um pressurizador em uma residência requer alguns cuidados para garantir seu funcionamento adequado e a segurança dos moradores. É importante verificar se o pressurizador é compatível com o sistema hidráulico da residência, para garantir que ele possa funcionar corretamente.

Antes de instalar o pressurizador, deve-se verificar a pressão de entrada da água na residência. O pressurizador deve ser capaz de lidar com a pressão de entrada sem causar danos ao sistema hidráulico.

Cada modelo apresenta suas vantagens. Antes de escolher o equipamento, no entanto, deve-se consultar os catálogos dos fabricantes e os revendedores autorizados.

Alguns fabricantes mais conscienciosos recomendam alguns cuidados com relação à instalação desses equipamentos, principalmente quanto à localização e à prevenção de ruídos.

O pressurizador deverá estar localizado o mais distante possível de locais onde é necessário silêncio (dormitórios, escritórios, salas de reunião). Para que não haja ruído em razão de vibrações, deverá ser evitada a instalação diretamente sobre lajes, principalmente sobre as de grandes dimensões e pequena espessura – quando for colocado sobre lajes, deverá haver base provida de amortecedores.

De acordo com a NBR 5626:2020, nos sistemas de pressurização, é necessário que existam dois conjuntos motobombas independentes para que, em caso de falha ou manutenção, o sistema continue operando.

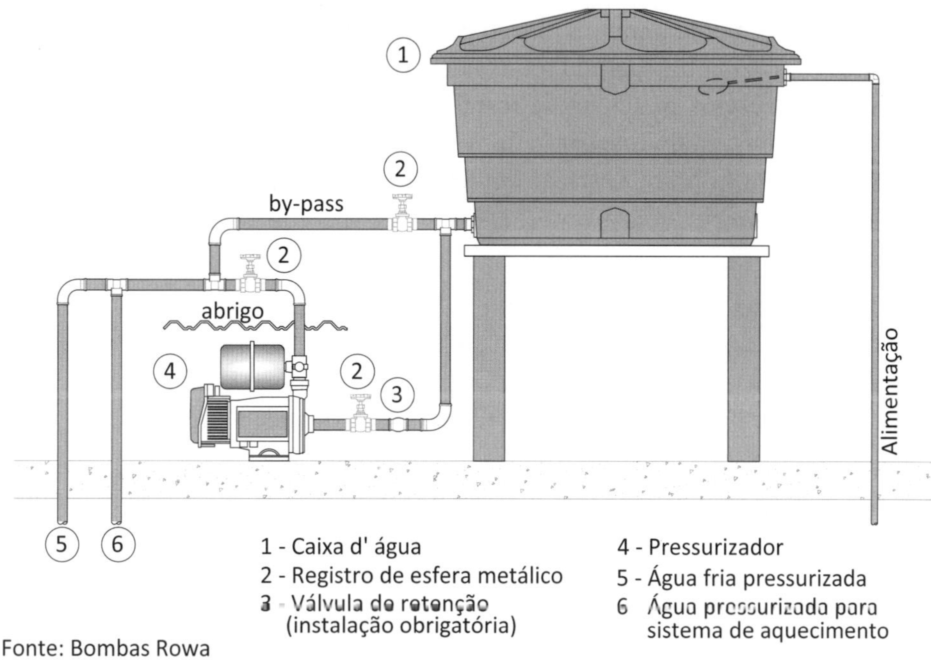

Fonte: Bombas Rowa

Figura 1.27 Pressurizador em residência unifamiliar.

1.7.1.2 Instalação de válvulas redutoras de pressão

Nos edifícios mais altos, o reservatório de água instalado sobre a cobertura, geralmente sobre a caixa de escada, gera diferentes pressões.

Quanto maior a diferença de cota do ramal em relação ao reservatório, maior a pressão. Isso implica dizer que, nos pavimentos mais baixos, maior será a pressão da água nos pontos de consumo.

Toda edificação que tenha uma altura de coluna de água que ultrapasse 40 m de altura, deve dispor de uma "estação redutora de pressão". Estas estações redutoras protegem as tubulações de serem submetidas a: pressões de serviço de forma constante que ultrapassem a sua resistência; golpes de aríete, que provocam vazamentos em suas conexões e rachaduras e vazamentos incômodos nas partes da edificação submetidas a altas pressões.

A estação redutora de pressão (ERP) em um edifício geralmente é composta por duas interfaces principais: a interface hidráulica e a interface arquitetônica.

A interface hidráulica inclui as tubulações de entrada e saída de água, as válvulas de controle, o medidor de pressão, o redutor de pressão propriamente dito e outros componentes hidráulicos necessários para o seu funcionamento. Esses componentes são normalmente instalados em uma área específica do edifício que permite fácil acesso para manutenção e operação.

Já a interface arquitetônica inclui a sua integração com o projeto projetado do edifício, como a escolha do local adequado para instalação.

Estas estações demandam um espaço planejado para abrigá-las, coisa que quase nenhum arquiteto lembra quando projeta uma edificação com mais de 40 metros de altura. Muitas vezes o projetista de instalações hidráulicas quebra a cabeça para encontrar um espaço para instalação das válvulas, muitas vezes engendrado de uma forma que, em obra, coloca a estação em um espaço que nem as manobras de serviço são adequadas.

Para prédios que adotam a medição individualizada de água, adota-se a instalação de um redutor de pressão de menor porte para limitar e regular a entrada de água nos vários pavimentos do edifício, a fim de que cada apartamento receba a água com pressão adequada. Além de diminuir a pressão, os redutores otimizam o consumo de água e evitam o desgaste prematuro das instalações hidráulicas.

Embora a norma não faça distinção sobre qual ou quais materiais devem compor as instalações com pressão estática acima de 40 m.c.a., devem-se adotar tubos mais resistentes e tomar cuidados redobrados quanto às emendas e conexões.

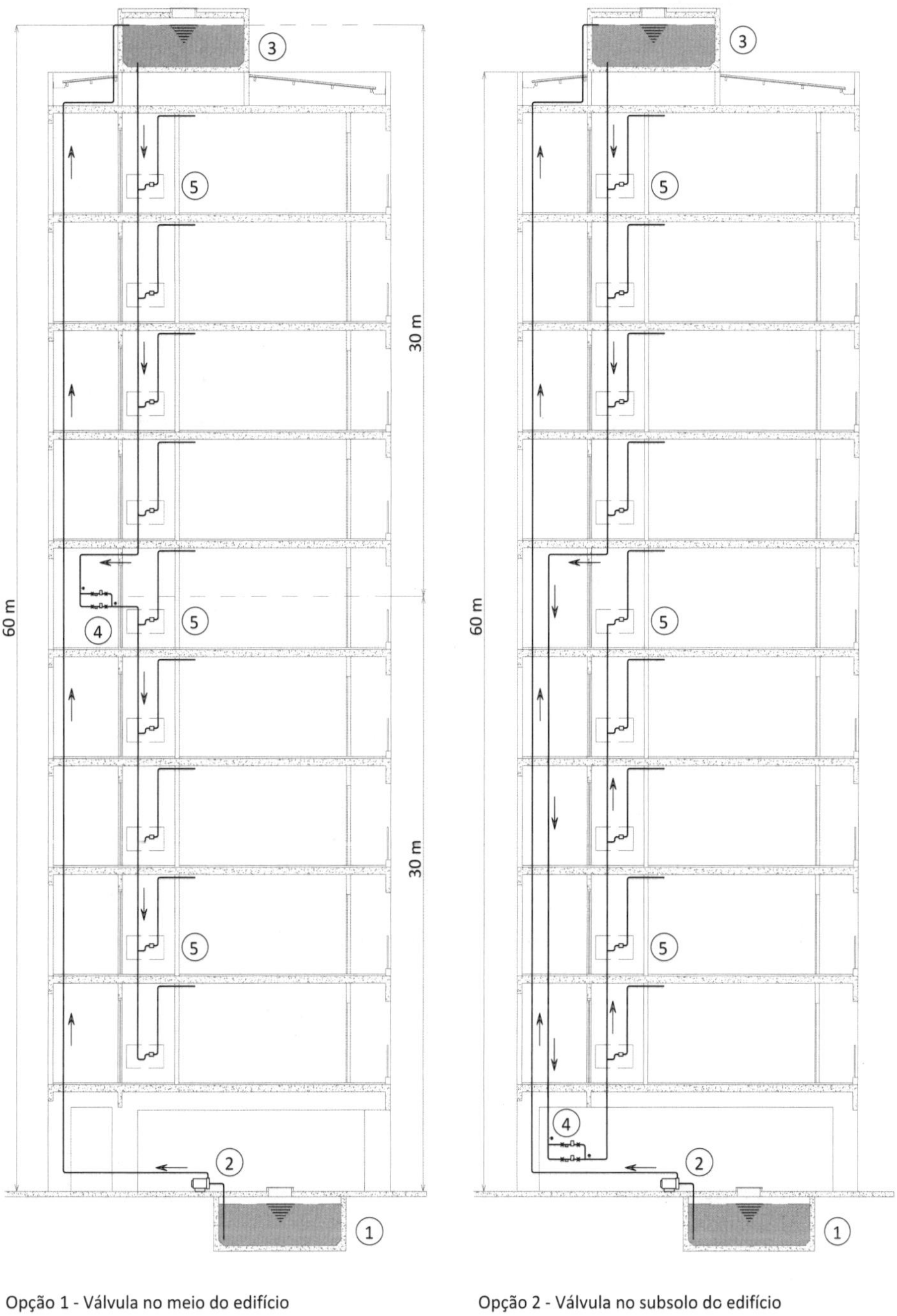

1 - Reservatório inferior
2 - Bomba centrifuga
3 - Reservatório superior
4 - Válvula redutora de pressão
5 - Hidrômetro

Figura 1.28 Solução com válvulas reguladoras de pressão.

1.8 RUÍDOS E VIBRAÇÕES EM INSTALAÇÕES PREDIAIS

As instalações de água fria devem ser projetadas e executadas de maneira a atender às necessidades de conforto do usuário com relação aos níveis de ruído produzidos ou transmitidos pela própria instalação, bem como evitar que as vibrações venham a provocar danos à instalação.

De acordo com a NBR 5626:2020, "as tubulações devem ser dimensionadas de modo a limitar a velocidade de escoamento a valores que evitem golpes de aríete com intensidades prejudiciais aos componentes do sistema e a geração e a propagação de ruídos em níveis que excedam os valores descritos na NBR 10152:2017 - Acústica - Níveis de pressão sonora em ambientes internos a edificações.

A NBR 15575:2021 - Edificações Habitacionais – Desempenho, apresenta modos de medir os impactos sonoros do funcionamento dos equipamentos hidráulicos (bombas, sistemas de descarga, torneiras etc.) sobre o usuário. Porém, o mercado pode utilizar essas orientações para aprimorar os seus produtos e avaliar o seu desempenho acústico.

Cabe ressaltar que o principal foco da norma foi estabelecer parâmetros de desempenho acústico para minimizar o desconforto gerado ao usuário por ruídos em prumadas coletivas de água ou esgoto, válvulas de descarga e outros equipamentos acionados em apartamentos vizinhos.

A transmissão do ruído em instalações prediais de água fria é bastante complexa. Porém, essa ocorrência, assim como a de vibrações, está bastante associada a edifícios altos e instalações pressurizadas. A movimentação da água (sob pressão relativamente elevada) em tubulações, conexões, aparelhos e dispositivos hidráulicos (válvulas de descarga, torneiras, torneiras de boia, peças de utilização etc.) e em bombas de recalque gera ruído de impacto, que se propaga pela canalização e, daí, pela estrutura e pelas paredes (elementos normalmente solidários), que, por sua vez, irradiam o ruído para as adjacências, incomodando os ocupantes da edificação. Em alguns projetos, os cuidados com relação aos níveis de ruído devem ser redobrados, sendo necessário um tratamento acústico para os locais.

Um fenômeno muito conhecido, que ocorre, principalmente, nos prédios mais antigos e causa ruídos extremamente desagradáveis, é o "golpe de aríete". Ele acontece quando a água, ao descer com muita velocidade pela canalização, é bruscamente interrompida, deixando os equipamentos e a própria canalização sujeitos a choques violentos.

Para amenizar esse problema, podem ser usados alguns recursos, como válvulas de descarga e registros com fechamento mais suave, limitação da velocidade nas tubulações etc. Principalmente em prédios, é preferível utilizar caixas de descarga, pois além de consumirem menor quantidade de água, não provocam golpe de aríete.

O uso de tecnologias construtivas mais novas pode ajudar em outros casos. O polietileno reticulado (PEX), por exemplo, por ser menos rígido e permitir que a água passe por trajetos curvos de maneira mais suave, diminuindo os ruídos é uma boa opção.

Existem também outras medidas simples que podem minimizar, ou até mesmo resolver, o problema dos ruídos – projetar as instalações de forma que as prumadas não passem por paredes de ambientes com mais exigência de ocupação, por exemplo.[3]

Para conforto dos moradores com relação aos níveis de ruído provocados pelas instalações, uma distribuição correta dos cômodos também é de fundamental importância. A seguir, são apresentadas algumas recomendações construtivas, que devem ser observadas para evitar ou impedir o aparecimento de ruído nas edificações[4]:

- locar as peças de utilização na parede oposta à contígua aos ambientes habitados ou, na impossibilidade disso, utilizar dispositivos antirruído nas instalações;
- não utilizar tijolos vazados de cerâmica ou concreto nas paredes que suportem (ou tragam embutidas) tubulações de água de alimentação com ramais para válvula de descarga ou sob pressurização pneumática;
- deixar um recobrimento mínimo de 50 mm (tijolo maciço, argamassa, ou tijolo + argamassa) na face voltada para dormitórios, sala de estar, sala íntima, escritórios e *home theater*;
- utilizar vasos sanitários acoplados à caixa de descarga, em vez de válvulas de descarga.

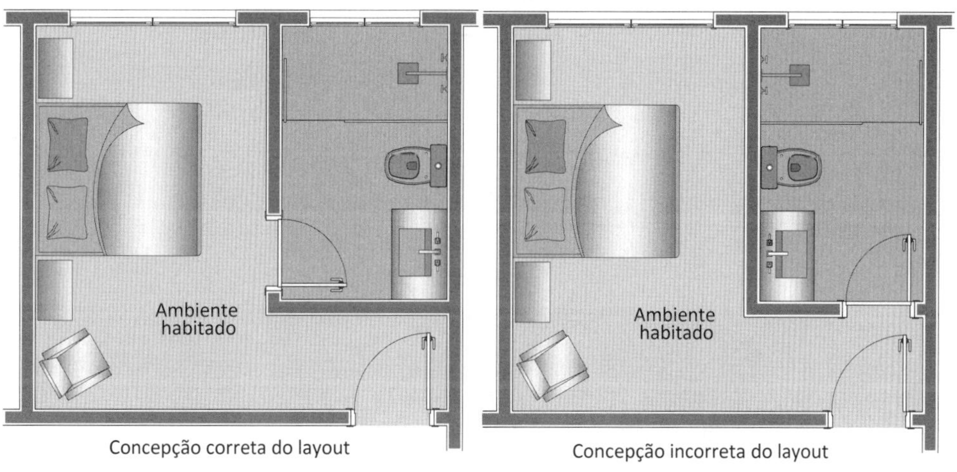

Figura 1.29 Ruído em canalização

3 Leal, 2004.

4 Aidar, 1998

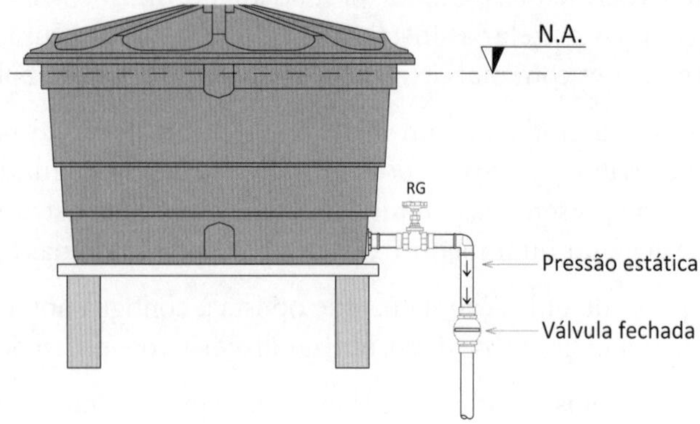

SITUAÇÃO A
Válvula fechada - temos apenas a pressão estática da rede - (pressão normal)

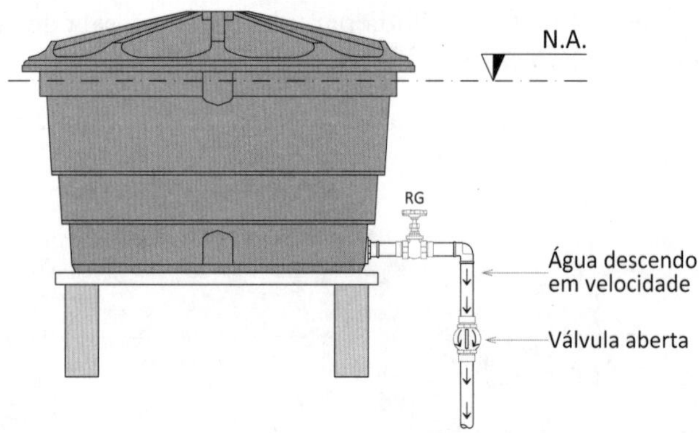

SITUAÇÃO B
Válvula aberta - a água começa a descer, aumentando gradativamente a velocidade dentro do tubo. A pressão contra as paredes se reduz ao máximo.

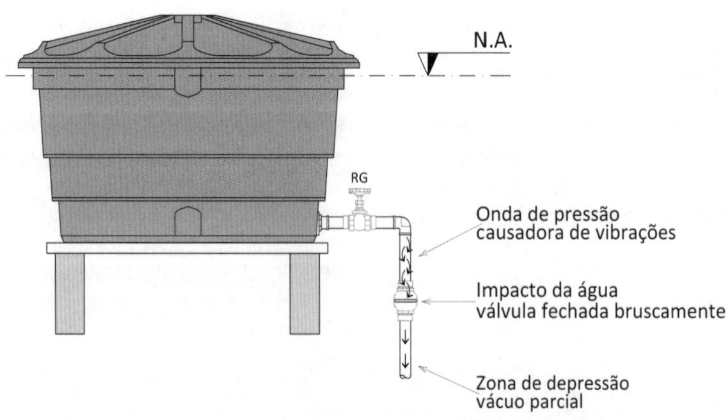

SITUAÇÃO C
Fechamento rápido da válvula - ocorre a interrupção brusca da água, causando violento impacto sobre a válvula e demais equipamentos, além de vibrações e fortes pressões na tubulação.

Figura 1.30 Golpe de aríete.

1.9 SISTEMAS DE AQUECIMENTO DE ÁGUA E TIPOS DE AQUECEDORES

Existem três tipos de sistemas de aquecimento: aquecimento individual (local), aquecimento central privado e aquecimento central coletivo. O projetista deve estudar a viabilidade do emprego de cada uma dessas alternativas, para determinar a melhor solução.

O aquecimento é individual quando alimenta uma única peça de utilização, como um chuveiro ou uma torneira elétrica.

Também pode ser local, quando pequenos aquecedores elétricos ou a gás alimentam um único compartimento sanitário.

O sistema é central privado quando atende somente uma unidade habitacional, ou seja, alimenta vários pontos de consumo localizados em cozinhas, banheiros, áreas de serviço. Um exemplo desse tipo de sistema é o aquecedor de acumulação.

O sistema é central coletivo quando um único conjunto de aquecimento alimenta várias unidades de um edifício, ou seja, várias peças de utilização de várias unidades habitacionais ou de comércio e serviços. Exemplos: edifício residencial, hotel, motel, hospital etc. O sistema de água quente é formado pelos seguintes componentes: tubulação de água fria para alimentação do sistema de água quente; aquecedores, que podem ser de passagem (instantâneos) ou de acumulação; dispositivos de segurança; tubulação de distribuição de água quente; e peças de utilização (chuveiro, ducha, torneiras de pia, lavatório, tanque). Existem no mercado diversos equipamentos para aquecimento, reserva e distribuição de água quente. Portanto, são várias as opções de aquecimento.

1.9.1 AQUECEDORES ELÉTRICOS

Os aquecedores elétricos podem ser de dois tipos: aquecimento de passagem e por acumulação.

Os aquecedores elétricos de passagem são dispositivos interpostos na tubulação para o aquecimento elétrico instantâneo da água (aquecida em sua passagem pelo aparelho). São exemplos: chuveiro elétrico, torneira elétrica e os aquecedores automáticos de água quente.

A principal vantagem dos aquecedores elétricos é o fato de serem compactos e fáceis de instalar, dispensando tubulações. As desvantagens são: custo do kW, baixa pressão e pouca vazão de água.

Os aquecedores por acumulação proporcionam maior conforto ao usuário, pois a água é aquecida para posterior consumo. A acumulação possibilita seu uso com maior vazão nos chuveiros ou em qualquer outro ponto de utilização. Fornece água quente de imediato e na temperatura desejada, em um ou vários pontos de consumo ao mesmo tempo, não dependendo da pressão da água para seu bom funcionamento.

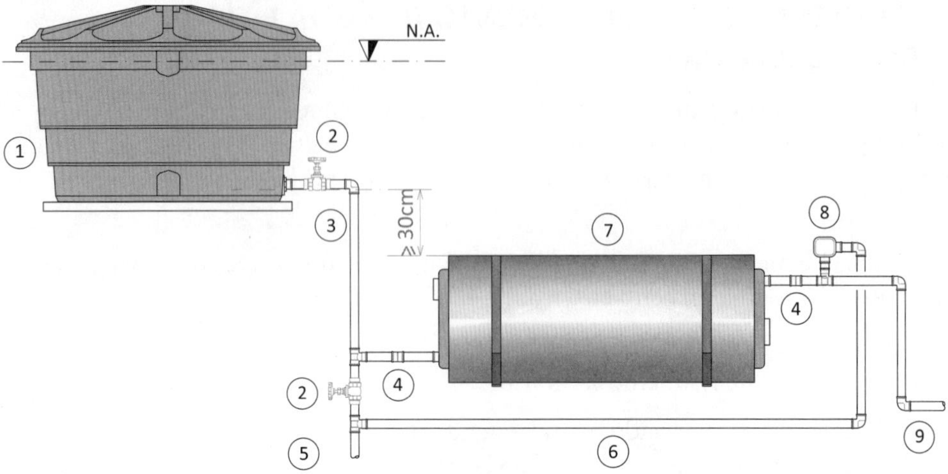

1 - Reservatório de água fria
2 - Registro
3 - Alimentação do sistema
4 - Luva de união
5 - Drenagem do aquecedor ou da válvula de alívio
6 - Ligação da válvula de alívio ao dreno
7 - Aquecedor elétrico
8 - Válvula de alívio ou válvula e segurança
9 - Água quente - consumo

Figura 1.31 Aquecimento elétrico por acumulação em residências.

1.9.2 AQUECEDORES A GÁS

Ao escolher um modelo de aquecedor a gás, deve-se ter certeza de que ele está de acordo com as normas da ABNT. Além da NBR 5626:2020 - Sistemas prediais de água fria e água quente - Projeto, execução, operação e manutenção, deve ser consultada a NBR 15575:2013 - Edificações habitacionais - Desempenho - Parte 6: Requisitos para sistemas hidrossanitários. Devem ser consideradas também as orientações de cada fabricante, pois existem no mercado diversos tipos de aquecedor.

Os aquecedores a gás apresentam duas grandes vantagens em relação aos aquecedores elétricos: melhor pressão de água que os similares elétricos e água quente para uso imediato. Como desvantagem, apresentam o risco de vazamento, se não forem seguidas determinadas especificações.

As interfaces de instalação dos aquecedores a gás com o projeto arquitetônico tais como os requisitos: de proteção, de afastamentos e de abertura para ventilação, e demais restrições devem ser rigorosamente observadas nas normas: NBR 16057:2012 - Sistema de aquecimento de água a gás (SAAG) – Projeto e instalação; NBR 13103:2020 - Instalação de aparelhos a gás – Requisitos.

Os modelos de passagem são de instalação mais simples (desde que os pontos de espera estejam corretamente posicionados) que os de acumulação.

No modelo de passagem, basta abrir a torneira para o aquecedor ligar automaticamente e a água correr aquecida. A vantagem do sistema de passagem é a economia e o conforto na hora do banho (há maior fluxo de água quente). Além disso, os aquecedores de parede oferecem maior facilidade de instalação em espaço reduzido.

Nas instalações residenciais, é recomendável a utilização de dois aquecedores independentes: um para o banheiro e outro para a cozinha. Tal fato justifica-se por um possível descontrole do consumo de água quente. Antes de instalá-los, deve-se verificar se os pontos existentes na parede correspondem mesmo aos pontos de água fria, de água quente e de gás do aparelho. A instalação deve ser feita conforme orientações do manual de instruções do fabricante. Na hora da instalação, também se deve tomar cuidado para que a profundidade de embutimento do dispositivo na parede não atrapalhe a posterior colocação do acabamento.

Os aquecedores instantâneos a gás devem estar em conformidade com as normas NBR 5899:1995 – Aquecedor de água a gás tipo instantâneo – terminologia e a NBR 8130:2004 – Aquecedores de água a gás tipo instantâneo – especificação.

Outra opção de aquecedor a gás é o modelo de acumulação, que armazena a água aquecida. É de fácil instalação e atende vários pontos de consumo simultaneamente.

A desvantagem dos aquecedores de acumulação é o tamanho – são bem maiores que o modelo de passagem. Por isso, a opção pelo aquecedor de acumulação a gás se justifica somente quando são consumidos grandes volumes de água quente ao mesmo tempo (mais de quatro pontos de utilização).

Quando o arquiteto faz a opção pelo aquecedor a gás, é importante estar atento à sua localização no projeto da arquitetura, em razão da necessidade de ventilação permanente no local onde será instalado o aquecedor, sem que o usuário tenha controle sobre ela.

Uma ventilação adequada é crucial para garantir que o aquecedor funcione de forma segura e eficiente, e que o usuário não fique exposto a riscos de intoxicação por monóxido de carbono.

O usuário geralmente não tem controle sobre a ventilação no local onde o aquecedor está instalado, e a falta de ventilação pode levar à transmissão de gases tóxicos, causando graves problemas de saúde, como tonturas, náuseas e até mesmo a morte. É importante que o arquiteto siga as normas técnicas para a instalação de aquecedores a gás, como a NBR 13103:2020, que define as regras para ventilação, localização e instalação desses equipamentos.

Além disso, o arquiteto deve considerar a estética e funcionalidade do aquecedor no projeto arquitetônico, escolhendo uma localização que seja segura, acessível e discreta, para que o aquecedor não interfira na harmonia visual e funcional do ambiente.

Para a instalação de qualquer modelo de aquecedor a gás, deve-se solicitar a presença de um profissional habilitado, pois, como o assunto envolve conhecimentos técnicos, nem sempre o morador está devidamente informado dos riscos que pode estar correndo dentro de sua residência ou apartamento. Para evitá-los, é aconselhado promover uma inspeção nos equipamentos a gás existentes e nas condições de ventilação dos ambientes em que estão alojados.

1.9.2.1 Aberturas para ventilação

De acordo com a NBR 13103:2020 - Instalações de aparelhos a gás: Requisitos, "as aberturas para ventilação devem ser permanentes, não sendo permitida a obstrução total ou parcial do espaço."

A abertura de ventilação superior deve estar localizada a uma altura mínima de 1,50 m acima do piso acabado. A abertura inferior de ventilação deve estar localizada a uma altura máxima de 0,80 m acima do piso acabado.

As aberturas para ventilação devem se comunicar com o exterior da edificação, ambiente externo ou prisma de ventilação que possuam características especificadas nos itens B.2.1 a B.2.3 do Anexo B da referida norma. A comunicação da abertura de ventilação pode ser realizada por meio de duto exclusivo individual (ver Tabelas).

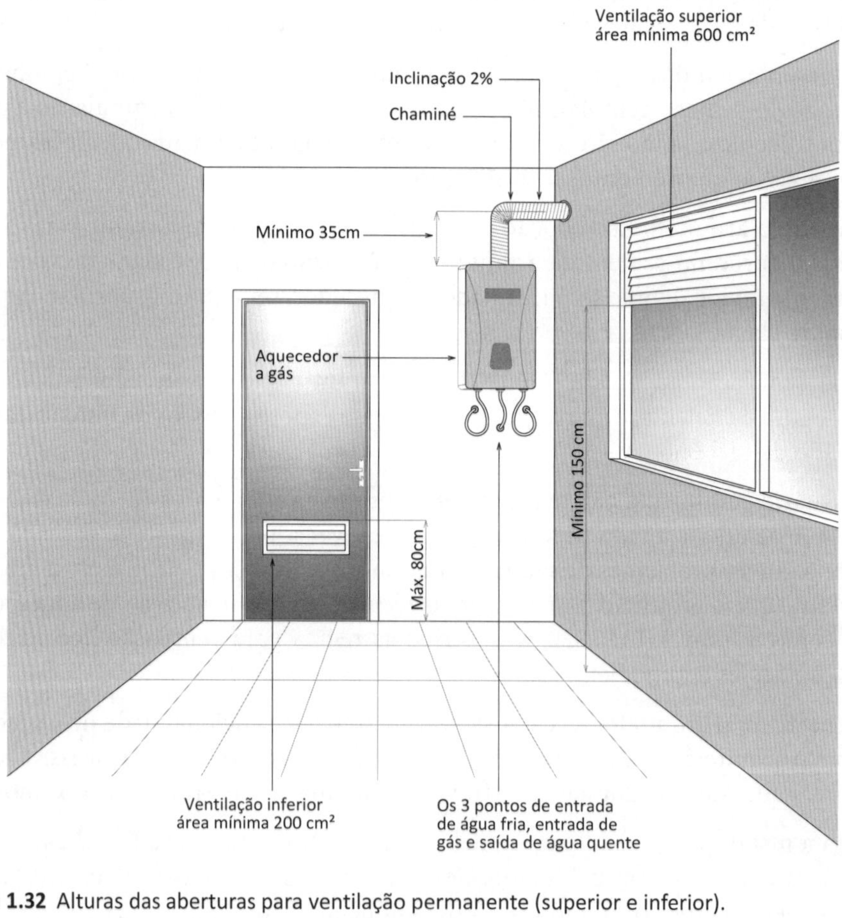

Figura 1.32 Alturas das aberturas para ventilação permanente (superior e inferior).

1.9.3 AQUECEDOR SOLAR

Com o desenvolvimento tecnológico dos equipamentos e das técnicas de instalação, os custos de um sistema de aquecimento solar diminuíram significativamente, fazendo com que o custo-benefício acabe compensando, pois é um sistema que combina segurança, ecologia e economia.

A norma que estabelece os requisitos de projeto e instalação para o sistema de aquecimento solar (SAS), considerando aspectos de concepção, dimensionamento, arranjo hidráulico, instalação e manutenção, onde o fluido de transporte é a água, é a NBR 15569:2020 – Sistema de aquecimento solar de água em circuito direto: requisitos de projeto e instalação.

O sistema de aquecimento solar apresenta algumas vantagens e desvantagens, quando comparado a outros tipos de energia. As principais vantagens são: economia de energia (reduz, em média, 35% da conta de luz), fácil manutenção (praticamente inexistente), fonte de energia inesgotável, não produz poluição ambiental. A desvantagem do sistema é o comprometimento de sua eficiência em dias nublados ou chuvosos, quando é necessária a utilização de um sistema misto (energia solar e elétrica).

Atualmente, a energia solar também vem sendo muito utilizada para o aquecimento de piscinas, em substituição aos aquecedores convencionais elétricos e a gás. Nesse caso, são instaladas placas coletoras em quantidades suficientes para o volume de água a ser aquecido e uma bomba que movimenta a água (método conhecido como circulação ativa).

O sistema de aquecimento solar é o sistema de aquecimento que mais apresenta interfaces com o projeto de arquitetura, particularmente, com a cobertura da edificação.

Na instalação convencional de um sistema de aquecimento solar para residências, alguns parâmetros relacionados à localização e à disposição dos equipamentos na cobertura devem ser rigorosamente observados, pois, apesar de ser constituído por equipamentos bastante simples e de fácil utilização, o sucesso de sua eficiência depende de uma instalação correta.

Os coletores solares constituem a parte principal do sistema, pois é por meio deles que a energia solar é absorvida e transmitida à água que circula pelos tubos do interior do coletor. As placas devem ser direcionadas sempre para o norte,5 com desvio máximo de 30° a nordeste ou noroeste. Para uma boa absorção dessa energia, ou seja, para que os coletores recebam maior incidência dos raios solares durante o ano, a inclinação ideal das placas, em relação à horizontal, é um ângulo resultante da soma da latitude do lugar mais 5° a 10°.

O volume do boiler (reservatório térmico) está relacionado diretamente ao número de usuários e à destinação da água quente aos pontos de consumo. Quando se trata de residência, por exemplo, é preciso saber algumas informações:

- número de usuários do sistema de água quente (adotar duas pessoas por dormitório);
- quantidade de banheiras de hidromassagem;
- em caso afirmativo, quantas banheiras e qual o volume de cada uma);
- previsão de máquinas de lavar (adotar 150 litros);

5 Exceto nos estados Amapá e Amazonas.

- previsão de água quente na pia da cozinha e no tanque (adotar 50 litros para cada ponto).

Através dessas informações, é possível calcular o volume de água quente que será consumido pelos usuários do sistema bem como dimensionar o aquecedor ideal que atenda o nível de conforto desejado.

Com relação às suas interfaces com o projeto de arquitetura, é importante ressaltar que a principal causa de vazamentos nos reservatórios de água quente é a não observância da altura máxima entre caixa d'água e o reservatório de água quente, pois existem dois tipos de boiler: de baixa pressão e alta pressão.

Os *boilers* de baixa pressão são mais econômicos e indicados para instalações convencionais em que a caixa de água fria esteja logo acima do boiler, sendo que o seu nível de água deverá estar no máximo com 4 m.c.a. Os *boilers* de alta pressão são recomendados para sistemas pressurizados e instalações onde a caixa de água fria está muito elevada (trabalham com até 40 m.c.a.).

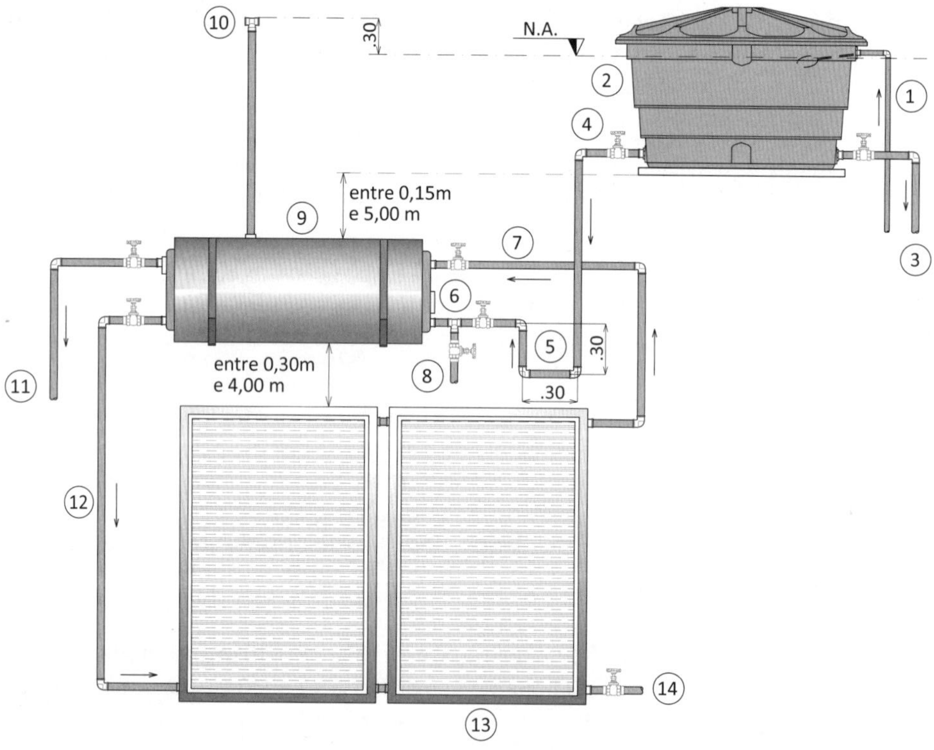

1 - Alimentação reservatório-água fria
2 - Caixa d' água
3 - Consumo água fria
4 - Registro geral do sistema
5 - Sifão de conexões
6 - Entrada de água fria
7 - Retorno do coletor - água quente
8 - Dreno do reservatório
9 - Reservatório - boiler
10 - Respiro
11 - Consumo - água quente
12 - Alimentação coletores - água fria
13 - Coletor solar
14 - Dreno dos coletores

Figura 1.33 Detalhe esquemático de instalação de aquecedor solar.

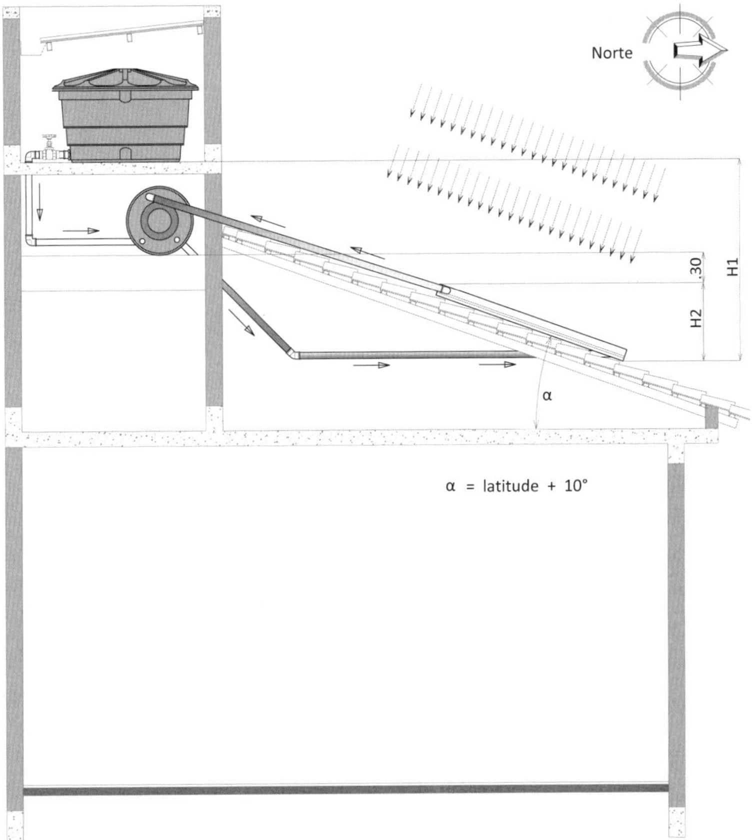

Figura 1.34 Inclinação ideal das placas.

Quando a inclinação das placas coletoras de energia solar não coincide com a inclinação do telhado da residência, há algumas opções a serem consideradas: ajustar a inclinação do telhado, instalar placas em estrutura de suporte ou usar placas solares flexíveis.

Se o telhado da residência for inclinado, mas não na inclinação ideal para a instalação das placas solares, é possível ajustar a inclinação do telhado para se adequar às necessidades das placas. No entanto, essa solução pode ser mais cara e demorada, já que envolve mudanças no telhado.

Caso o telhado da residência for plano ou ter uma inclinação muito diferente da inclinação ideal das placas solares, pode ser necessário instalar as placas em estruturas de suporte separadas. Essas estruturas podem ser instaladas no chão ou em outra área plana próxima à residência.

Outra opção seria usar placas solares flexíveis. Essas placas podem ser instaladas em superfícies curvas ou irregulares, permitindo que sejam instaladas em telhados com inclinações diferentes. No entanto, é importante lembrar que essas placas costumam ter uma eficiência menor do que as placas convencionais.

Em todos os casos, é importante contar com o suporte de profissionais especializados na instalação de sistemas de energia solar para garantir que a instalação seja segura e eficiente, atendendo às normas técnicas e regulatórias.

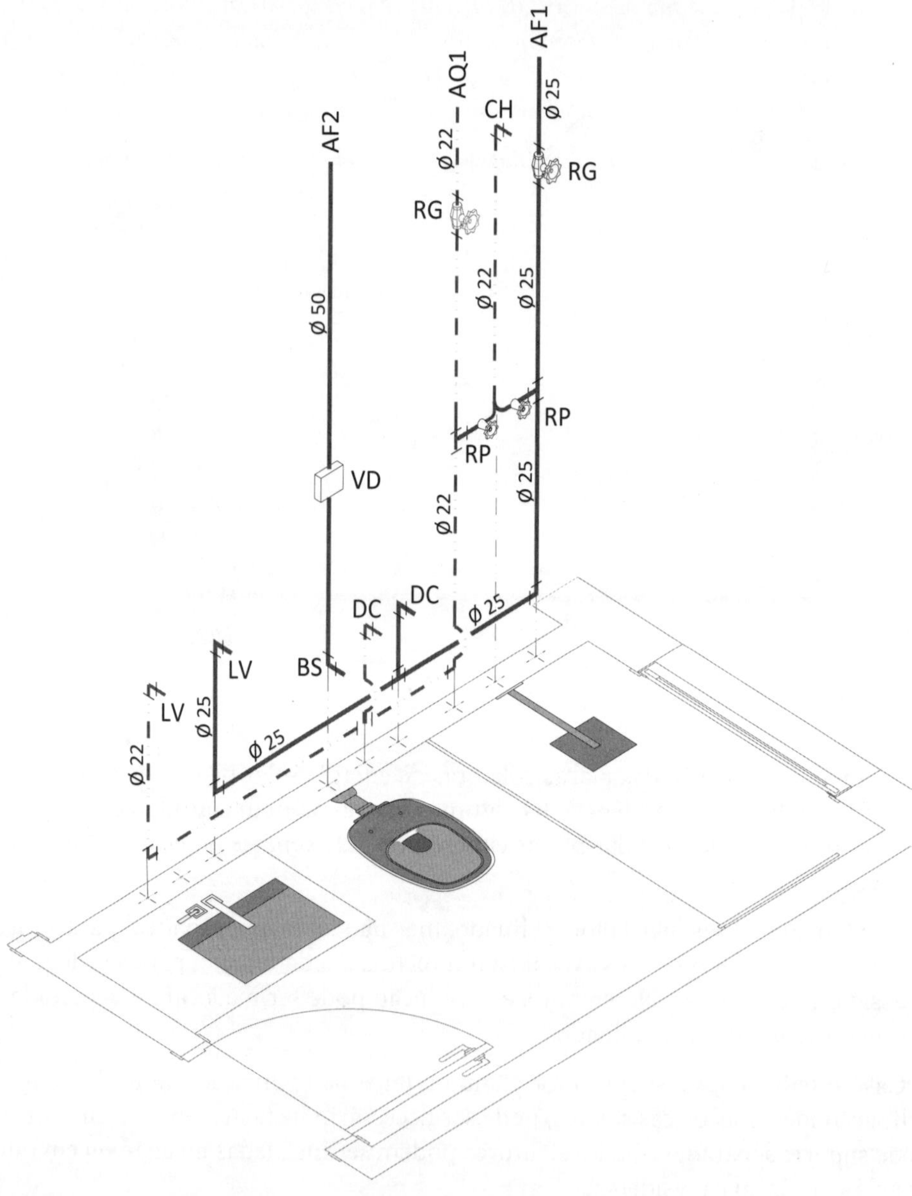

Figura 1.35 Detalhe isométrico de instalação de água fria e quente.

1.10 INTERFACES DAS INSTALAÇÕES COM OS ELEMENTOS ESTRUTURAIS

As instalações prediais são subsistemas que devem ser integrados ao sistema construtivo proposto pela arquitetura de forma harmônica, racional e tecnicamente correta.

É muito comum durante a execução de uma obra encontrar conflitos entre os projetos arquitetônico, estrutural e de instalações hidráulicas e sanitárias. Essas interferências poderiam ser facilmente detectadas durante a etapa de elaboração de projetos caso fossem analisados como um todo, num trabalho conjunto de análise de projeto.

Normalmente, as compatibilizações eram feitas na sobreposição de projetos 2D em software CAD. Porém, o ideal seria fazer uma análise ponto a ponto, pois o maior problema das incompatibilidades está na distribuição horizontal dos sistemas prediais de esgoto e drenagem pluvial, aonde temos o fator da inclinação, que cruzam com as vigas e acabam gerando as incompatibilidades.

Hoje, temos métodos mais modernos de se compatibilizar os projetos, como por exemplo o Sistema BIM, onde todos os projetos são coordenados ao mesmo tempo.

1.10.1 INSTALAÇÕES EMBUTIDAS E APARENTES

As instalações devem ser projetadas de modo a permitir fácil acesso para eventual execução de reparos, independentemente de serem embutidas ou aparentes. Além disso, não podem interferir nas condições de estabilidade da construção.

Quando embutidas em alvenaria, no sistema tradicional, as tubulações deverão ser envolvidas em papel ou material semelhante, o que fará com que exista uma folga entre o tubo e a parede. Esse procedimento evitará o aparecimento de fissuras e trincas causadas pelas dilatações e contrações térmicas do material. As tubulações embutidas não devem sofrer ações externas que possam danificá-las ou comprometer a estanqueidade ou o fluxo. Deve-se verificar em projeto, nos pontos de transição entre elementos (parede x piso, parede x pilar, e outros), a existência de dispositivos que assegurem a não transmissão de esforços para a tubulação.

Em edificações com alvenaria estrutural, as tubulações só podem correr embutidas dentro de blocos cerâmicos ou de concreto não estruturais, ou seja, apenas dentro de blocos não estruturais de paredes com função de vedação.

De acordo com a NBR 15575:2013, "os fixadores ou suportes das tubulações, aparentes ou não, assim como as próprias tubulações, devem resistir, sem entrar em colapso, a cinco vezes o peso próprio das tubulações cheias d'água para tubulações fixas no teto ou em outros elementos estruturais, bem como não apresentar deformações que excedam 0,5 % do vão." Quando as tubulações estiverem sujeitas a esforços dinâmicos significativos, por exemplo, tubulações de recalque ou água quente, estes esforços devem ser levados em consideração.

Tabela 1.5 Espaçamento máximo entre suportes (m)

DIÂMETRO NOMINAL INTERNO		DIÂMETRO NOMINAL EXTERNO TUBO (mm) X ESPAÇAMENTO MÁXIMO ENTRE SUPORTES (m)													
		PVC MARROM SOLDÁVEL		PVC BRANCO ROSCÁVEL		COBRE		AÇO PRETO/ GALVANIZ.		CPVC (60°C)		PVC BRANCO SANITÁRIO		PVC SÉRIE RE-FORÇADA	
		NBR 5647		NBR 5647		NBR 13206		NBR 5580		ASTM F-442		NBR 5648		NBR 5688	
mm	ref	mm	m	mm	m	mm	m	mm	m	mm	m	mm	m	mm	m
15	1/2	20	0,9	21	1,0	15	1,2	21,3	1,5	15	1,1				
20	3/4	25	1,0	26	1,1	22	1,8	26,9	1,8	22	1,2				
25	1	32	1,1	33	1,3	28	1,8	33,7	2,1	28	1,4				
32	1.1/4	40	1,3	42	1,5	35	2,4	42,4	2,4	35	1,5				
40	1.1/2	50	1,5	48	1,6	42	2,4	48,3	2,7	42	1,7	40	0,4	40	0,4
50	2	60	1,7	60	1,8	54	2,7	60,3	3,0	54	2,0	50	0,5	50	0,5
65	2.1/2	75	1,9	75	2,0	66	3,0	76,1	3,3	73	2,0				
80	3	85	2,1	85	2,1	79	3,0	88,9	3,6	89	2,1	75	0,75	75	0,75
100	4	110	2,5	113	2,4	104	3,0	114,3	4,2	114	2,3	100	1,0	100	1,0
150	6							165,1	4,8			150	1,5	150	1,5

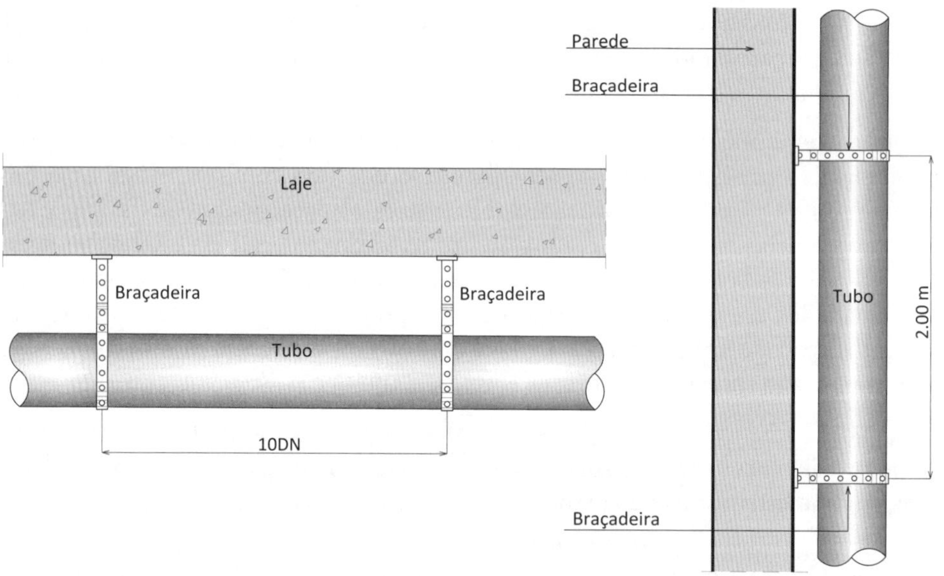

Figura 1.36 Espaçamento entre braçadeiras nas tubulações aparentes de PVC branco sanitário DN 100.

Fonte: Manual Técnico Tigre.

1.10.2 VIGAS SOB O PERÍMETRO DA ALVENARIA EM ÁREAS MOLHADAS

É muito comum, o posicionamento de vigas sob o perímetro da alvenaria em pavimentos sobrepostos. Quando se trata de banheiros, cozinhas e áreas de serviço, esse posicionamento obstrui a passagem das prumadas. Muitas soluções improvisadas são adotadas para resolver esses problemas e acabam comprometendo a estética e a funcionalidade desses compartimentos, como é o caso das "bonecas" (requadros em alvenaria), utilizadas para esconder os tubos verticais.

Deve-se evitar sempre a passagem de tubulações em elementos estruturais, principalmente no sentido de sua espessura. Caso seja necessária a transposição desses elementos, o engenheiro responsável pelo projeto estrutural deverá ser consultado, pois a estrutura está submetida a esforços que podem danificar as tubulações. Sob quaisquer condições, são totalmente desaconselháveis o embutimento de prumadas em pilares e a passagem de tubulações por vigas de concreto, principalmente de tubulações de esgoto e de águas pluviais que possuam diâmetros maiores que os diâmetros das tubulações de água.

Para evitar a passagem das prumadas em elementos estruturais, o arquiteto, o projetista de estrutura e o engenheiro responsável pelo projeto de instalações hidráulico-sanitárias, na etapa de elaboração dos projetos, devem prever uma "parede hidráulica" livre de vigamento, em cada compartimento sanitário e em áreas molhadas.

Outra solução para a descida livre das prumadas seria a previsão de dutos verticais ou *shafts* (veja "*Shafts* verticais"). Nesse caso, as tubulações recobertas, instaladas em dutos, devem ser fixadas ou posicionadas por meio de anéis, braçadeiras ou outras peças que permitam a necessária movimentação e facilitem a manutenção.

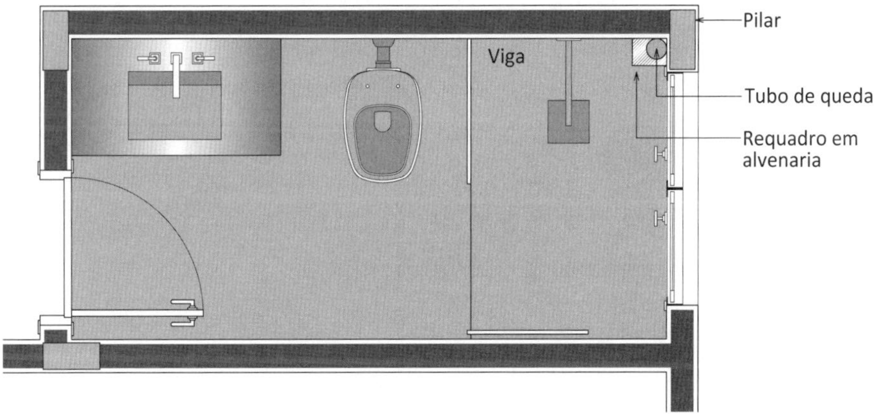

Figura 1.37 Solução improvisada para descida de prumada de esgoto.

1.10.3 TUBULAÇÕES QUE ATRAVESSAM VIGAS

É muito comum em algumas reformas ou em construções novas, seja ela em estrutura pré-moldada ou alvenarias se depararem com a necessidade de realizar perfurações em vigas ou lajes, pela necessidade de passar tubulações diversas.

Para passar tubos em vigas (prédios) e evitar danos à estrutura do edifício, além de consultar o engenheiro responsável pelo projeto estrutural, deve existir sempre folga ao redor do tubo nas travessias de estruturas ou de paredes para evitar danos à tubulação na ocorrência de eventuais recalques (rebaixamento do solo ou da parede após a construção da obra).

Normalmente, essa travessia é feita abaixo da linha neutra na região central da viga, e acima da linha neutra na região próxima aos apoios intermediários, isto é, sempre na região tracionada da seção da viga. Nessas regiões, localizadas pelo engenheiro calculista, por meio de momentos fletores, conta-se apenas com a colaboração da resistência do aço, podendo-se colocar as tubulações no espaço ocupado pelo concreto.

Com relação aos furos na direção da altura da viga, a NBR 6118:2014 no seu item 21.3.3 estabelece que: o furo não deve possuir diâmetro superior a 1/3 da largura da viga e tenha distância mínima de 5 cm ou 2 x cobrimento até a face da viga. No caso de mais de um furo vertical, eles devem estar afastados pelo menos 5 cm um do outro. Porém, sempre que houver necessidade de fazer furos que atravessam as vigas na direção de sua largura ou na direção da sua altura, ou fazer aberturas que atravessam lajes na direção de sua espessura é necessário consultar a NBR 6118:2014 -Projeto de estruturas de concreto — Procedimento, particularmente os itens 13.2.5.1; 13.2.5.2 e 21.3.3.

Os furos nas vigas devem ser bem planejados e executados antes da concretagem, ou seja, o espaço da abertura não receberá o concreto, jamais poderão ser feitos depois da concretagem da viga.

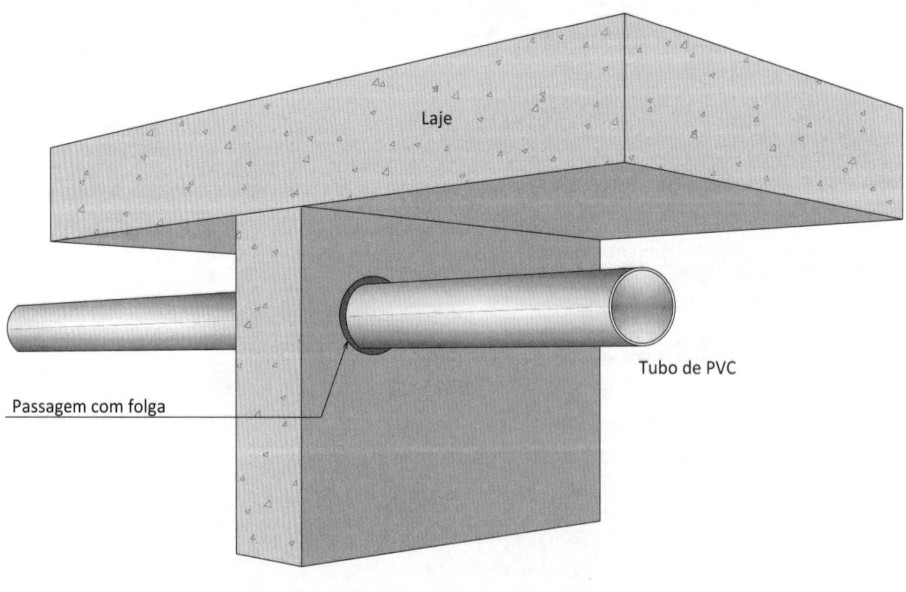

Figura 1.38 Passagem de tubos (travessias de estruturas).

1.10.4 ÁREAS DESTINADAS AOS DUTOS DE PASSAGEM E INSPEÇÃO (*SHAFTS*)

Na fase de elaboração do projeto arquitetônico, deverão ser previstos locais adequados para o posicionamento das prumadas hidráulicas e elétricas. Espaços livres para a passagem de tubulações, nos sentidos horizontal (forros ou dutos horizontais) e vertical (pontos e *shafts*), facilitam a execução da obra, a operação e a manutenção das instalações.

Em geral, os shafts são fechados com painéis de gesso acartonado, o que torna essas instalações acessíveis para manutenção através da quebra dos painéis, operação muito mais fácil do que se elas estivessem embutidas em paredes de alvenaria. Os shafts pré-montados chegam à obra na forma de kits, resultando em mais rapidez, qualidade e, muitas vezes, em menor custo de instalação.

É importante ressaltar que as principais interferências dos projetos de instalações prediais em uma obra civil (edificação) ocorrem basicamente no projeto arquitetônico e no projeto estrutural.

Para que o projeto se desenvolva de maneira harmônica, racional e tecnicamente correta, o ideal é que haja uma interação prévia entre o arquiteto e os profissionais contratados para a elaboração dos projetos complementares (estrutural, hidráulico, elétrico, telefonia, gás e outros).

1.10.4.1 *Shafts* verticais

Essas aberturas, convenientemente estudadas e previstas na fase de projeto, eliminam algumas interferências na obra, como a quebra da alvenaria para passagem de tubulações, facilitam as futuras operações de manutenção e operação do sistema, além de diminuir custos, melhorar a produtividade e incrementar a qualidade.

Há muito tempo sendo adotado no exterior, somente há alguns anos o *shaft* visitável de instalação hidráulica começou a ser adotado em prédios residenciais brasileiros, particularmente em obras bem planejadas, onde a instalação hidráulica é executada depois da edificação pronta. Dessa maneira, o trabalho do instalador não interfere no trabalho do pedreiro, e vice-versa.

Portanto, a grande vantagem desse sistema é a ausência de quebras na hora de realizar qualquer tipo de serviço e/ou manutenção, pois a instalação hidráulica não está embutida na parede, mas percorre o *shaft*.

Uma opção racionalizada, com relação à adoção de *shafts* para a descida de tubulações, é adotar um *shaft* de prumadas para cada conjunto hidráulico: área de serviço e cozinha, sanitários etc.

O sistema de *shaft* visitável requer uma tampa de fechamento, em geral feita de polipropileno e revestida por filme acrílico, para esconder a tubulação. Essas tampas são, geralmente, aparafusadas, para facilitar a sua remoção na inspeção e na instalação.

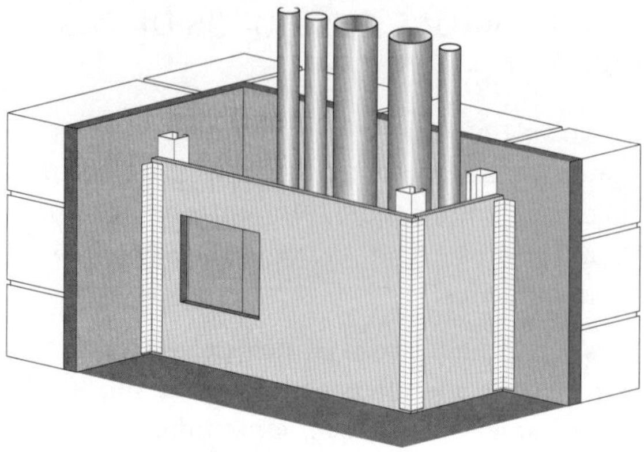

Figura 1.39 Instalação de *shafts* no sistema *dry wall*.

1.10.4.2 Shafts horizontais

Da mesma maneira que a adoção de *shafts* verticais para abrigar prumadas hidráulicas evita interferências na alvenaria, a adoção de *shafts* horizontais evita a interferência entre pavimentos. O piso box, fabricado pela ASTRA, é uma ótima solução quando é necessário fazer reparos, principalmente se tratando de banheiro. Trata-se de elevar o piso do *box* de banho com a caixa sifonada embutida, reservando, assim, no próprio compartimento, um nicho para as instalações de esgoto. Com esse sistema, a tubulação do ralo do *box* pode ser ligada diretamente à coluna de esgoto, sem necessidade de passar tubos por baixo da laje.

É um sistema geralmente confeccionado com fibra de vidro ou plástico revestido de acrílico, desenvolvido para evitar a interferência entre pavimentos. É antiderrapante; tem alta resistência mecânica e química; permite facilidade de limpeza, e suas abas laterais permitem uma perfeita vedação, tanto para alvenaria como *dry wall*. Nos locais destinados à instalação do piso *box*, a aba é reforçada, proporcionando sua perfeita fixação.

O piso *box* tradicional da Astra é indicado para casas, residências pré-fabricadas e empreendimentos nos quais se utilizará a solução tradicional de instalações hidráulicas passando pelo forro falso.

No piso *box* elevado, com caixa sifonada e saída lateral, o esgotamento é feito horizontalmente pela parede, conectando-se à coluna do esgoto, sem passar tubos por baixo da laje. Essa solução, associada ao uso de bacia sanitária de saída horizontal, viabiliza a eliminação do forro falso nos ambientes sanitários, com as vantagens de não invadir o apartamento inferior com a tubulação de esgoto, reduzir custo, pela ausência do forro falso, e otimizar o pé-direito.

No piso *box* não sifonado com válvula de saída, o piso se interliga, por meio do forro falso, com a coluna de esgoto, passando os tubos por baixo da laje.

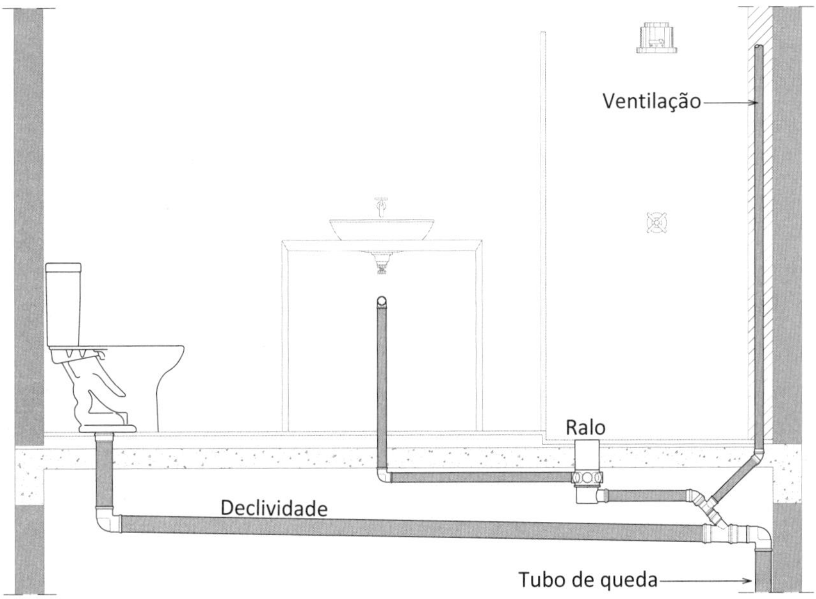

Figura 1.40 Distribuição tradicional (tubulações de esgoto sob a laje).

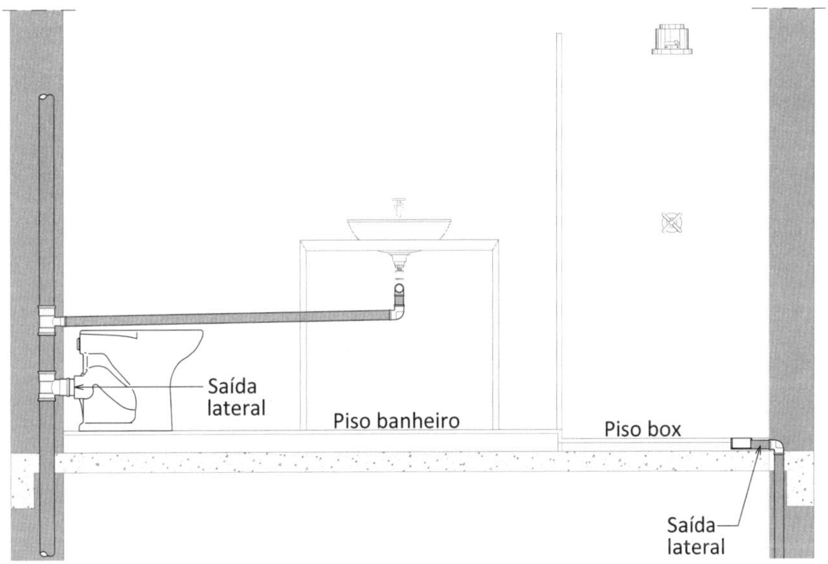

Figura 1.41 Piso *box* e bacia com saída lateral.

1.10.5 COMPARTIMENTOS REBATIDOS EM PAREDE HIDRÁULICA

Além das áreas destinadas aos dutos de passagem e inspeção (*shafts*), é possível também prever no projeto a execução de paredes de vedação, não estruturais, para a passagem de tubulações hidráulicas embutidas.

Às vezes, com a intenção de otimizar o projeto e racionalizar as instalações, o arquiteto costuma projetar compartimentos com instalação hidráulica (banheiros, cozinhas e áreas de serviço) de forma rebatida, utilizando a mesma parede hidráulica. Para isso, são necessários alguns conhecimentos sobre as características técnicas de alguns equipamentos, dispositivos e materiais utilizados nas instalações.

Para rebater dois banheiros em uma mesma parede hidráulica, primeiro deve ser levada em consideração a passagem dos tubos, principalmente do tubo de queda de esgoto, quando se trata de residências assobradadas ou prédios com mais de dois pavimentos. O diâmetro desses tubos é, normalmente, 100 mm; portanto, essa parede deverá ter uma largura suficiente para comportar as tubulações embutidas.

Outro aspecto importante a ser analisado são as dimensões da válvula de descarga quando for essa a opção adotada. O modelo tradicional, mais robusto, exige parede de um tijolo; para as versões mais compactas, basta parede de meio tijolo. As válvulas têm, aproximadamente, 10 cm de profundidade; por essa razão, duas bacias sanitárias não poderão ser rebatidas no mesmo eixo quando a largura da parede for inferior a 20 cm.

Para a passagem das tubulações verticais em paredes sobre vigas, ao invés da parede hidráulica (livre de vigamento) podem ser adotadas soluções com *shafts*, ou seja, dutos verticais especialmente projetados para abrigar as prumadas hidráulicas. A utilização dos *shafts* é muito vantajosa em edifícios com vários pavimentos, pois permite a inspeção das tubulações, sem quebras ou demolições e imediata identificação caso ocorra algum problema.

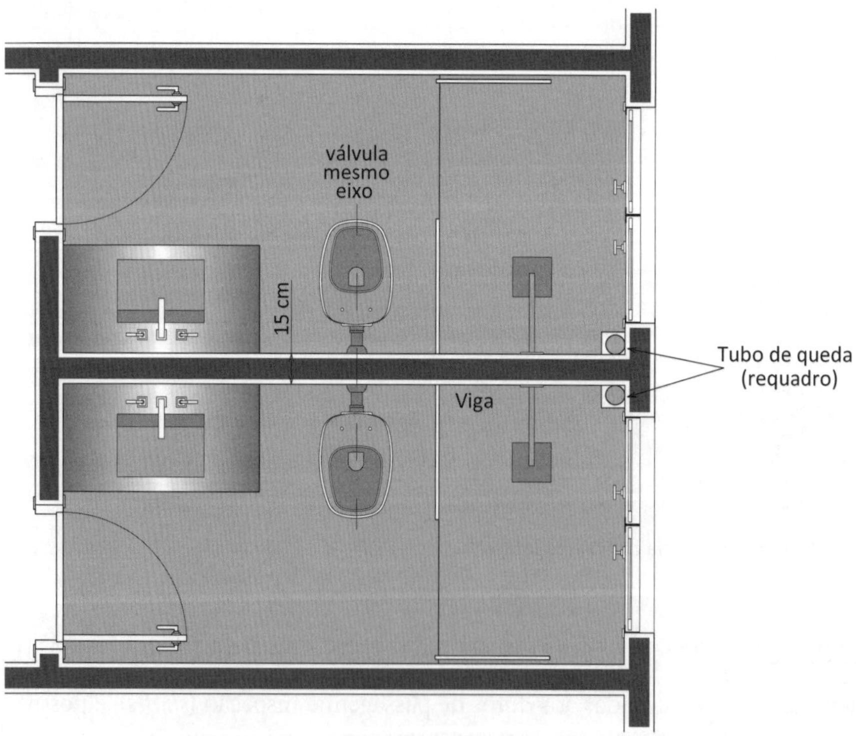

Figura 1.42 Solução improvisada para banheiros rebatidos.

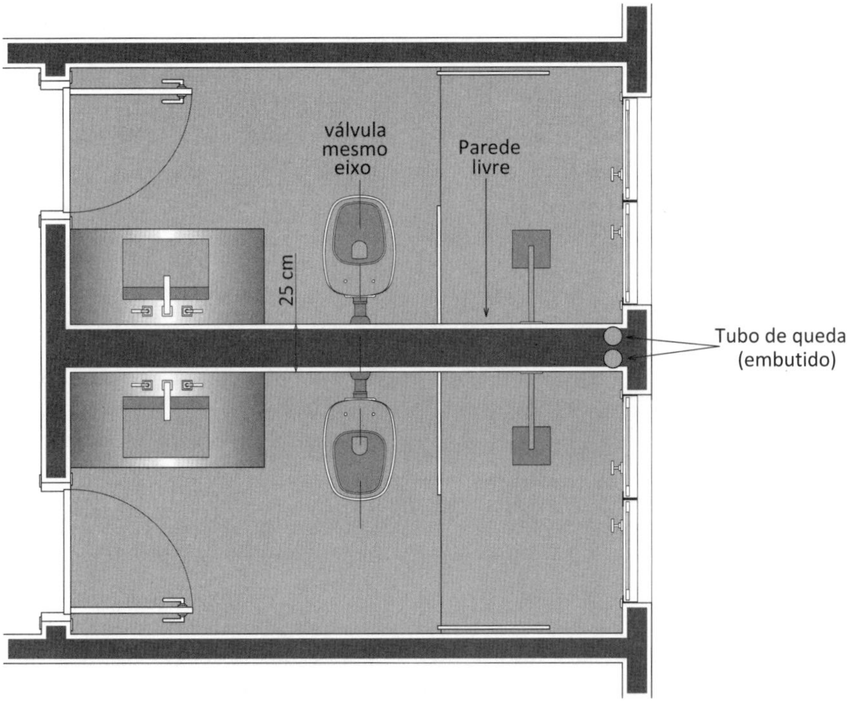

Figura 1.43 Solução com parede engrossada (sem viga).

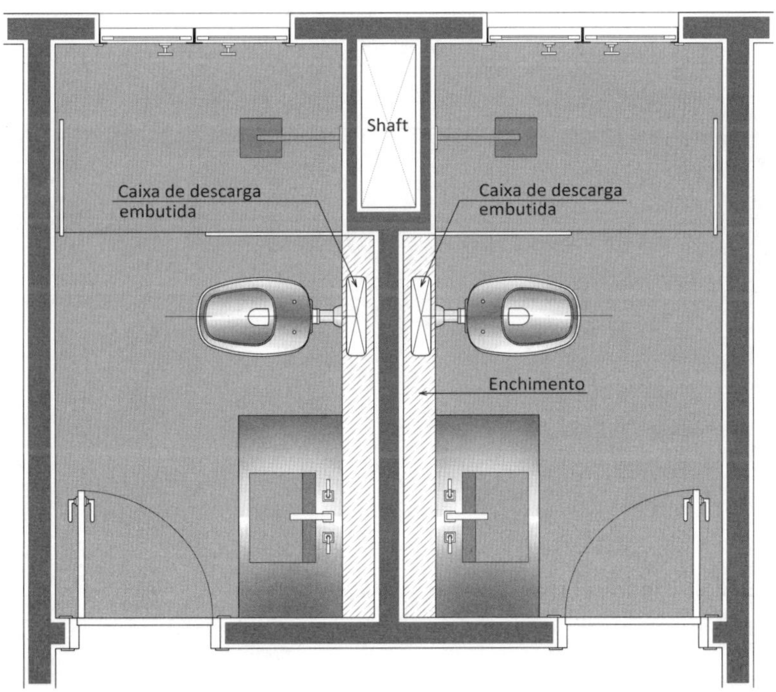

Figura 1.44 Solução com shaft para banheiros rebatidos (*continua*).

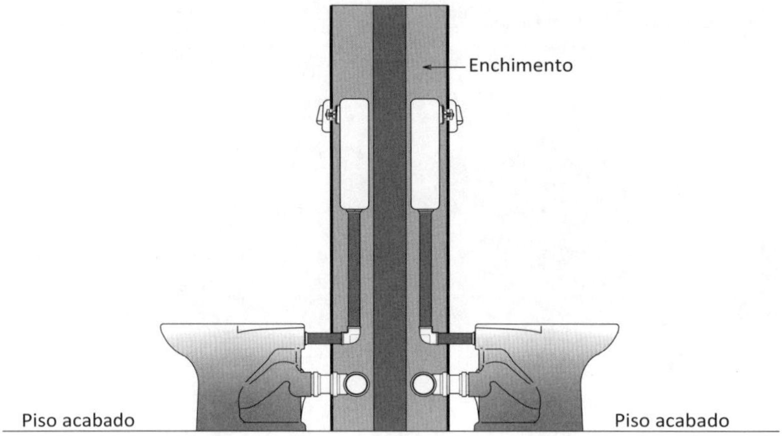

Figura 1.44 Solução com shaft para banheiros rebatidos (*continuação*).

Para rebater duas cozinhas em uma mesma parede hidráulica, com viga embaixo dessa parede, na fase de elaboração do projeto, é preciso levar em consideração a posição da viga e planejar a rotação das tubulações de forma que elas não interfiram na estrutura da viga.

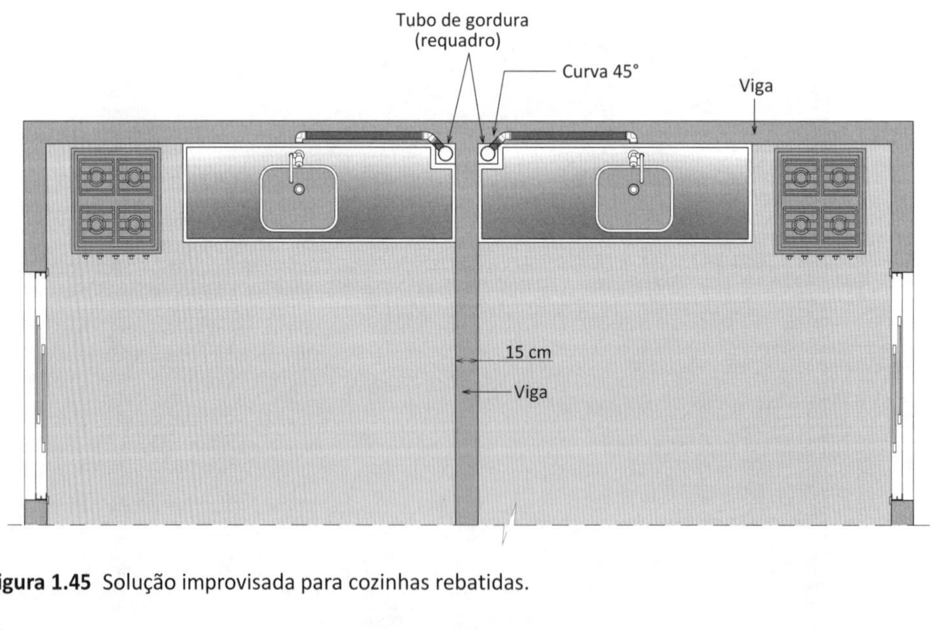

Figura 1.45 Solução improvisada para cozinhas rebatidas.

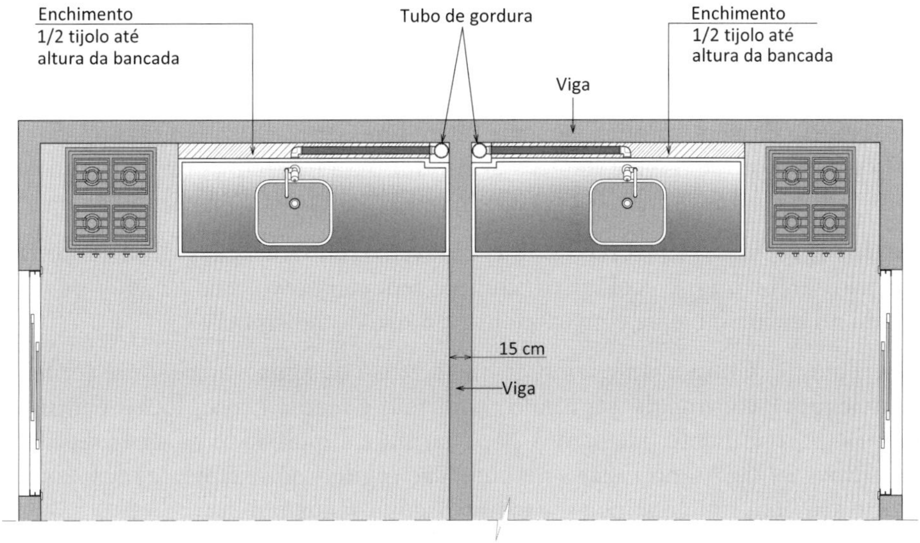

Figura 1.46 Solução com enchimento para cozinhas rebatidas.

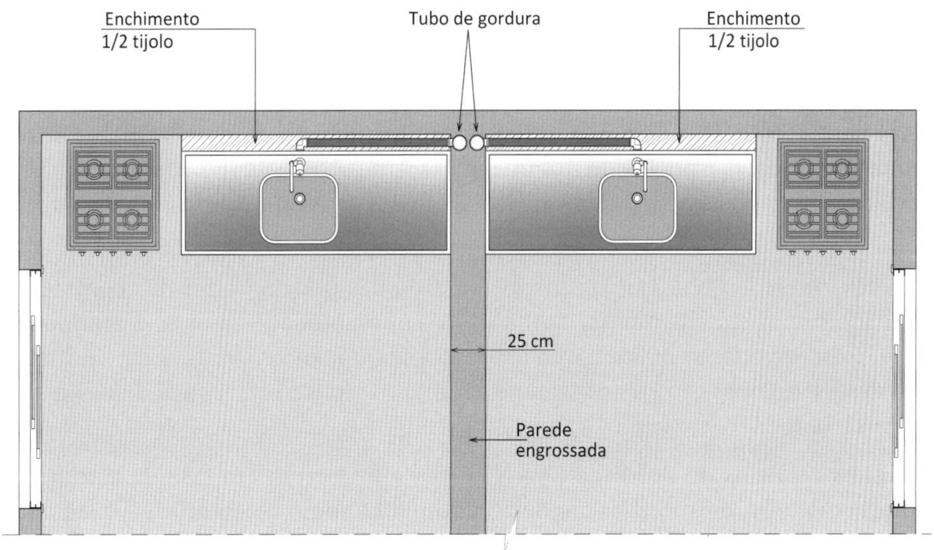

Figura 1.47 Solução com parede engrossada (sem viga).

1.11 REUTILIZAÇÃO DE ÁGUAS CINZAS EM PROJETOS RESIDENCIAIS

As águas cinzas são as águas residuais geradas a partir de atividades como banho, lavagem de roupa e louça, que não retêm fezes e urina. Essas águas, mesmo não sendo potáveis, podem ser tratadas e utilizadas para fins não potáveis, como irrigação de jardins e áreas verdes, descarga de vasos sanitários e limpeza em geral.

Além de reduzir o consumo de água potável, o reúso de águas cinzas pode trazer benefícios ambientais e ecológicos, como a redução do volume de água que é descartado no meio ambiente e na economia no uso de água potável.

No entanto, é importante lembrar que o reúso de águas cinzas deve ser feito de forma segura e controlada, seguindo as normas e regulamentos locais e utilizando sistemas de tratamento adequados para garantir a qualidade da água reutilizada. Além disso, é importante fazer a manutenção regular do sistema de reúso, para garantir o seu bom funcionamento e evitar riscos à saúde pública.

É recomendado que as instalações hidrossanitárias privilegiem a adoção de soluções, caso a caso, que minimizem o consumo de água e possibilitem o reúso, reduzindo a demanda da água da rede pública de abastecimento e minimizando o volume de esgoto conduzido para o tratamento, sem com isso reduzir a satisfação do usuário ou aumentar a possibilidade de doenças.

No caso de reúso de água para destinação não potável, esta deve atender aos parâmetros estabelecidos nas Tabelas 1.6 e 1.7.

A configuração esquemática de um projeto para o reúso da água servida nas edificações prevê um sistema de coleta, subsistema de condução da água (ramais, tubos de queda e condutores), unidade de tratamento da água (gradeamento, decantação, filtro e desinfecção), reservatório de acumulação, sistema de recalque, reservatório superior e rede de distribuição.

É importante lembrar que os custos dos sistemas podem variar de acordo com a finalidade e, consequentemente, com o grau de potabilidade da água a ser usada. A relação é direta: quanto maior a qualidade exigida, maior o investimento. A implantação desses sistemas, no entanto, não é simples e implica acréscimos de custo significativos à obra.

Alguns modelos de reúso de águas cinzas ainda estão em fase de estudos. De qualquer maneira, a especificação de componentes como reservatórios, sistemas de tratamento e redes de distribuição exclusivas exige projetos criteriosos que devem ser acompanhados por engenheiros especializados, além de mão de obra capacitada para fazer a correta manutenção dos equipamentos.

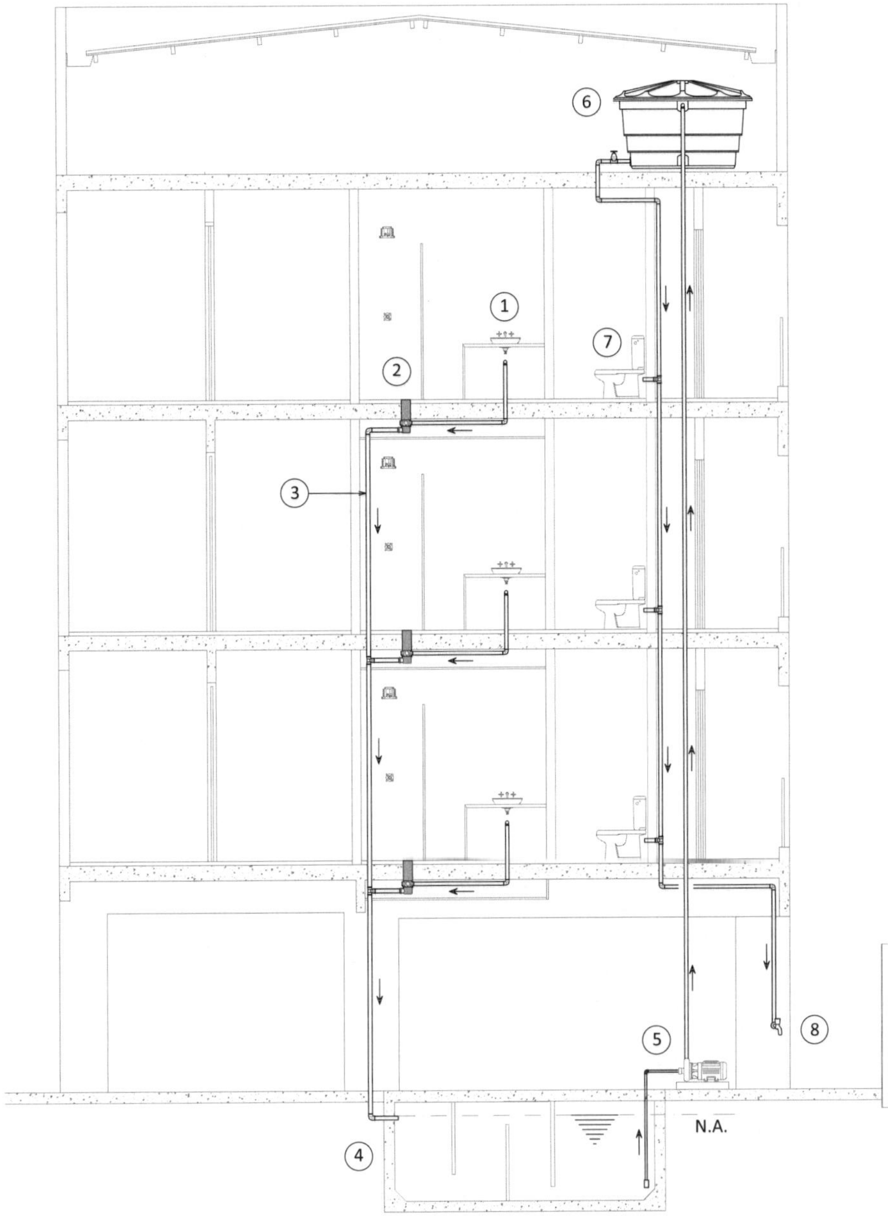

1 - Lavatório
2 - Caixa sifonada - captação chuveiro e lavatório
3 - Tubo de queda - TQ
4 - Estação tratamento efluente - ETE
5 - Bomba recalque
6 - Reservatório exclusivo para reuso e desinfecção
7 - Bacia sanitária
8 - Torneira de uso geral - acesso restrito rega de jardim e lavagem de piso

Figura 1.48 Reúso de águas cinzas.

Tabela 1.6 Descrição dos tipos de tratamento para reúso de água e esgoto recuperado

Processo	Método de separação	Aplicação
Separação líquido-sólido		
Sedimentação	Sedimentação por gravidade de substância particulada, flocos químicos e precipitação	Remove partículas suspensas que são maiores que 30 μm. Tipicamente usado como tratamento primário e depois do processo biológico secundário
Filtração	Remove partículas por passagem da água por areia ou por outro meio poroso	Remove partículas suspensas que são maiores que 3 μm. Tipicamente usado depois da sedimentação (tratamento convencional) ou seguido de coagulação/floculação
Tratamento biológico		
Tratamento aeróbio biológico	Mecanismo biológico do esgoto por microrganismos em uma bacia de aeração ou processo de biofilme	Remoção de matéria orgânica suspensa e dissolvida do esgoto
Desinfecção	Inativação de organismos patogênicos usando químicos oxidantes, raios ultravioleta, químicos corrosivos, calor ou processos de separação física (membranas)	Proteção da saúde pública por remoção de organismos patogênicos
Tratamento avançado		
Coagulação Floculação química	Uso de sais de ferro ou alumínio, polieletrólise e/ou ozônio para promover desestabilização das partículas coloides do esgoto recuperado e precipitação de fósforo	Formação de fósforo precipitado e floculação de partículas para remoção por sedimentação e filtração
Tratamento com cal	Precipita cátions e metais de solução	Usado para promover precipitação de fósforo e modificação de pH
Filtração de membrana	Microfiltração, nanofiltração e ultrafiltração	Remoção de partículas e microrganismos da água
Osmose reversa	Sistema de membrana para separar íons de solução com base no diferencial da pressão osmótica reversa	Remoção de sais dissolvidos e minerais de solução; é também eficiente na remoção de partículas

Fonte: Adaptada de ANA et al., 2005.

Tabela 1.7 Classificação e destinação das águas

<table>
<tr><th>Tipo de água de reúso</th><th>Aplicação</th><th colspan="3">Exigências mínimas da água não potável</th></tr>
<tr><td rowspan="5">Classe 1</td><td>Descarga de bacias</td><td>Não deve deteriorar os metais sanitários</td><td rowspan="3">Não deve ser abrasiva;
Não deve manchar superfícies.</td><td rowspan="8">Não deve apresentar mau cheiro;
Não deve propiciar infecções ou contaminações por vírus ou bactérias prejudiciais à saúde humana.</td></tr>
<tr><td>Lavagem de veículos</td><td rowspan="3">Não deve conter sais ou substâncias remanescentes após secagem</td></tr>
<tr><td>Lavagem de pisos</td></tr>
<tr><td>Fins ornamentais</td><td rowspan="2">Deve ser incolor;
Não deve ser turva nem deteriorar os metais sanitários e equipamentos.</td></tr>
<tr><td>Lavagem de roupas</td><td>Deve ser livre de algas, de partículas sólidas e de metais</td></tr>
<tr><td>Classe 2</td><td>Lavagem de agregados, preparação de concreto, compactação de solo, controle de poeira</td><td colspan="2">Não deve alterar as características de resistência dos materiais nem favorecer o aparecimento de eflorescências de sais</td></tr>
<tr><td>Classe 3</td><td>Irrigação de áreas verdes e rega de jardins</td><td colspan="2">Não deve conter componentes agressores às plantas ou que estimule o crescimento de pragas</td></tr>
<tr><td>Classe 4</td><td>Resfriamento de equipamentos de ar-condicionado</td><td colspan="2">Não deve apresentar mau cheiro, ser abrasiva, manchar superfícies, deteriorar máquinas, formar incrustações</td></tr>
</table>

Fonte: ANA et al., 2005.

1.12 SISTEMA DE DRENAGEM PLUVIAL E O PROJETO DE ARQUITETURA

O sistema de drenagem pluvial é constituído pelo conjunto de calhas, condutores, grelhas, caixas de areia e de passagem e demais dispositivos responsáveis por captar águas da chuva e de lavagem de piso e conduzi-las a um destino adequado.

O sistema também pode servir para coleta e armazenamento de água de chuva que pode ser, mais tarde, reaproveitada para lavagem de pisos, carros, irrigação de jardins, ou, ainda, dentro de casa, na descarga das bacias sanitárias.

A instalação de águas pluviais se destina exclusivamente ao recolhimento e à condução de águas das chuvas, não admitindo quaisquer interligações com outras instalações prediais. Portanto, as águas pluviais não podem ser lançadas em redes de esgoto.

O sistema de drenagem apresenta diversas interfaces com o projeto de arquitetura, tais como: a topografia do terreno, o tipo de cobertura do edifício, a inclinação das superfícies, a localização dos pontos de drenagem e a proteção contra infiltrações de água.

A topografia do terreno é um fator importante a ser considerado no projeto de drenagem, já que pode influenciar a drenagem pluvial e a definição do sistema de escoamento de águas pluviais.

O tipo de cobertura do edifício também é uma interface importante no projeto de drenagem, pois pode influenciar o escoamento das águas pluviais e a definição do sistema de calhas e rufos.

É importante que o projeto de drenagem esteja em conformidade com as normas técnicas brasileiras, particularmente, a NBR 10844:1989 – Instalações prediais de águas pluviais e regulamentações locais, garantindo que o sistema seja seguro e funcione corretamente.

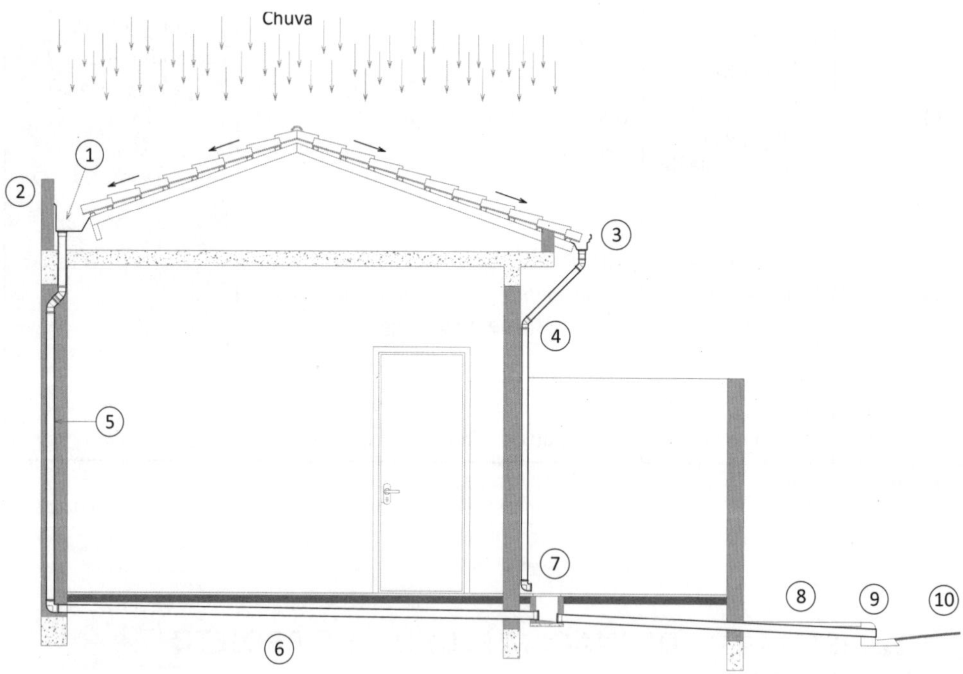

1 - Calha platibanda
2 - Platibanda de divisa
3 - Calha moldura - aparente
4 - Condutor vertical aparente
5 - Condutor vertical embutido em alvenaria
6 - Condutor horizontal
7 - Grelha de captação
8 - Calçada
9 - Guia
10 - Rua

Figura 1.49 Sistema de águas pluviais no projeto arquitetônico.

1.12.1 CALHAS E RUFOS NAS EDIFICAÇÕES

Calhas e rufos têm grande importância nas edificações: o objetivo das calhas é coletar as águas de chuva que caem sobre o telhado e encaminhá-las aos condutores verticais (prumadas de descida), enquanto os rufos servem para proteger paredes expostas (rufo tipo pingadeira) ou evitar infiltrações nas juntas entre telhado e parede (rufo interno). As calhas podem ser de diferentes tipos (calhas em beiral, de platibanda e água furtada) e de diferentes materiais (chapas de aço galvanizado, folhas de flandres, chapas de cobre, aço inoxidável, alumínio, fibrocimento, PVC rígido, fibra de vidro, concreto ou alvenaria). As calhas e rufos em bom estado evitam diversos danos causados pelas águas pluviais, como o apodrecimento dos beirais das construções e a umidade excessiva nas paredes, que acelera o desgaste da alvenaria e da pintura. No projeto arquitetônico, destacam-se dois tipos de calhas: de beiral e de platibanda.

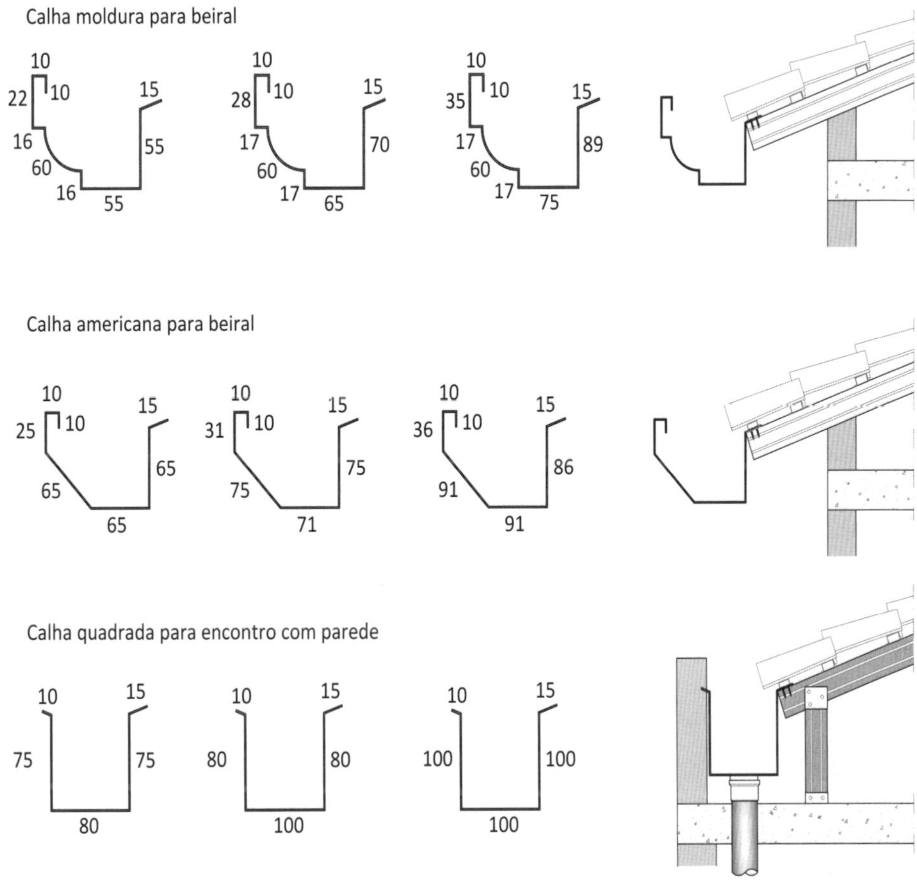

Figura 1.50 Exemplos de calhas (*continua*).

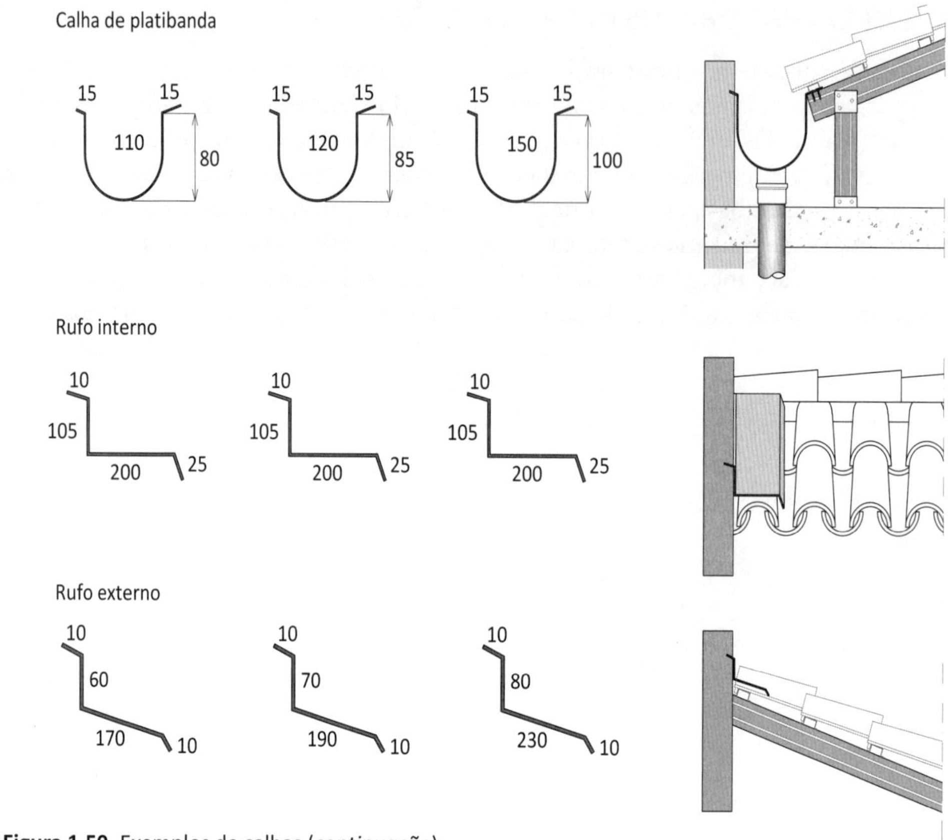

Figura 1.50 Exemplos de calhas (*continuação*).

O projetista deve especificar o tipo de calha que será utilizado – com ou sem platibanda, com ou sem beiral, com condutores embutidos ou externos – ou se será dispensado seu uso, deixando que as águas pluviais caiam sobre a superfície do terreno.

As calhas pré-fabricadas, em PVC rígido, por ter a superfície lisa favorece um melhor escoamento da água, além de evitar o depósito de sujeira em seu interior. Outra grande vantagem diz respeito à resistência química do PVC, pois as calhas metálicas, quando instaladas em cidades litorâneas, podem sofrer corrosão por elementos químicos combinados com a água da chuva.

É importante ressaltar que as calhas e condutores conectados ao telhado devem ser mantidos limpos para evitar o extravasamento ou o retorno das águas de chuva. As calhas obstruídas podem causar erosão em torno da casa, danos nas paredes exteriores, infiltração de água na estrutura do telhado e, algumas vezes, recalques diferenciais na fundação. A limpeza deve ser feita duas vezes por ano, no mínimo, no final da estação seca e no final da estação das chuvas. Em áreas onde existem muitas árvores, a limpeza deve ser feita com maior frequência.

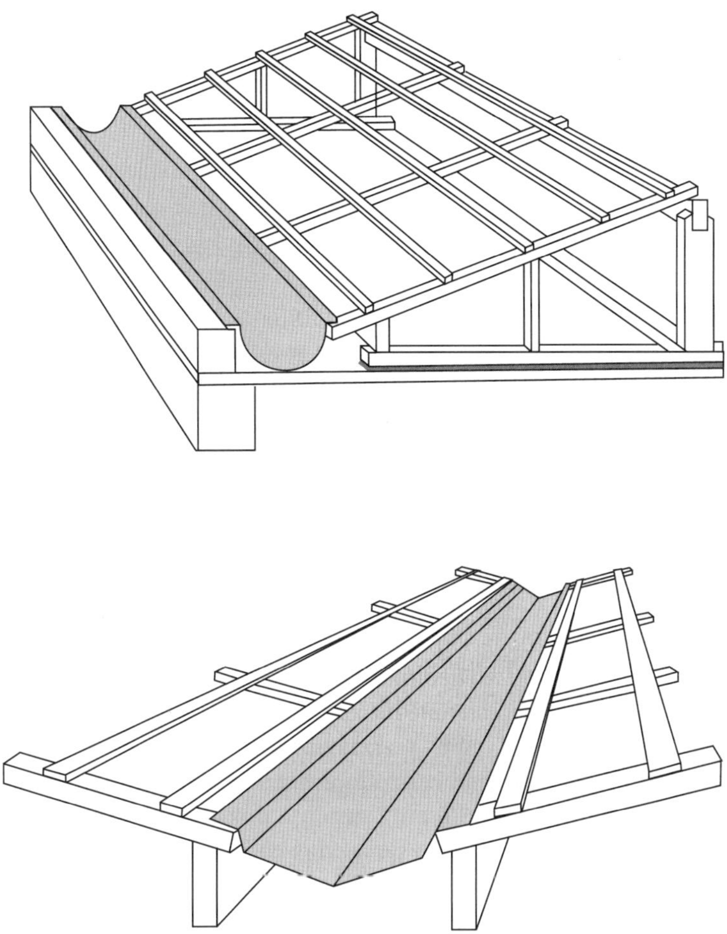

Figura 1.51 Disposição da calha na cobertura.

1.12.2 DECLIVIDADE DAS CALHAS

A declividade das calhas é de extrema importância para que não ocorra o empoçamento de águas em seu interior.

Quando ocorrem chuvas intensas, não é raro ocorrer transbordamento de calhas em algumas edificações. Conforme a intensidade e a duração da chuva, a água extravasada para dentro do ambiente pode representar sérios prejuízos e aborrecimentos para os seus moradores (usuários).

Normalmente, isso acontece em virtude da ausência de declividade ou de dimensionamento incorreto das calhas, ou da pouca capacidade dos condutores verticais.

A declividade das calhas deve ser a mínima possível e no sentido dos condutores (tubos de queda), a fim de evitar o empoçamento de água quando cessada a chuva. A inclinação das calhas de beiral e platibanda deve ser uniforme, com valor mínimo de 0,5%. As calhas de água furtada têm inclinação de acordo com o projeto de arquitetura.

Apesar de a vazão máxima de escoamento aumentar consideravelmente quando se aumenta a declividade da calha, é importante lembrar que o aumento dessa inclinação nem sempre é fisicamente viável, pois acarreta grandes intervenções nos elementos construtivos de apoio. Uma solução para o problema é o aumento da capacidade de escoamento dos condutores verticais.

1.12.3 CONDUTORES VERTICAIS

Os condutores de águas pluviais são tubulações verticais que têm por objetivo recolher a água coletada pelas calhas e transportá-la até a parte inferior das edificações, despejando-a livremente na superfície do terreno, ou até as redes coletoras, que poderão estar situadas no terreno ou presas ao teto do subsolo (*pilotis*), por meio de braçadeiras, no caso dos edifícios com esse pavimento.

Os condutores verticais devem ser projetados, sempre que possível, em uma só prumada. Quando houver necessidade de desvio, devem ser usadas curvas de 90° de raio longo ou curvas de 45°, e devem ser previstas peças de inspeção.

Quando a edificação estiver localizada em áreas arborizadas, dependendo da altura da cobertura, pode ocorrer o entupimento dos condutores. Nesse caso, é importante que se coloque uma tela no bocal das calhas, evitando, dessa maneira, a introdução de folhas e pequenos galhos dentro das tubulações e permitindo fácil limpeza e manutenção.

De acordo com a NBR 10844:1989, os condutores de águas pluviais podem ser colocados externa e internamente ao edifício, dependendo de considerações de projeto, do uso e da ocupação do edifício e do material dos condutores.

Os materiais mais comuns, mais aplicados, na fabricação dos tubos são o PVC e o ferro fundido (geralmente utilizado nas tubulações aparentes e sujeitas a choques).

É recomendável que as tubulações fiquem aparentes e independentes das alvenarias e das estruturas. Dispostas dessa maneira, as tubulações ficam perfeitamente inspecionáveis. Além da facilidade de acesso, essa disposição possibilita, de maneira rápida e eficiente, a identificação de vazamentos, gerando também significativa economia na hora de fazer reparos, pois não há necessidade de quebrar paredes.

O estudo das características e do posicionamento das prumadas, juntos com os projetistas de estrutura e de hidráulica, possibilitará ao arquiteto compatibilizar as exigências técnicas das instalações com a arquitetura.

Sob o ponto de vista estético, as prumadas de águas pluviais também podem ser utilizadas como elementos de fachada, dependendo do projeto arquitetônico e do material utilizado.

Os tubos e conexões podem ser expostos ao sol sem nenhum risco de perder sua resistência à pressão hidrostática interna. Porém, é importante ressaltar que as tubulações de PVC quando expostas aos raios ultravioletas, em curto prazo de tempo perdem a resistência mecânica podendo apresentar vazamentos com maior facilidade.

Por essa razão, o ideal é evitar que os tubos de PVC fiquem expostos diretamente ao sol e às intempéries, pois assim sua vida útil será muito menor.

Figura 1.52 Fachada de prédio com condutores de PVC aparentes.

1.12.4 VAZÃO CONCENTRADA EM TELHADOS

Sabe-se que telhados são estruturas delicadas e, portanto, não devem receber vazões concentradas, que se transformem em carga de impacto sobre eles. Quando isso acontece, são inevitáveis danos à edificação, podendo ocasionar umidade no madeiramento de sustentação, por causa de infiltrações pelo telhado. Portanto, não é recomendável coletar águas de chuva em um telhado, em nível mais elevado, e jogar em um telhado em nível mais baixo.

Caso o telhado mais baixo não tenha sido calculado para receber esse impacto (vazão concentrada), o correto seria transportar a água coletada do telhado, em nível superior, até a guia (sarjeta) ou calha, em nível mais baixo, por meio de um condutor. Dessa maneira, evita-se o impacto da vazão concentrada sobre o telhado, que se encontra em cota inferior.

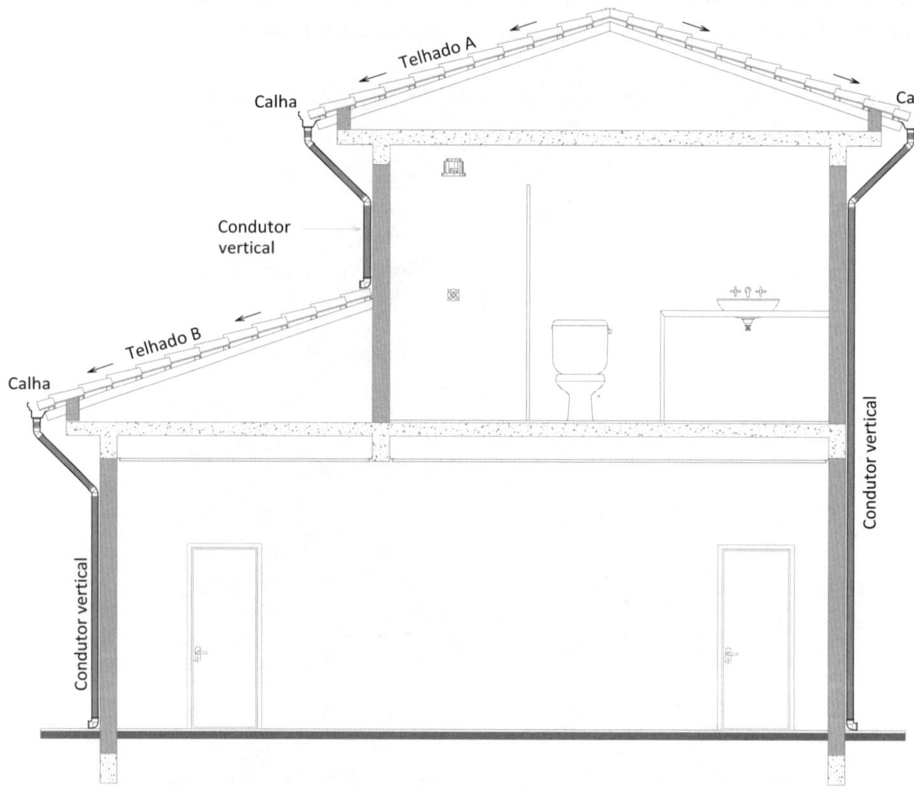

Figura 1.53 Água canalizada jogada sobre telhado.

1.12.5 INTERFACES DOS CONDUTORES HORIZONTAIS COM OS NÍVEIS DO TERRENO

Antes da elaboração do projeto os níveis projetados da edificação devem ser convenientemente estudados pelo arquiteto com relação ao escoamento das águas pluviais por gravidade.

As águas pluviais, normalmente, são conduzidas pelos condutores horizontais à sarjeta da rua, em frente ao lote. Se o terreno estiver em nível inferior à rua, deverão correr para a rua mais próxima, passando pelo terreno vizinho, conforme previsto no Código Civil Brasileiro. O lote à jusante deve receber as águas pluviais do lote situado à montante, mas, em razão da desinformação dos moradores, isso acaba gerando problemas. A passagem das águas pluviais pelo lote à jusante deverá ser feita por meio de tubulações, em locais predeterminados.

Quando não são estudados convenientemente os níveis do terreno, acaba-se comprometendo a ligação dos condutores horizontais de águas pluviais, sendo até necessário, em alguns casos, o bombeamento das águas de chuva de pontos localizados abaixo do nível da rua. Essa solução sempre é desaconselhável, em vista de seu custo e manutenção.

Em períodos de estiagem, o sistema não funciona e, por essa razão, pode ocorrer algum defeito. Além disso, quedas de energia, muito comuns em dias de tempestade, interrompem o funcionamento do sistema, causando a inundação dos pavimentos localizados abaixo do nível da rua. Por isso, é necessário um sistema alternativo, com utilização de gerador de energia elétrica. Esse sistema deve ser previsto pelo arquiteto e pelo engenheiro hidráulico na fase de projeto e deve funcionar por comando automático. Assim, quando faltar energia elétrica, o gerador fará com que o sistema funcione automaticamente.[6]

Quando o nível do terreno está abaixo do nível da rua, às vezes, para não adotar o sistema descrito, acontecem ligações clandestinas das águas pluviais na rede de esgoto, sobrecarregando e comprometendo a rede pública de coleta de esgoto, pois ela não foi dimensionada para suportar essa vazão.

Conforme dito anteriormente, as águas pluviais não devem ser lançadas em redes de esgoto, pois as instalações prediais de águas pluviais se destinam exclusivamente ao recolhimento e à condução das águas pluviais, não se admitindo, em hipótese alguma, quaisquer interligações com outras instalações prediais.

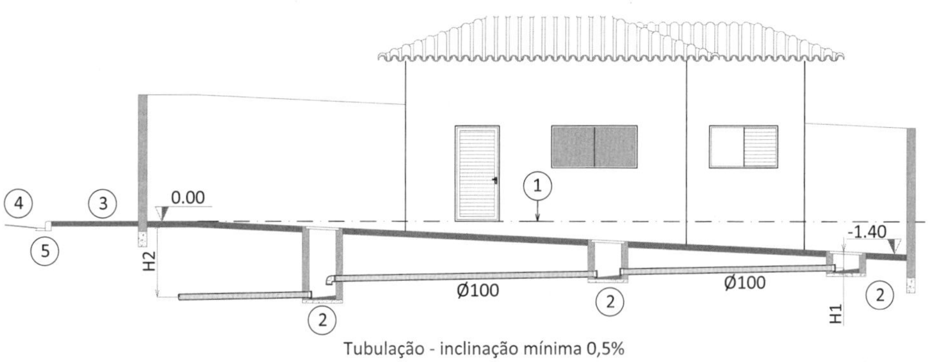

1 - Perfil natural do terreno
2 - Caixa de captação de água pluvial
3 - Calçada
4 - Rua
5 - Guia (águas pluviais)

Figura 1.54 Rede coletora de águas pluviais em terreno com declividade acentuada para o fundo (necessidade de bombeamento).

6 Botelho; Andrade, 1998.

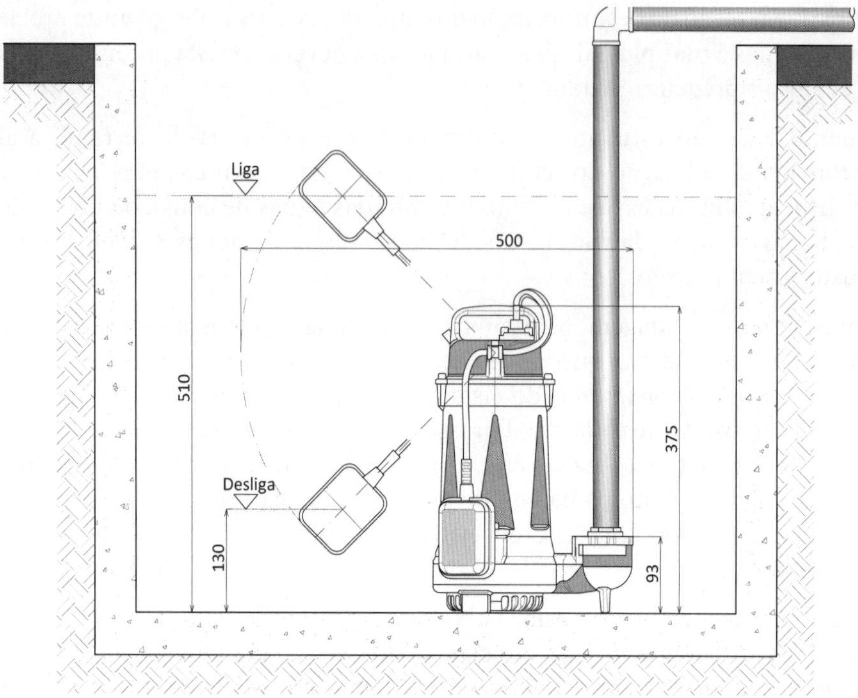

Fonte: FAMAC Motobombas

Figura 1.55 Bomba submersível automática para água limpa ou ligeiramente suja.

1.12.6 SISTEMA DE REUTILIZAÇÃO DE ÁGUAS PLUVIAIS

O aproveitamento da água pluvial em atividades que não necessitem de água potável pode reduzir significativamente o consumo no edifício, contribuir para o combate à escassez de água, além de controlar o escoamento superficial nas vias urbanas.

Portanto, a utilização de águas de chuva em edificações é uma prática cada vez mais comum nas grandes cidades e regiões metropolitanas.

Algumas pesquisas mostram que os sistemas de aproveitamento de água pluvial podem gerar impacto de redução de cerca de 30% do consumo de água potável, contribuindo, dessa maneira, para a redução da demanda no sistema público de abastecimento de água potável. É importante ressaltar, porém, que a água da chuva deve ser armazenada em reservatório independente, pois não é indicada para o consumo.

O funcionamento do sistema de aproveitamento de água pluvial para usos domésticos não potáveis é muito simples: as águas pluviais são captadas por meio de calhas, passam por um filtro, que separa as impurezas da água da chuva, e seguem para a cisterna ou para o reservatório subterrâneo.

Após a desinfecção, as águas são bombeadas do reservatório inferior para um reservatório independente na cobertura, que deve conter extravasor, dispositivo de esgotamento, cobertura, inspeção, ventilação e segurança, além de ser equipado com um sistema de válvula solenoide, conforme requisitos apresentados na NBR 15527:2019.

O sistema de válvula solenoide consiste em uma válvula acionada eletricamente e comandada por uma boia de nível, que permite a entrada de água tratada da rede pública quando o nível mínimo no reservatório pluvial for atingido. Recomenda-se adotar como nível mínimo o valor correspondente a 30% da capacidade do reservatório. Desse modo, os vasos sanitários não deixam de ser abastecidos em casos de falta de chuva ou em casos em que a demanda de água for superior à capacidade de coleta do sistema.

Quando for utilizado o sistema de válvula solenoide, também é preciso adotar dispositivos que impeçam a conexão cruzada. Para isso, recomenda-se projetar o reservatório de água potável acima do reservatório de água pluvial, de modo a possibilitar a realimentação por gravidade, sendo que o tubo de realimentação deve estar 5 cm acima do reservatório pluvial. Caso o projeto arquitetônico não permita a elevação do reservatório de água potável em relação ao reservatório de água pluvial, é possível realizar essa realimentação com o uso de bomba.

Depois de armazenada no reservatório superior, seguem para as descargas, a irrigação e as áreas externas. Não devem, porém, ser misturadas com a água potável, destinada a alimentar torneiras de cozinha, filtros, chuveiros, banheiras e lavatórios, pois é inadequada para consumo humano.

Sempre que houver reúso de águas pluviais para finalidades não potáveis, inclusive quando destinado à lavagem de veículos ou áreas externas, deverão ser atendidas as normas sanitárias vigentes e as condições técnicas específicas estabelecidas pelo órgão municipal responsável pela Vigilância Sanitária, visando a:

- evitar o consumo indevido, definindo sinalização de alerta padronizada a ser colocada em local visível junto ao ponto de água não potável e determinando os tipos de utilização admitidos para a água não potável;
- garantir padrões de qualidade de água apropriados ao tipo de utilização previsto, definindo os dispositivos, processos e tratamentos necessários para a manutenção dessa qualidade;
- impedir a contaminação do sistema predial destinado à água potável proveniente da rede pública ou de sistema particular, sendo terminantemente vedada qualquer comunicação entre esse sistema e o sistema predial destinado à água não potável.

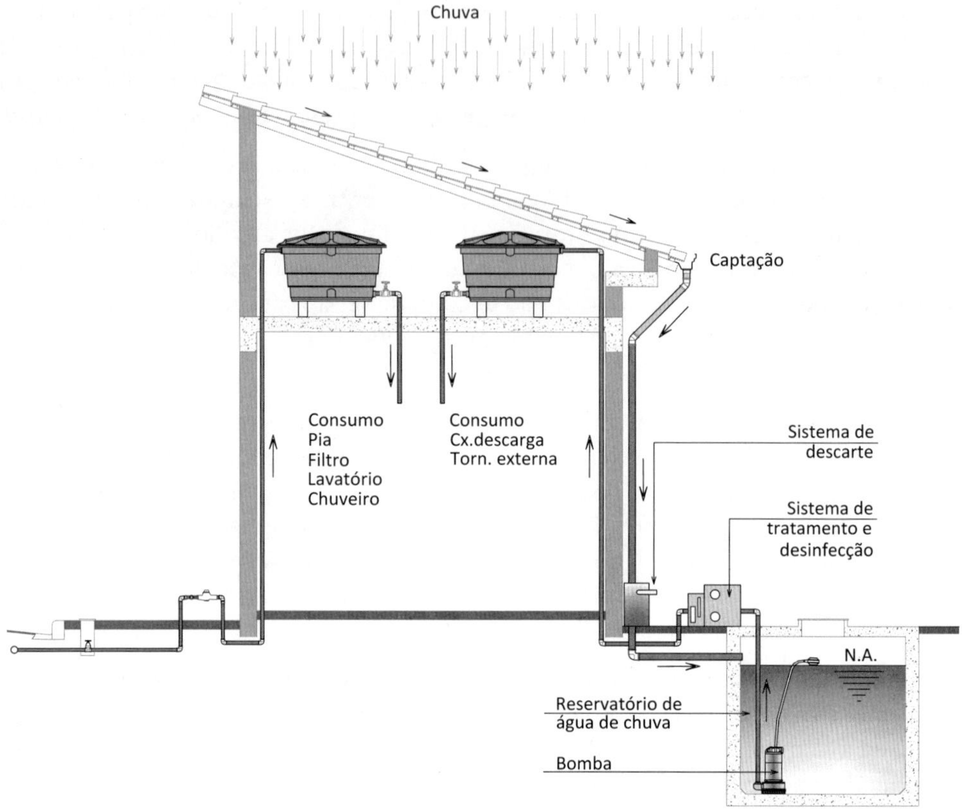

Figura 1.56 Sistema de reutilização de águas pluviais.

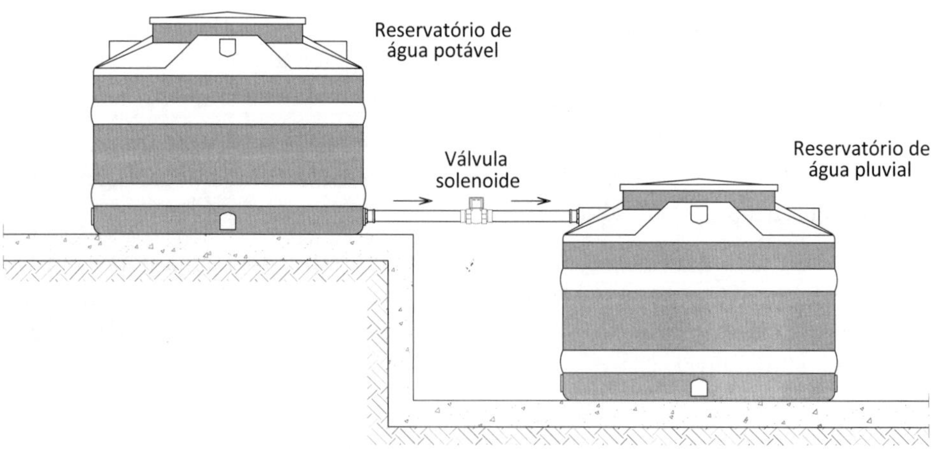

Figura 1.57 Sistema de realimentação do reservatório de águas pluviais por gravidade com válvula solenoide.

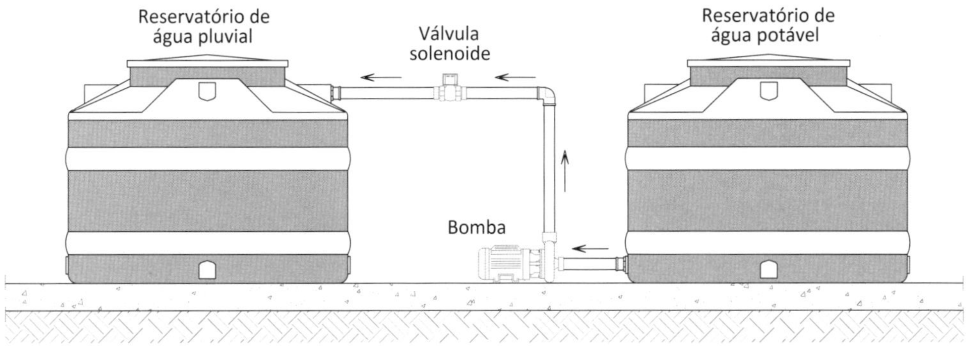

Figura 1.58 Sistema de realimentação do reservatório de águas pluviais com bomba e válvula solenoide.

NORMAS TÉCNICAS

É fundamental consultar as normas técnicas brasileiras, caso o projetista queira se aprofundar no assunto. Os documentos relacionados a seguir são indispensáveis a aplicação do reuso das águas pluviais para finalidades não potáveis:

NBR 15527:2019 – Água de chuva – aproveitamento de coberturas em áreas urbanas para fins não potáveis – Requisitos.

NBR 10844:1989 – Instalações prediais de águas pluviais.

NBR 12213:1992 – Projeto de captação de água de superfície para abastecimento

público - Procedimento.

NBR 12414:2020 - Projeto de estação de bombeamento ou de estação elevatória de água - Requisitos.

NBR 12217:1994 – Projeto de reservatório de distribuição de água para abastecimento público - Procedimento.

CAPÍTULO 2
Interfaces das instalações de gás

2.1 CONSIDERAÇÕES GERAIS

O refino do petróleo resulta em uma sequência de produtos derivados: óleos combustíveis, gasolina, querosene, diesel, nafta e, finalmente, o Gás LP (derivado mais leve e puro).

2.1.1 GÁS LP

O gás liquefeito de petróleo, designado pela sigla Gás LP, composto basicamente de uma mistura de propano e butano e hidrocarbonetos obtidos pela destilação do petróleo, tem certa predominância na utilização nas instalações prediais.

O Gás LP tem alto poder calorífico (11.500 kcal/kg) e é encontrado nos mais diversos setores de produção e serviços, como: padarias, indústrias automotivas, hotéis, fazendas e também o setor residencial. O Gás LP é inodoro para sua percepção. Nele dilui-se uma substância chamada etil-mercapta que, em caso de eventuais vazamentos, proporciona um odor desagradável característico. O Gás LP é armazenado em reservatório cheio, se encontra parte em estado líquido e parte em estado gasoso.

2.1.2 GÁS NATURAL

O Gás Natural é composto basicamente de metano e etano. É uma mistura de hidrocarbonetos leves que à temperatura ambiente e pressão atmosférica permanece no estado gasoso. É encontrado em depósitos subterrâneos na natureza (associado ou não ao petróleo), limitado ao alcance dos gasodutos e seu poder calorífico é de 9.400 kcal/m^3. No Brasil, é a Petrobras Distribuidora que detém a concessão para exploração em bacias. O fornecimento de Gás Natural canalizado para o grande público é de responsabilidade das distribuidoras, e cada estado tem sua empresa privada que administra a concessão. Com o aumento de gasodutos nas vias públicas das cidades, o Gás Natural vem sendo utilizado em grande escala, principalmente na substituição do Gás LP fornecido nas instalações prediais.

2.2 NORMAS ESPECÍFICAS PARA INSTALAÇÕES DE GÁS

As instalações de gás canalizado, seja de Gás Natural ou Gás LP, deve seguir padrões estabelecidos pela Associação Brasileira de Normas Técnicas (ABNT). As empresas fornecedoras (distribuidoras) do gás são responsáveis pela execução dos projetos, as instalações e o controle da manutenção das centrais e tubulações. O atendimento das normas é requisito para complementar os documentos solicitados na obtenção do Auto de Vistoria do Corpo de Bombeiro (AVCB / CLCB), que é obtido após vistoria técnica que atesta o perfeito funcionamento e documentos exigidos para liberação. A seguir estão listadas Normas Brasileiras (NBR, emitidas pela ABNT), Normas Regulamentadoras (NR, emitidas pelo Ministério do Trabalho) e Instruções Técnicas (IT, emitidas pelo Corpo de Bombeiros) pertinentes às instalações:

- ABNT NBR 13523:2019 - Central de gás liquefeito de petróleo (GLP);
- ABNT NBR 15526:2012 (corrigida em 2016) - Rede de distribuição interna para gases combustíveis em instalações residências e comerciais – Projeto e execução;
- ABNT NBR 15358:2020 - Rede de distribuição interna para gas combustível em instalação de uso não residencial de ate 400 Kpa (4,08 kgf/cm^2) – Projeto e execução;
- ABNT NBR 14024:2018 - Central de gás liquefeito de petróleo (GLP). Sistema de abastecimento a granel – Procedimentos operacionais;
- NR 13:2018 Caldeiras e vasos de pressão;
- NR 20:2019 Segurança e saúde no trabalho com inflamáveis e combustíveis;
- ABNT NBR 15489:2007 - Solda e fluxos para união de tubos e conexões de cobre e ligas de cobre – Especificação;
- ABNT NBR 15277:2012 - Conexões com terminais de compressão para uso com tubos de cobre – Requisitos;

- ABNT NBR 15345:2013 - Instalação predial de tubos e conexões de cobre e ligas de cobre – Procedimento;
- ABNT NBR 15590:2008 - Regulador de pressão para gases combustíveis;
- ABNT NBR 15575-1:2013 - Norma de desempenho;
- ABNT NBR 15923:2011 - Inspeção de rede de distribuição interna de gases combustíveis em instalações residenciais e instalação de aparelhos a gás para uso residencial - Procedimento;
- ABNT NBR 13103:2020 - Instalação de aparelhos a gás;
- ABNT NBR 16821-1:2020 - Sistema de tubulação multicamada para condução de gases combustíveis;
- ABNT NBR 12712:2002 - Projeto de sistema de transmição e distribuição de gás combustível;
- ISO 18225 - Norma referência tubos com proteção UV;
- ISO 17484-1:2014 - Sistema de tubo multicamada para instalação interna de gás com pressão de operação 5 bar (500 Kpa);
- ABNT NBR 14461:2000 - Sistema para distribuição de gás combustível para redes enterradas - tubos e conexões de polietileno PE 80 e PE 100 instalação em obra por método destrutivo (vala a céu aberto);
- ABNT NBR 13419:2001 - Mangueira de borracha para condução de gases GLP / GN / GNF ;
- ABNT NBR 14177:2018 - Tubo flexível metálico para instalações de gás combustível de baixa pressão;
- ABNT NBR 14955:2003 - Tubo flexível de borracha para uso em instalações de GLP/GN – Requisitos e métodos de ensaios;
- ABNT NBR 13206:2010 - Tubo de cobre leve, médio e pesado, sem costura para condução de fluídos – Requisitos;
- ABNT NBR 14745:2010 - Tubo de cobre sem costura flexível para condução de fluídos – Requisitos;
- ABNT NBR 5580:2015 - Tubo de aço-carbono para usos comuns na condução de fluídos – Especificação;
- ABNT NBR 5590:2017 - Tubo de aço-carbono com ou sem solda longitudinal Pretos ou galvanizados – Requisitos;
- ABNT NBR 12712:2002 - Projeto de sistema de transmissão e distribuição de gás combustível;

- IT 28:2019 - Manipulação, armazenamento, comercialização e utilização de gás liquefeito de petróleo (GLP);
- IT 29:2019 - Comercialização, distribuição e utilização de Gás Natural.

2.3 FORNECIMENTO DO GÁS LP

A distribuição do Gás LP é feita de duas maneiras: em recipientes transportáveis e recipientes estacionários (sistema a granel). A distribuição em recipientes transportáveis é mais comum em áreas urbanas e em residências e pequenos comércios. Nesse caso, os botijões ou cilindros são enchidos nas bases de distribuição e depois transportados em caminhões para serem entregues aos consumidores finais.

Em recipientes transportáveis, o P13 (13 kg de Gás LP), de nome popular "gás de cozinha", tem sua maior utilização em residências de pequeno e médio porte. O recipiente transportável P45 (45 kg de Gás LP) tem grande utilização em estabelecimentos comerciais, como restaurantes, hotéis, padarias e supermercados entre outros.

Outro recipiente transportável utilizado é o cilindro P20 (20 kg de Gás LP), utilizado em abastecimento de empilhadeiras a Gás LP na fase líquida para transportes de mercadorias.

Já a distribuição em recipientes estacionários é mais comum em indústrias, condomínios, prédios comerciais e outros estabelecimentos que possuem alto consumo de Gás LP. Nesse sistema, um tanque estacionário de grande capacidade é instalado no local e abastecido periodicamente por caminhões-tanque.

Figura 2.1 Recipientes transportáveis de Gás LP.

2.4 TIPOS DE INSTALAÇÕES

O Gás LP nas residências e prédios de apartamentos pode ser consumido meio de recipientes transportáveis e estacionários instalados na parte externa da edificação respeitando os distanciamentos ideais, alimentando o fogão e o aquecedor do banheiro, e há a possibilidade de ser executada uma rede de distribuição interna para alimentar os diversos pontos de consumo de uma residência ou prédio de apartamentos.

Ambos os sistemas possuem suas vantagens e desvantagens, e a escolha entre um ou outro depende das necessidades de cada cliente e das condições locais. É importante seguir as normas de segurança para manuseio, armazenamento e transporte de Gás LP, a fim de evitar acidentes.

O material utilizado nas canalizações e conexões das instalações prediais de gás pode ser multicamada, PE 80, PE 100 ou cobre.

Aparelhos de utilização do Gás LP, como os aquecedores domésticos devem ter dutos de exaustão com chaminés para área externa da edificação e área de ventilação permanente para manter seguro o local da instalação.

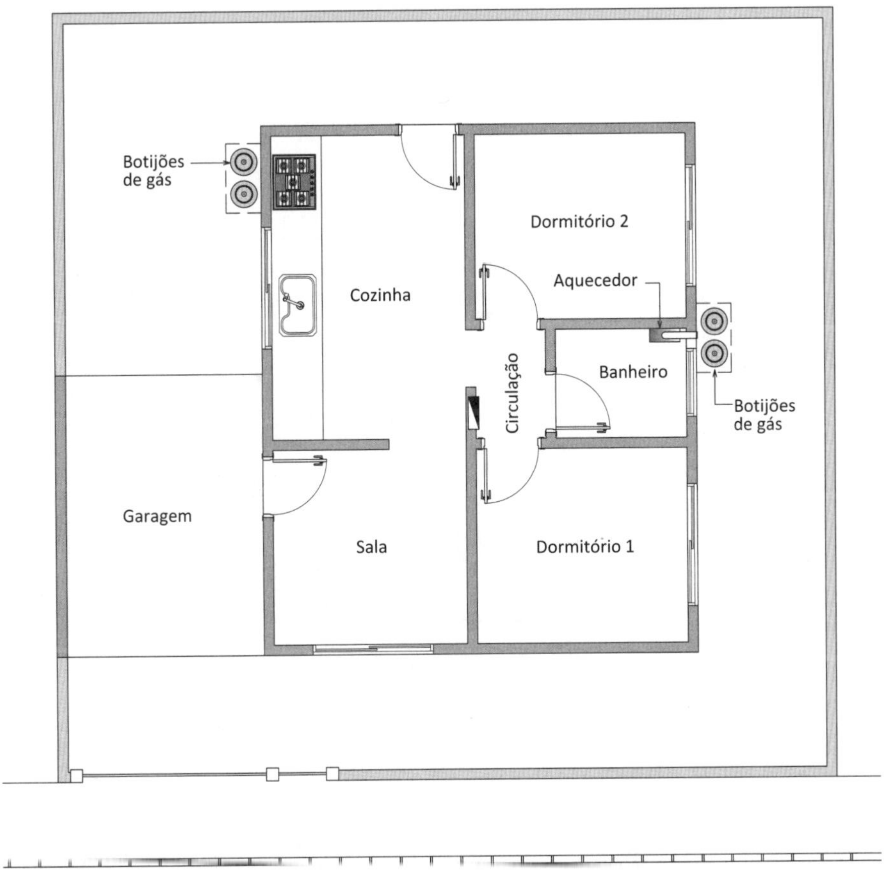

Figura 2.2 Instalação de Gás LP em residência de pequeno e médio porte.

2.4.1 INSTALAÇÕES RESIDENCIAIS

Nas residências de pequeno e médio porte é comum o uso de botijões P13 de 13 kg de capacidade para o armazenamento e uso de Gás LP (Liquefeito de Petróleo). Geralmente, esses botijões são utilizados para abastecer fogões, aquecedores de água e outros equipamentos que utilizam Gás LP.

Para garantir o abastecimento contínuo de Gás LP, muitas vezes é utilizado um segundo botijão como reserva, com sistema *By-Pass*. Esse sistema é composto por uma válvula de transferência que permite alternar o uso entre o botijão em uso e o de reserva sem interromper o fornecimento de gás.

Esses botijões devem ser instalados no exterior da casa, sendo protegidos por abrigo de alvenaria com ventilação permanente do tipo veneziana. Nesse caso não há rede de distribuição interna, as ligações são feitas por meio de tubos de cobre (flexíveis de malha), com regulador de 2º estágio fixo na válvula do botijão até o aparelho a que servem.

Nas residências de grande porte, faz-se necessário uma rede de distribuição interna para alimentar fogão, lareiras, aquecedor de passagem para o aquecimento da água utilizada no banheiro, cozinha *gourmet* etc. Se o consumo for muito grande, podem-se utilizar cilindros de P45 (45 kg) em vez de botijões P13 (13 kg) para manter uma vazão ideal dos equipamentos. Dois funcionam em paralelo, e dois ficam de reserva (sistema By-Pass).

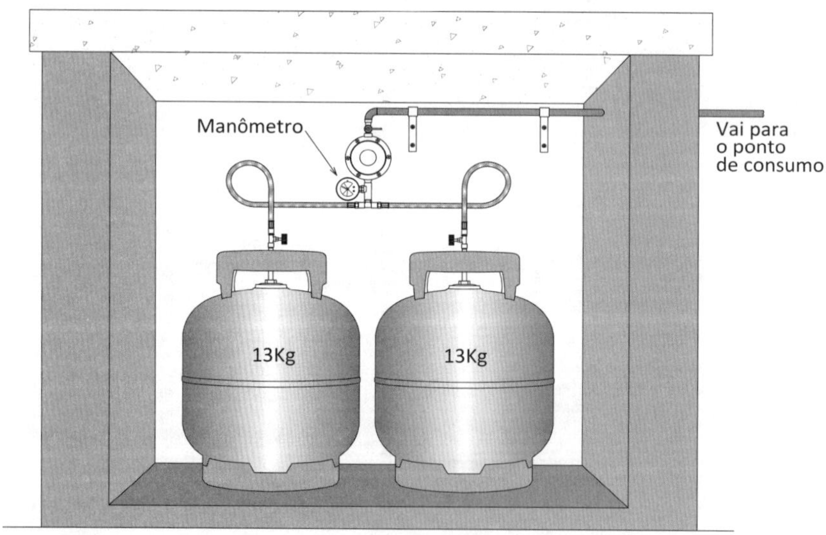

Figura 2.3 Recipiente P13 Gás LP By-Pass.

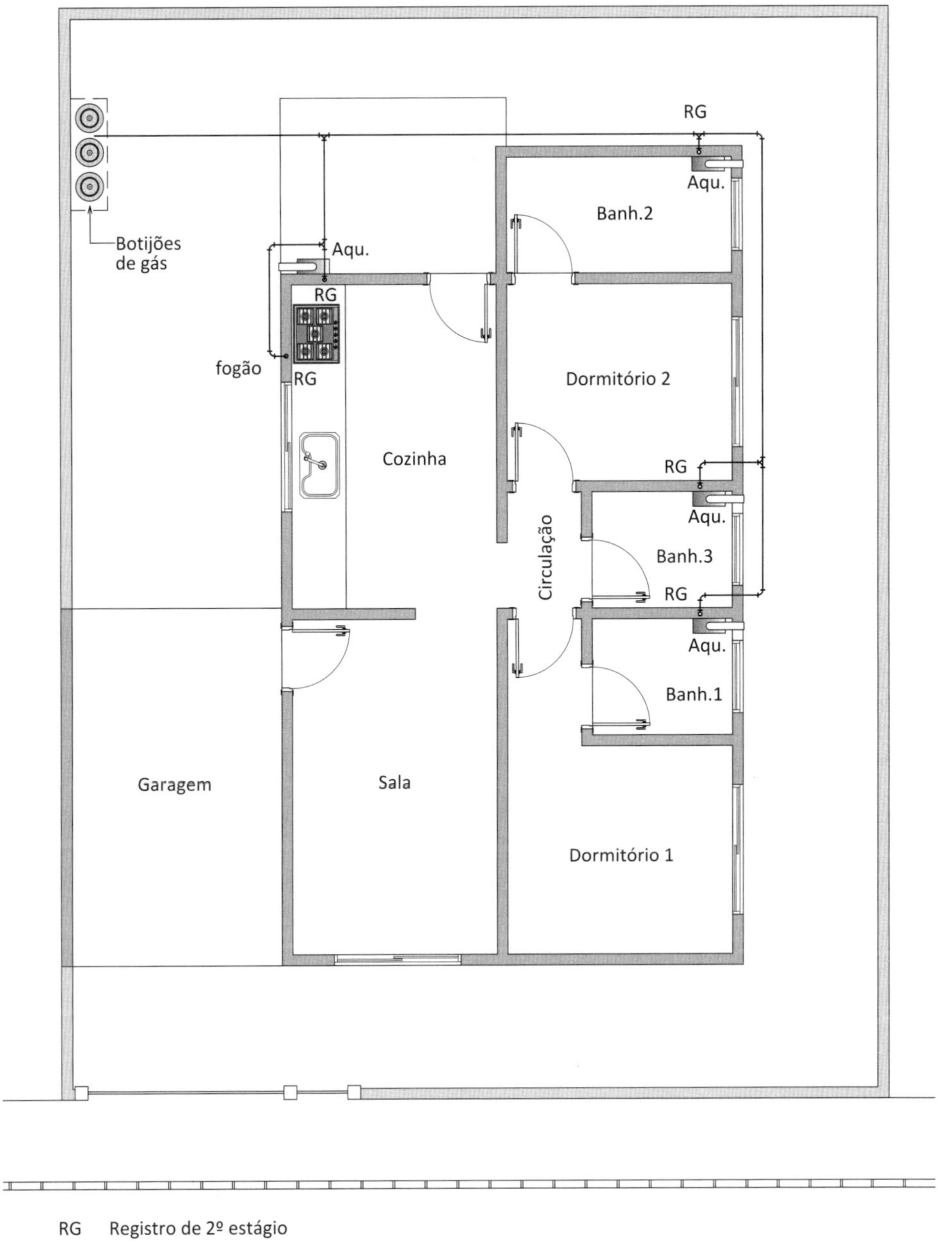

Figura 2.4 Distribuição de Gás LP em residência de grande porte.

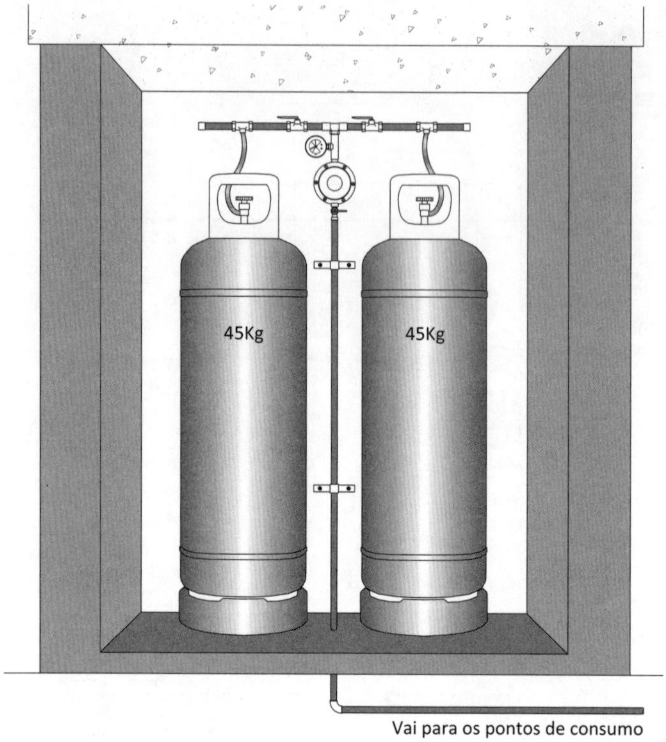

Figura 2.5 Recipiente P45 Gás LP By-Pass.

2.4.2 INSTALAÇÃO EM CONDOMÍNIOS

É comum que os municípios tenham leis e regulamentos específicos para a instalação de gás em condomínios. Essas leis geralmente são elaboradas com base em normas técnicas nacionais e têm como objetivo garantir a segurança dos moradores e usuários do condomínio.

As leis variam de município para município, mas, no geral, a legislação diz que ter botijões de gás nos apartamentos com gás canalizado é proibido por questões de segurança. No caso de prédios com mais de cinco apartamentos com instalações externas para gás, o botijão ou o cilindro devem permanecer no pavimento térreo e do lado de fora da edificação.

Em condomínios verticais, os recipientes transportáveis P45 (45 kg de Gás LP) são armazenados em uma bateria de cilindros, que é fornecido pela distribuidora do gás. O P45 é utilizado em prédios de capacidade menor de apartamentos, para manter um baixo volume de gás armazenado, e diminuir os riscos no local.

A distribuição de gás é feita a partir do barrilete de onde partem uma ou mais tubulações gerais que sobem por meio das prumadas e se ramificam em cada apartamento (unidade consumidora).

A medição é feita nos medidores dos apartamentos, localizados nos respectivos pavimentos e em local de fácil acesso para anotação da leitura do consumo de gás pelo administrador (síndico) ou por sistemas de telemetria (medição remota da leitura do gás).

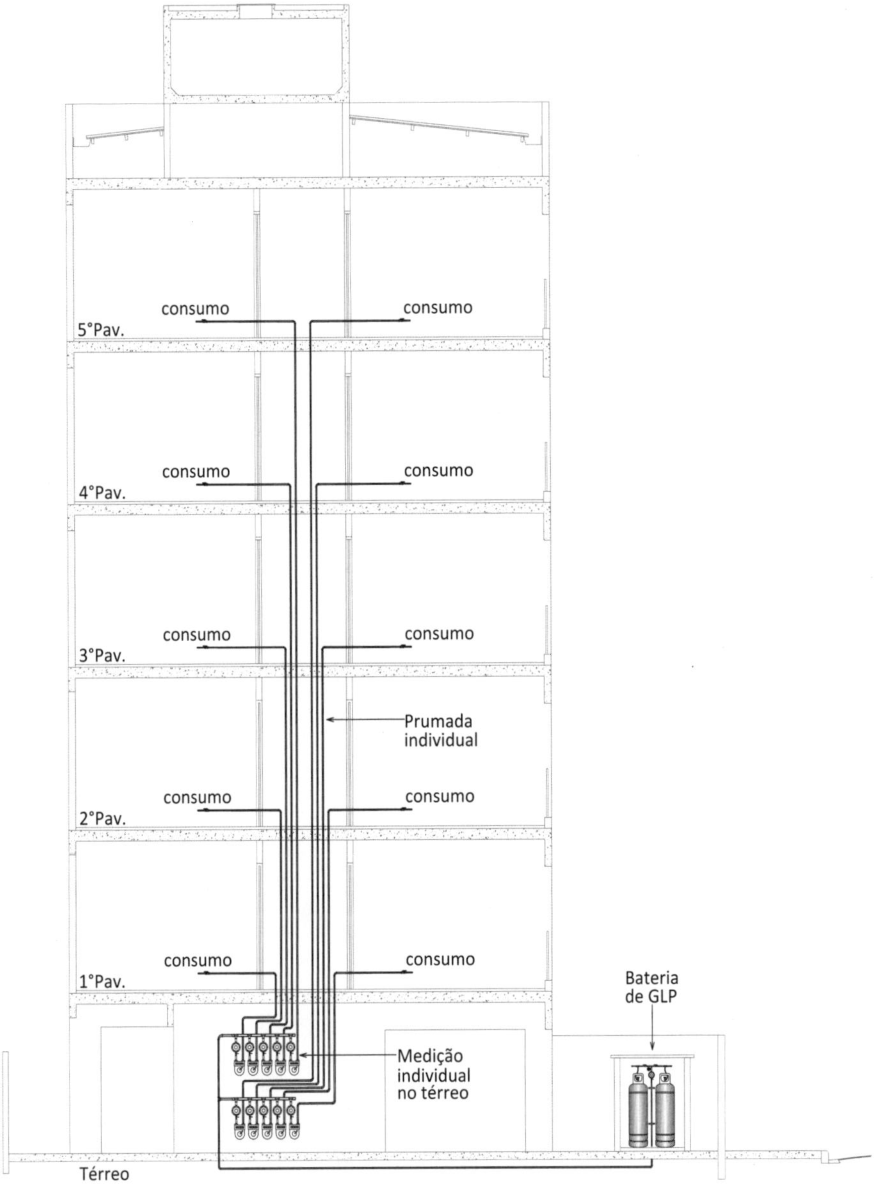

Figura 2.6 Medição individual em área comum e distribuição por prumadas individuais.

2.4.3 GÁS CANALIZADO

A instalação de gás canalizado deve seguir padrões estabelecidos pela Associação Brasileira de Normas Técnicas (ABNT) e requer manutenção constante.

Uma das manutenções, que deve ser realizada por uma empresa qualificada, é o teste de estanqueidade, que verifica a vedação pneumática das instalações.

Os locais adaptados para o gás natural devem ser vistoriados seguindo as normas de segurança brasileiras para uso de gás canalizado.

A vantagem do gás natural canalizado é o fornecimento contínuo e ilimitado, sem riscos de interrupção inesperada e dispensa solicitações de reabastecimento.

Além disso, é impossível o gás natural sofrer adulterações. Por esse motivo, aumenta a durabilidade de fogões e fornos, uma vez que o gás canalizado emite menos gases ácidos e compostos de enxofre.

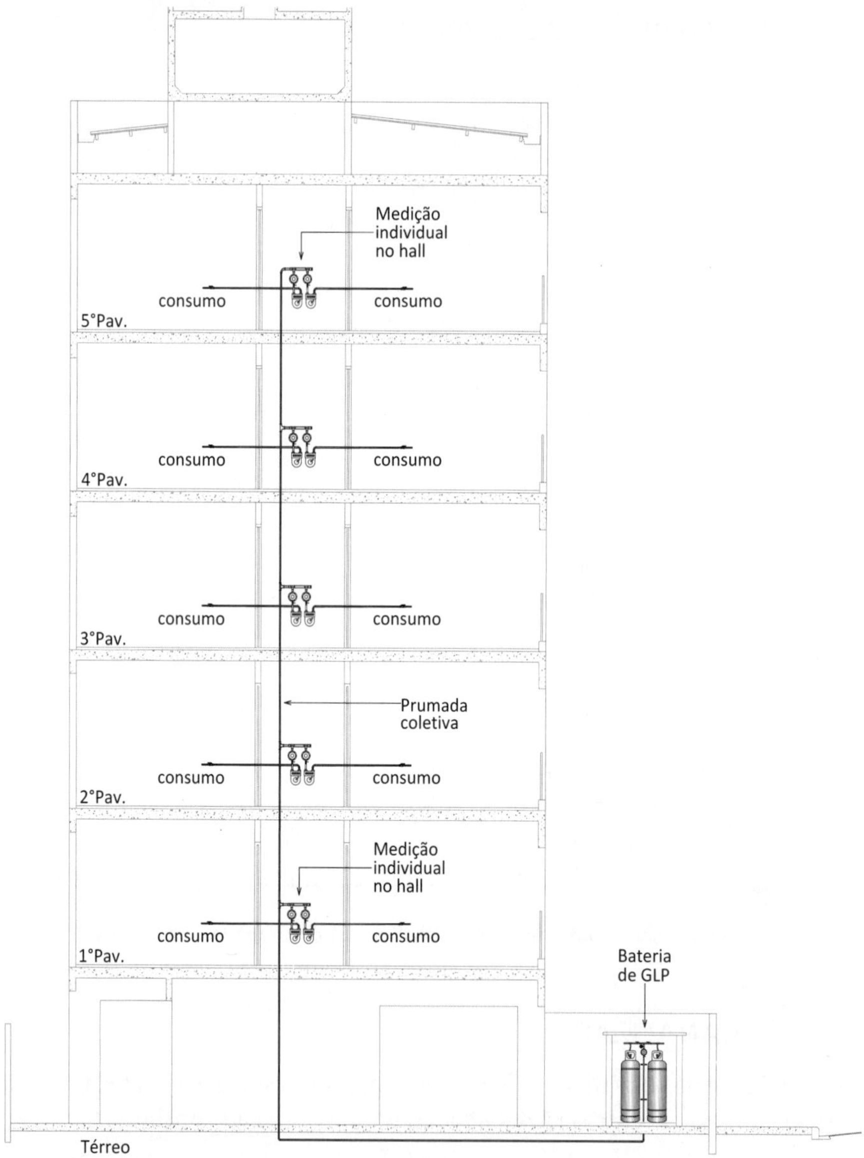

Figura 2.7 Distribuição por prumada coletivas e medição individual nos andares.

Para definir a tipologia mais adequada ao local de instalação da rede de distribuição de gás devemos considerar:

- Utilização: residencial, comercial ou industrial;
- Medição do gás: coletiva ou individual;
- Definição: vazão e pressão;
- Local do regulador de pressão único, 1° estágio ou central de Gás LP;
- Local da medição do gás: área comum no térreo ou área comum nos andares (*shafts*);
- Previsão de vazão de gás para atender possíveis instalações futuras de novos aparelhos na rede de distribuição;
- Dimensionamento da tubulação da rede de distribuição interna e externa;
- Material da tubulação da rede interna e externa (cobre, multicamada Paed);
- Trajeto da tubulação da rede interna e externa;
- Aspectos de instalações de gás que interferem com a arquitetura do empreendimento;
- Localização e dimensionamento dos abrigos de gás para reguladores de pressão e centrais de Gás LP;
- Localização e dimensionamento dos abrigos para medidores de vazão;
- Distribuição do caminhamento das tubulações;
- Pontos de consumo.

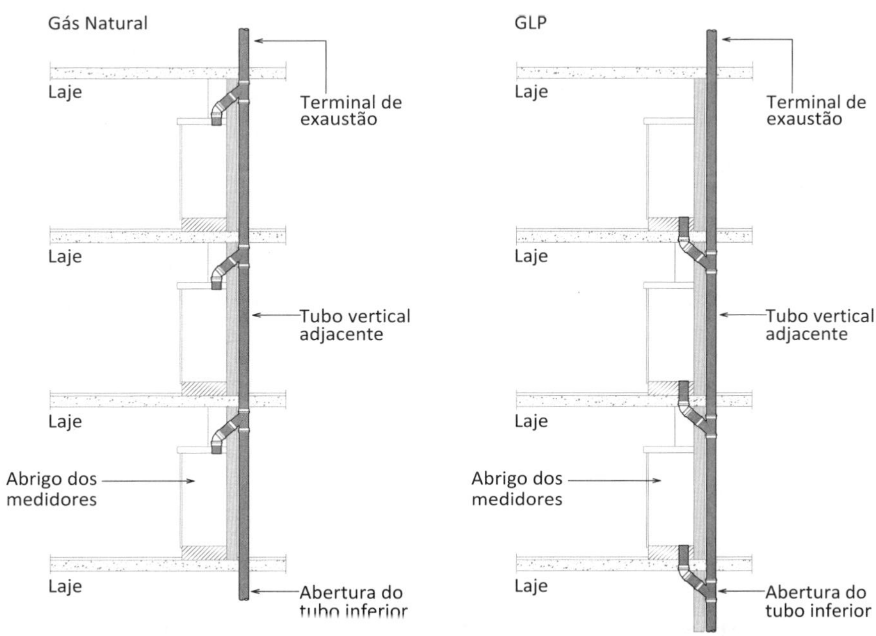

Figura 2.8 Tipos de ventilação dos medidores nos andares.

Fonte: ABNT NBR 13523:2019.

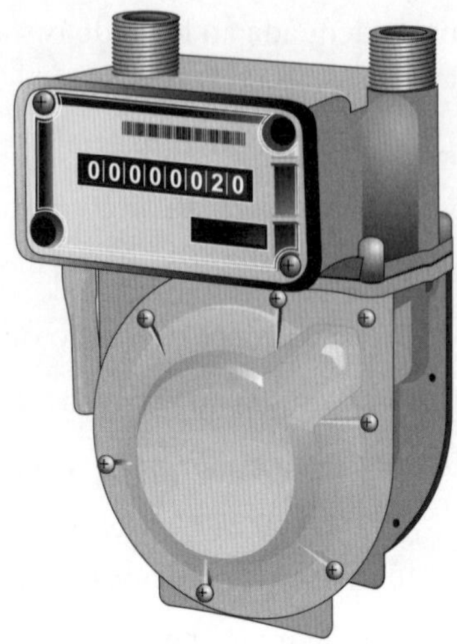

Figura 2.9 Medição do consumo de gás em projetos residenciais.

2.5 CENTRAL DE GÁS LP

A central de Gás LP é uma área específica para conter os recipientes interligados ao coletor e acessórios, destinados ao recebimento, armazenamento, controle e suprimentos de Gás LP para consumo. O abrigo para recipientes transportáveis e estacionários deve ser feito com materiais não combustíveis, destinado à proteção física dos recipientes e seus complementos e também pode assegurar uma distância de dispersão adequada.

Quando se trata de reservatórios fixos e estacionários, a instalação da central de Gás LP é mais complexa. A empresa distribuidora do Gás LP é responsável pela execução do projeto, que deve ser executado por um profissional habilitado e respeitando as normas da ABNT. A distribuição a granel é feita com caminhão autotanque, que entrega o Gás LP aos clientes que dispõem de instalações do sistema granel. Seu uso é regulamentado pela Portaria n. 47, de 24 de março de 1999, da Agência Nacional de Petróleo (ANP) e pela NBR 14024:2018 - Central de gás liquefeito de petróleo (GLP) - Sistema de abastecimento a granel - Requisitos e procedimento operacional.

A instalação de uma central de GLP em um projeto de arquitetura deve levar em consideração algumas interfaces importantes para garantir a segurança dos usuários e atender às normas e regulamentos aplicáveis. Algumas dessas interfaces são: área para instalação do tanque, rota de acesso para caminhões-tanque, projeto de instalações internas (tubulações e equipamentos internos, como reguladores de pressão, medidores de vazão e válvulas de segurança), projeto de segurança (instalação de detectores de vazamento, alarmes sonoros e visuais, extintores de incêndio e sinalização adequada), compatibilidade com outros sistemas (por exemplo, o sistema elétrico).

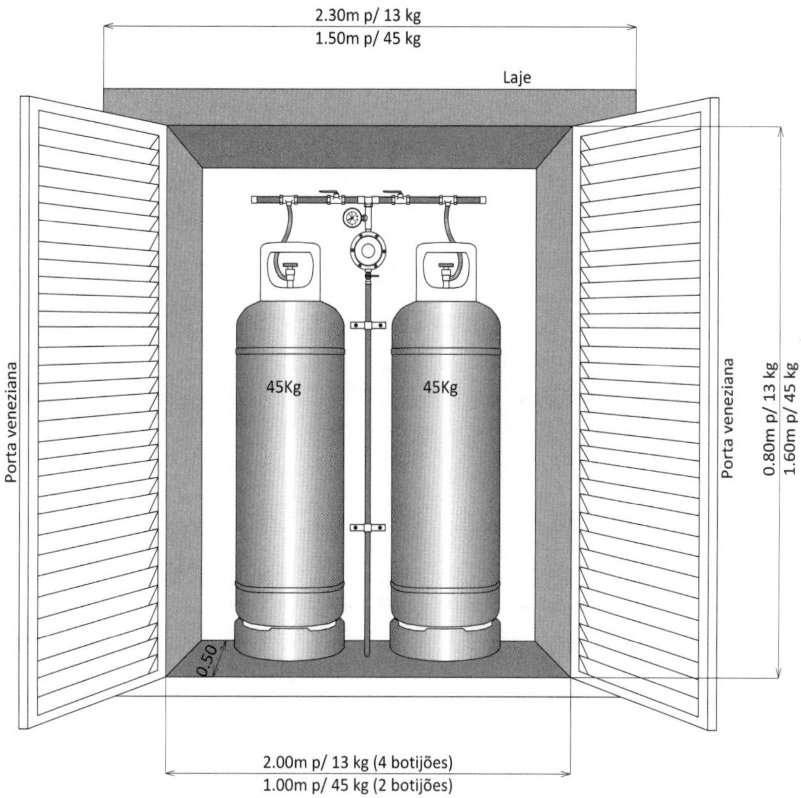

Figura 2.10 Cabine de Cilindros.

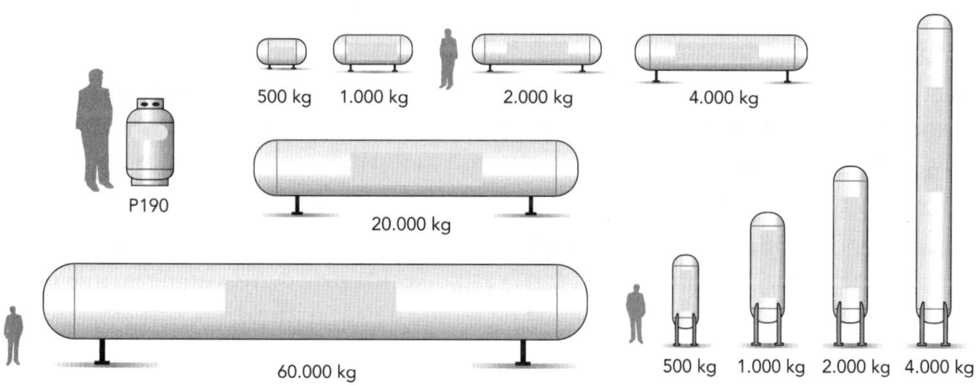

Figura 2.11 Recipientes estacionários (sistema geral).

Fonte: adaptado de https://www.nacionalgas.com.br, acesso em 2019.

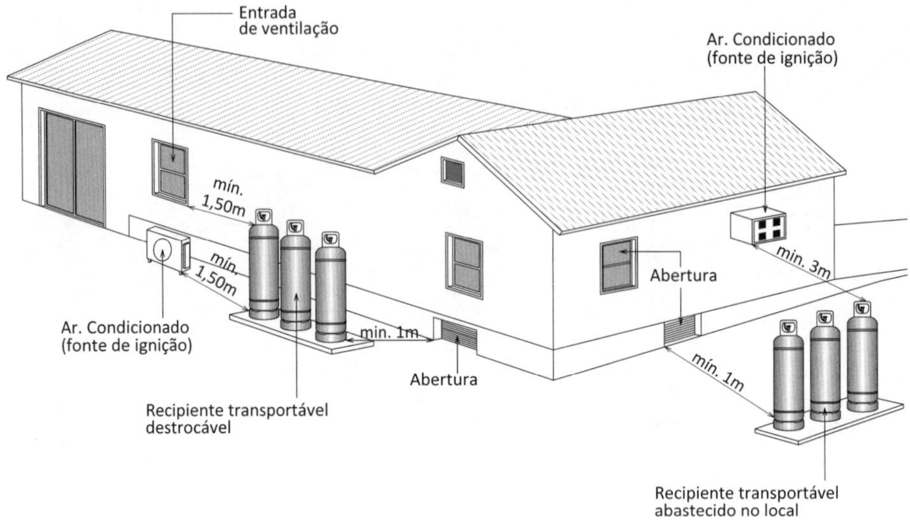

Figura 2.12 Afastamento de segurança para recipientes transportáveis.

Fonte: ABNT NBR 13523:1995c.

2.6 FORNECIMENTO DO GÁS NATURAL (GÁS CANALIZADO)

O fornecimento de gás natural, também conhecido como gás canalizado, é feito por meio de uma rede de distribuição de gás, que é composta por gasodutos e estações de distribuição. Essa rede é operada por empresas concessionárias que têm a responsabilidade de fornecer o gás natural para os clientes.

Para receber o fornecimento de gás natural, é necessário que o cliente esteja conectado à rede de distribuição por meio de uma tubulação de gás natural, que é instalada pela concessionária. A instalação da tubulação de gás natural deve ser feita por profissionais qualificados, seguindo as normas e regulamentos aplicáveis.

A concessionária é responsável pelo fornecimento contínuo de gás natural, que é medido por um medidor de gás instalado na tubulação. O cliente paga pelo consumo de gás natural de acordo com a tarifa estabelecida pela concessionária, que pode ser baseada no consumo mensal ou na demanda de gás natural.

O condomínio tem a responsabilidade de permitir e cobrar a manutenção necessária da empresa responsável na central de GLP. Uma das manutenções, que deve ser realizada por uma empresa qualificada, é o teste de estanqueidade, que verifica a vedação pneumática das instalações.

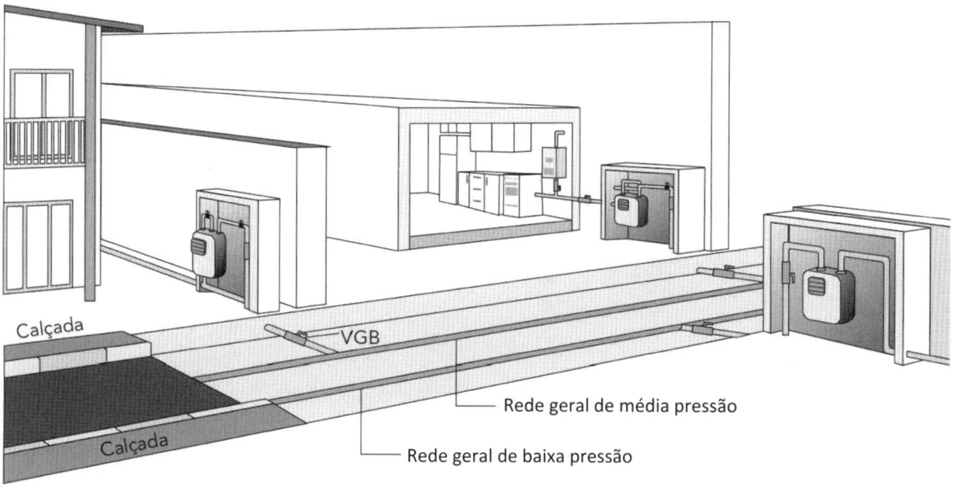

Figura 2.13 Rede de gasodutos.

Fonte: adaptado de https://www.comgas.com.br. Acesso em: set. 2019.

2.7 REQUISITOS GERAIS PARA ELABORAÇÃO E EXECUÇÃO DE PROJETOS DE INSTALAÇÃO A GÁS

Os projetos pertinentes à instalação de central de Gás LP e cavaletes de Gás Natural devem ser elaborados por profissionais habilitados e devem conter localização, afastamentos, equipamentos, acessórios, indicação da quantidade e capacidade volumétrica dos recipientes de armazenamento, forma de abastecimento e seu detalhamento, se necessário.

Antes do início da execução da instalação, devem ser emitidos a Anotação de Responsabilidade Técnica (ART) e o Registro de Responsabilidade Técnica (RRT) do projeto. A execução deve ser feita por profissional habilitado e registrado do órgão de classe.

A montagem e a manutenção das instalações de tubulações devem ser realizadas por profissionais qualificados. Deve ser realizado ensaio de estanqueidade para detectar possíveis vazamentos e verificar a resistência da rede a pressões de operação. Recomenda-se que o ensaio de estanqueidade seja iniciado após uma inspeção visual da rede de distribuição (amassamento de tubos, conservação da pintura, nível de oxidação, e particularmente das juntas e conexões, para se detectar previamente qualquer tipo de defeito durante a execução.

CAPÍTULO 3

Interfaces dos sistemas prediais de combate a incêndio

3.1 CONSIDERAÇÕES GERAIS

A instalação predial de segurança contra incêndio é um assunto bastante complexo, que depende de uma classificação rigorosa quanto aos riscos de incêndio. De acordo com o projeto de revisão da ABNT NBR 15575-1 – Edificações Habitacionais – Desempenho – Parte 1, de 29 de setembro de 2021, as exigências relativas à segurança contra incêndio são pautadas em:

- proteger a vida dos ocupantes das edificações e áreas de risco, em caso de incêndio;
- dificultar a propagação do incêndio, reduzindo danos ao meio ambiente e ao patrimônio;
- proporcionar meios de controle e extinção do incêndio;
- dar condições de acesso para as operações do Corpo de Bombeiros.

Os objetivos principais de garantir a resistência ao fogo dos elementos estruturais são:

- possibilitar a saída dos ocupantes da edificação em condição de segurança;
- garantir condições razoáveis para o emprego de socorro público, permitindo-se o acesso operacional de viaturas, equipamentos e seus recursos humanos, com tempo hábil para exercer as atividades de salvamento (pessoas retidas) e combate a incêndios (rescaldo e extinção);
- evitar ou minimizar danos à própria edificação, às outras adjacentes, à infraestrutura pública e ao meio ambiente.

Neste capítulo, será feita uma abordagem sumária do assunto, particularmente com enfoque no projeto arquitetônico, para que o arquiteto tenha um mínimo de informações sobre a matéria e adquira consciência do risco que representa a negligência com relação à segurança contra incêndio.

Como orientação básica, foi utilizado o Decreto Estadual n. 63.911, de 10 de dezembro de 2018, publicado pelo governo de São Paulo, que dispõe sobre as medidas de segurança contra incêndio nas edificações e áreas de risco, atendendo ao previsto no artigo 144, parágrafo 5º da Constituição Federal, ao artigo 142 da Constituição Estadual, ao disposto na Lei Estadual n. 616, de 17 de dezembro de 1974, na Lei Estadual n. 684, de 30 de setembro de 1975 e no Decreto Estadual n. 55.660, de 30 de março de 2010.

Tendo em vista o fato de que cada estado da federação possui uma legislação de segurança contra incêndio e pânico distinta, tornou-se didático transcrever integralmente alguns trechos das Instruções Técnicas do Decreto Estadual n. 63.911/2018 do Corpo de Bombeiros da Polícia Militar do Estado de São Paulo (CBPMESP).

De qualquer maneira, além de atender às Instruções Técnicas do Decreto Estadual n. 63.911/2018 e, em alguns casos, às normas da Associação Brasileira de Normas Técnicas (ABNT), o projeto de segurança contra incêndio das edificações e áreas de risco deverá ser apresentado ao Corpo de Bombeiros para a devida análise.

Por essas razões, o projeto técnico deve ser elaborado por um profissional qualificado, com conhecimento de todas as exigências e normas vigentes.

O Decreto Estadual n. 63.911/2018 é composto por 45 Instruções Técnicas que dão parâmetros para o desenvolvimento de projetos técnicos. São elas:

- Instrução Técnica 01 – Procedimentos administrativos;
- Instrução Técnica 02 – Conceitos básicos de segurança contra incêndio;
- Instrução Técnica 03 – Terminologia de segurança contra incêndio;
- Instrução Técnica 04 – Símbolos gráficos para projeto de segurança contra incêndio;
- Instrução Técnica 05 – Segurança contra incêndio – Urbanística;

- Instrução Técnica 06 – Acesso de viaturas na edificação e áreas de risco;
- Instrução Técnica 07 – Separação entre edificações (isolamento de risco);
- Instrução Técnica 08 – Segurança estrutural contra incêndio;
- Instrução Técnica 09 – Compartimentação horizontal e compartimentação vertical;
- Instrução Técnica 10 – Controle de materiais de acabamento e de revestimento;
- Instrução Técnica 11 – Saídas de emergência;
- Instrução Técnica 12 – Centros esportivos e de exibição – Requisitos de segurança contra incêndio;
- Instrução Técnica 13 – Pressurização de escada de segurança;
- Instrução Técnica 14 – Carga de incêndio nas edificações e áreas de risco;
- Instrução Técnica 15 (Parte 1) – Controle de fumaça – Regras gerais;
- Instrução Técnica 15 (Parte 2) – Controle de fumaça – Conceitos, definições e componentes do sistema;
- Instrução Técnica 15 (Parte 3) – Controle de fumaça – Controle de fumaça natural em edificações comerciais, industriais e depósitos;
- Instrução Técnica 15 (Parte 4) – Controle de fumaça – Controle de fumaça natural nas demais ocupações;
- Instrução Técnica 15 (Parte 5) – Controle de fumaça – Controle de fumaça mecânico;
- Instrução Técnica 15 (Parte 6) – Controle de fumaça – Controle de fumaça em rotas de fuga horizontais protegidas e subsolos;
- Instrução Técnica 15 (Parte 7) – Controle de fumaça – Átrios;
- Instrução Técnica 16 – Gerenciamento de riscos de incêndio;
- Instrução Técnica 17 – Brigada de incêndio;
- Instrução Técnica 18 – Iluminação de emergência;
- Instrução Técnica 19 – Sistema de detecção e alarme de incêndio;
- Instrução Técnica 20 – Sinalização de emergência;
- Instrução Técnica 21 – Sistema de proteção por extintores de incêndio;
- Instrução Técnica 22 – Sistema de hidrantes e de mangotinhos para combate a incêndio;
- Instrução Técnica 23 – Sistema de chuveiros automáticos;

- Instrução Técnica 24 – Sistema de chuveiros automáticos para áreas de depósito;
- Instrução Técnica 25 – Líquidos combustíveis e inflamáveis;
- Instrução Técnica 26 – Sistema fixo de gases para combate a incêndio;
- Instrução Técnica 27 – Armazenamento em silos;
- Instrução Técnica 28 – Manipulação, armazenamento, comercialização e utilização de gás liquefeito de petróleo (GLP);
- Instrução Técnica 29 – Comercialização, distribuição e utilização de gás natural;
- Instrução Técnica 30 – Fogos de artifício;
- Instrução Técnica 31 – Segurança contra incêndio para heliponto e heliporto;
- Instrução Técnica 32 – Produtos perigosos em edificações e áreas de risco;
- Instrução Técnica 33 – Cobertura de sapé, piaçava e similares;
- Instrução Técnica 34 – Hidrante urbano;
- Instrução Técnica 35 – Túnel rodoviário;
- Instrução Técnica 36 – Pátio de contêineres;
- Instrução Técnica 37 – Subestação elétrica;
- Instrução Técnica 38 – Segurança contra incêndio em cozinha profissional;
- Instrução Técnica 39 – Estabelecimentos destinados à restrição de liberdade;
- Instrução Técnica 40 – Edificações históricas, museus e instituições culturais com acervos museológicos;
- Instrução Técnica 41 – Inspeção visual em instalações elétricas de baixa tensão;
- Instrução Técnica 42 – Projeto Técnico Simplificado (PTS);
- Instrução Técnica 43 – Adaptação às normas de proteção contra incêndio – Edificações existentes;
- Instrução Técnica 44 – Proteção ao meio ambiente;
- Instrução Técnica 45 – Segurança contra incêndio para sistemas de transporte sobre trilhos.

3.2 CARACTERÍSTICAS DA EDIFICAÇÃO E ÁREA DE RISCO

Os edifícios podem ser divididos em grupos de risco de acordo com, especialmente, três características:

a) tipos de ocupação (atividade ou uso da edificação);

b) altura e área da edificação;

c) carga de incêndio.

As exigências do sistema de segurança são feitas em função da classificação de cada edifício.

A ocupação depende do tipo de serviço a que se destina o empreendimento (habitações residenciais, edificações comerciais, industriais etc.).

A altura e a limitação de área estão intrinsecamente ligadas ao combate ao fogo. Quanto maior a altura, mais difícil a saída das pessoas e o acesso das equipes de combate; portanto, maiores são as exigências quanto aos sistemas de segurança.

Depois de determinar a classificação quanto à ocupação, altura, área e carga de incêndio, devem ser verificadas as exigências do Decreto Estadual n. 63.911/2018.

As medidas de segurança contra incêndio nas edificações e áreas de risco devem ser apresentadas ao Corpo de Bombeiros para análise por meio de:

- Projeto Técnico (PT);
- Projeto Técnico Simplificado (PTS);
- Projeto Técnico para Instalação e Ocupação Temporária (PTIOT);
- Projeto Técnico para Ocupação Temporária em Edificação Permanente (PTOTEP).

3.3 PROJETO TÉCNICO (PT)

De acordo com a Instrução Técnica 01/2019 – Procedimentos Administrativos, o Projeto Técnico deve ser utilizado para apresentação dos sistemas de segurança contra incêndio das edificações e áreas de risco:

a) Com área de construção acima de 750 m^2 e/ou com altura acima de três pavimentos, exceto os casos que se enquadram nas regras para Projeto Técnico Simplificado, Projeto Técnico para Instalação e Ocupação Temporária e Projeto Técnico para Ocupação Temporária em Edificação Permanente. Para fins de cômputo da quantidade de pavimentos, desconsidera-se o subsolo quando usado exclusivamente para estacionamento;

b) Independentemente da área da edificação e áreas de risco, quando estas apresentarem riscos que necessitem de proteção por sistemas fixos como: hidrantes, chuveiros automáticos, alarme e detecção de incêndio, dentre outros;

c) Edificações cuja ocupação é do Grupo "L" (explosivos);

d) Onde, independentemente da área ou altura da edificação, haja a necessidade de comprovação da separação entre edificações e áreas de risco, conforme Instrução Técnica 07 – Separação entre Edificações;

e) Quando houver necessidade de comprovação de isolamento de risco, conforme IT 07, independente da área ou altura da edificação;

f) As edificações isoladas de acordo com a IT 07, com sistemas de segurança contra incêndio independentes, podem apresentar Projetos Técnicos para análise no Corpo de Bombeiros diversos das demais edificações do lote ou condomínio, desde que seja apresentada a implantação de toda a área, comprovando o respectivo isolamento;

g) As edificações existentes que possuem interligação entre blocos por meio de passarelas ou passadiço protegido, no mesmo lote ou entre edificações vizinhas, poderão ser regularizadas conforme o item anterior, desde que atendam todos os critérios previstos na IT 43.

3.4 PROJETO TÉCNICO SIMPLIFICADO (PTS)

Procedimento usado para regularização de edificações com área de construção de até 750 m^2, altura de até três pavimentos e outras características nos termos da Instrução Técnica 42 – Projeto Técnico Simplificado.

A edificação será considerada PTS quando atender aos seguintes requisitos:

- Possuir até 750 m^2 de área construída com, no máximo, três pavimentos ou até 1.500 m^2 de área construída com, no máximo, 6 m de altura;

São desconsiderados para o cômputo da área:

- ▷ telheiros, com laterais abertas, destinados à proteção de utensílios, caixas d'água, tanques e outras instalações desde que não tenham área superior a 10 m^2;
- ▷ platibandas e beirais de telhado com até 3 m de projeção;
- ▷ passagens cobertas, de laterais abertas, com largura máxima de 3 m, destinadas apenas à circulação de pessoas ou mercadorias;
- ▷ coberturas de bombas de combustível e de praças de pedágio, desde que não sejam utilizadas para outros fins e sejam abertas lateralmente em pelo menos 50% do perímetro;
- ▷ reservatórios de água, escadas enclausuradas e dutos de ventilação das saídas de emergência;
- ▷ piscinas, banheiros, vestiários e assemelhados.

- Os subsolos destinados exclusivamente para estacionamento de veículos não são considerados no cômputo da altura da edificação;
- Para as edificações que possuam desconto de áreas, pode ser exigida a documentação comprobatória de área da construída;
- Não possuir subsolo ocupado como local de reunião de público (Grupo F), independentemente da área, bem como outra ocupação diversa de estacionamento com área superior a 50 m^2;
- Ter lotação máxima de 250 pessoas, quando se tratar de local de reunião de público (Grupo F);
- Ter, no caso de comércio de gás liquefeito de petróleo (GLP) (revenda), armazenamento de até 12.480 kg (equivalente a 960 botijões de 13 kg);
- Armazenar, no máximo, 20 m^3 de líquidos inflamáveis ou combustíveis em tanques aéreos ou fracionados, para qualquer finalidade;
- Armazenar, no máximo, 10 m^3 de gases inflamáveis em tanques ou cilindros, para qualquer finalidade;
- Não manipular ou armazenar produtos perigosos à saúde humana, ao meio ambiente ou ao patrimônio, como: explosivos, peróxidos orgânicos, substâncias oxidantes, substâncias tóxicas, substâncias radioativas, substâncias corrosivas e substâncias perigosas diversas.

3.4.1 CERTIFICADO DE LICENÇA DO CORPO DE BOMBEIROS (CLCB)

Em 2014 houve uma alteração significativa na Instrução Técnica 42/2011: a criação do CLCB, que é uma ferramenta de otimização para a obtenção do Auto de Vistoria do Corpo de Bombeiros (AVCB), tornando-o ainda mais simplificado e não dependendo de vistoria imediata do Corpo de Bombeiros.

Dentre as edificações classificadas como PTS, serão regularizadas por meio de Certificado de Licença do Corpo de Bombeiros aquelas que se enquadrarem nas seguintes condições:

- Possuir área total construída menor ou igual a 750 m^2, podendo-se desconsiderar para o cômputo da área:
  - ▷ Coberturas de bombas de combustível de postos de abastecimento e serviço;
  - ▷ Praças de pedágios;
  - ▷ Piscinas;

  - ▷ Área destinada à residência unifamiliar com acesso independente direto para a via pública.

- Não comercializar ou revender gás liquefeito de petróleo (GLP) (revenda);
- Utilizar ou armazenar no máximo 190 kg de gás GLP (Central), para qualquer finalidade;
- Não possuir quaisquer outros gases combustíveis armazenados em recipientes transportáveis ou estacionários, exceto para a divisão G-4, limitando-se a 01 cilindro de acetileno;
- Armazenar ou manipular, no máximo, 1.000 litros de líquidos combustíveis ou inflamáveis em recipientes ou tanques aéreos, sendo aceita qualquer quantidade exclusivamente para armazenamento em tanques enterrados.
- Não ter na edificação as seguintes ocupações:
  - ▷ habitações coletivas como pensionatos e mosteiros, com mais de 16 leitos;
  - ▷ hotéis e assemelhados com mais de 40 leitos;
  - ▷ escritórios administrativos e técnicos, que possuam *call center*, com mais de 250 funcionários;
  - ▷ pré-escolas e escolas para portadores de deficiência;
  - ▷ centros esportivos ou de exibição, teatros, cinemas, auditórios e assemelhados, boates, clubes sociais e de diversão e construções provisórias como circo e parques;
  - ▷ local onde pessoas requerem cuidados especiais por limitações físicas ou mentais, hospitais e assemelhados e locais onde as pessoas sofrem restrição da liberdade, como manicômios e presídios.

3.5 PROJETO TÉCNICO DE OCUPAÇÃO E INSTALAÇÃO TEMPORÁRIA (PTIOT)

São projetos elaborados para instalações temporárias ao ar livre, como circos, parques de diversão, feiras de exposições, feiras agropecuárias, rodeios, *shows* artísticos, entre outros. Devem ser desmontadas e transferidas para outros locais após o prazo máximo de seis meses, prorrogável uma vez, por igual período. Após esse prazo, a edificação e áreas de risco passam a ser regidas pelas regras do Projeto Técnico.

Não se aplica a construções provisórias, como: galpões, depósitos ou quaisquer outras ocupações que não se constituam para locais de reunião de público (locais de evento).

Para os casos de instalações temporárias em área aberta e sem controle de acesso não é necessária a elaboração de PTIOT.

3.6 PROJETO TÉCNICO DE OCUPAÇÃO TEMPORÁRIA EM EDIFICAÇÃO PERMANENTE (PTOTEP)

É o procedimento adotado para evento temporário em edificação e áreas de risco permanente e deve atender às seguintes exigências:

- O evento temporário deve possuir o prazo máximo de seis meses, prorrogável uma vez, por igual período;
- A edificação e áreas de risco permanente devem atender às medidas de segurança contra incêndio previstas no Regulamento de Segurança contra Incêndio para sua ocupação original, junto com as exigências para a atividade temporária que se pretende nela desenvolver;
- A edificação e áreas de risco permanente devem estar devidamente regularizadas junto ao Corpo de Bombeiros da Polícia Militar do Estado de São Paulo (CBPMESP), salvo se o evento for realizado em área externa, seguir as condições de isolamento de risco de acordo com a Instrução Técnica 07 e não houver acesso à edificação permanente;
- Se for acrescida uma instalação temporária em área externa junto da edificação e áreas de risco permanente, essa instalação deve estar regularizada de acordo com o Projeto Técnico;
- Se no interior da edificação e áreas de risco permanente for acrescida instalação temporária, como *boxe*, estande, entre outros, prevalece a proteção da edificação e áreas de risco permanentes, desde que atenda aos requisitos para a atividade temporária em questão.

3.7 CLASSIFICAÇÃO DOS INCÊNDIOS

A classificação dos incêndios se dá devido às diversidades dos combustíveis, reagindo de maneiras distintas e com características próprias. Na literatura atual é de costume aparecerem cinco tipos de combustíveis:

- Classe A: materiais sólidos que queimam em superfície e profundidade e após a queima deixam resíduos (brasa, cinza ou carvão), como: papel, tecido, algodão, borracha e a madeira, entre outros;

- Classe B: líquidos inflamáveis e combustíveis, que queimam somente em superfície e que, após a queima, normalmente não deixam resíduos, como: gasolina, querosene, graxas, tintas e álcoois em geral;
- Classe C: equipamentos elétricos energizados, como: máquinas elétricas, quadros de força, transformadores, computadores ou qualquer que seja o material de uso em aplicações de energia elétrica. Quando o aparelho elétrico não estiver energizado é enquadrado como Classe A;
- Classe D: metais pirofóricos, que inflamam facilmente quando fundidos, divididos ou em forma de lâminas, como: potássio, cobre, magnésio, zircônio, titânio, lítio, entre outros. Os fogos de Classe D apresentam comportamentos distintos das demais classes uma vez que se tornam rapidamente autossustentáveis e dificultam a operação de extinção;
- Classe K: produtos destinados a formas de cocção em cozinhas industriais e comerciais (óleos, gorduras e banhas). Têm a característica de serem resistente aos meios normais de combate a incêndio.

3.8 MEDIDAS DE SEGURANÇA CONTRA INCÊNDIO

É o conjunto de dispositivos ou sistemas a ser instalado nas edificações e áreas de risco a fim de evitar o surgimento de um incêndio, limitar sua propagação, possibilitar sua extinção e ainda propiciar a proteção à vida, ao meio ambiente e ao patrimônio.

Uma edificação segura apresenta baixa probabilidade de início de incêndio e alta possibilidade de fuga dos ocupantes/moradores, além de considerar as propriedades vizinhas quanto à possibilidade de risco e à rápida extinção do foco inicial.

Dentre as medidas existentes, que visam à proteção contra incêndio dos edifícios, os tópicos mais diretamente voltados à arquitetura podem ser agrupados em dois sistemas:

- Medidas ativas de proteção, que somente entram em ação na ocorrência de um incêndio, dependendo de acionamento por sistemas manuais ou automáticos, como a detecção, o alarme, a iluminação de emergência, hidrantes, chuveiros automáticos, supressão por gases etc.;
- Medidas passivas, que independem da ação do incêndio e são incorporadas no projeto arquitetônico, como saídas de emergência, compartimentação, tempo de resistência ao fogo nas estruturas do edifício, controle de materiais de acabamento e revestimento etc.

3.8.1 MEDIDAS ATIVAS DE PROTEÇÃO

3.8.1.1 Sistemas de alarme e detecção de incêndio

Os alarmes de incêndio podem ser manuais ou automáticos. O alarme deve ser audível em todos os setores da área abrangida pelo sistema de segurança. Deve ser verificado periodicamente, seguindo as instruções do fabricante. Toda edificação com sistema de alarme instalado deve contar com um plano de ação para otimizar os procedimentos de abandono do local, quando o alarme for acionado.

Os detectores de fumaça, de calor ou de temperatura acionam automaticamente os alarmes. Existem no mercado vários sistemas de sensores, que são, normalmente, conectados a uma central receptora de alarme de incêndio, que indica, em painel próprio, o início de fogo, fumaça ou aumento de temperatura no local em que se encontra.

Alguns modelos utilizam mais de uma tecnologia de detecção, para maior garantia de segurança. A central de alarme e o painel repetidor devem ficar em local de fácil visualização e onde haja constante vigilância humana.

A Instrução Técnica 19/2019 – Sistemas de Detecção e Alarme de Incêndio estabelece os requisitos mínimos necessários para o dimensionamento dos sistemas detecção e alarme de incêndio, na segurança e proteção de uma edificação, além de adequar-se à NBR 17240:2010 – Execução de Sistemas de Detecção e Alarme de Incêndio para aplicação na análise e vistoria dos projetos e propostas de proteção contra incêndio submetidos ao Corpo de Bombeiros do Estado de São Paulo (CBPMESP), atendendo ao previsto no Decreto Estadual n. 63.911/2018.

A distância máxima a ser percorrida por uma pessoa, de qualquer ponto da área protegida até o acionador manual mais próximo, não deve ser superior a 30 m. Preferencialmente, os acionadores manuais devem ser localizados junto aos hidrantes.

Nos locais de reunião de público, como casas de *show*, espetáculos, dança, discoteca, salões de baile etc., onde se tem naturalmente uma situação acústica elevada, será obrigatória também a instalação de sinalizadores visuais.

Figura 3.1 Detector de fumaça à prova de explosão.

Figura 3.2 Acionador manual de alarme.

Figura 3.3 Sirene audiovisual.

3.8.1.2 Sistema de iluminação de emergência

O sistema de iluminação de emergência tem por finalidade garantir um aclaramento mínimo e o balizamento das saídas por ocasião da falta de energia elétrica, acendendo automaticamente e desligando imediatamente após seu retorno.

Pode ser alimentado por grupos motogeradores (GMG), por central de baterias ou por baterias de bloco autônomo. Segundo normas vigentes, seu uso é obrigatório em escadas, corredores, rotas de fuga e outros locais que possam oferecer risco ao trânsito de pessoas.

A Instrução Técnica 18/2019 – Iluminação de Emergência tem o objetivo de fixar as condições necessárias para o projeto e instalação do sistema de iluminação de emergência em edificações e áreas de risco, atendendo ao previsto no Decreto Estadual n. 63.911/2018. Essa instrução se aplica às edificações e áreas de risco onde se exige o sistema de iluminação de emergência. Adota-se a NBR 10898:2013 – Sistema de Iluminação de Emergência naquilo que não contrariar o disposto nessa instrução.

Para o correto dimensionamento devemos cumprir as seguintes exigências:

- No caso de instalação aparente, a tubulação e as caixas de passagem devem ser metálicas ou em PVC rígido antichama, conforme NBR 15465:2020 - Sistemas de eletrodutos plásticos para instalações elétricas de baixa tensão - Requisitos de desempenho;
- A distância máxima entre dois pontos de iluminação de emergência não deve ultrapassar 15 m, e entre o ponto de iluminação e a parede, 7,5 m. Outro distanciamento entre pontos pode ser adotado, desde que atenda aos parâmetros da NBR 10898;
- Deve-se garantir um nível mínimo de iluminamento de 3 lux em locais planos (corredores, *halls*, áreas de refúgio) e 5 lux em locais com desnível (escadas ou passagens com obstáculos);
- A tensão das luminárias de aclaramento e balizamento para iluminação de emergência em áreas com carga de incêndio deve ser de, no máximo, 30 volts;
- Para instalações existentes e na impossibilidade de reduzir a tensão de alimentação das luminárias, pode ser utilizado um interruptor diferencial de 30 mA, com disjuntor termomagnético de 10 A;
- Recomenda-se a instalação de uma tomada externa à edificação, compatível com a potência da iluminação, para ligação de um gerador móvel. Essa tomada deve ser acessível, protegida adequadamente contra intempéries e devidamente identificada;
- O CBPMESP, na vistoria, poderá exigir que os equipamentos utilizados no sistema de iluminação de emergência sejam certificados pelo Sistema Brasileiro de Certificação.

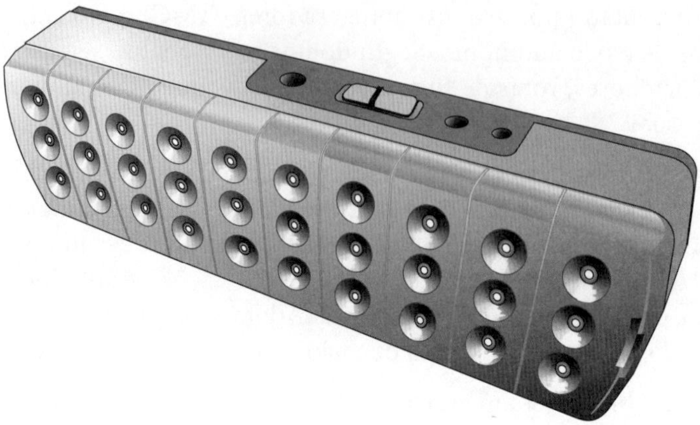

Figura 3.4 Luminária de emergência tipo bloco autônomo.

3.8.1.3 Sistemas de sinalização de emergência

A sinalização de emergência tem como finalidade reduzir o risco de ocorrência de incêndio, alertando para os riscos existentes, e garantir que sejam adotadas ações adequadas à situação de risco, que orientem as ações de combate e facilitem a localização dos equipamentos e das rotas de saída para abandono seguro da edificação em caso de incêndio.

A Instrução Técnica 20/2019 – Sinalização de Emergência fixa as condições exigíveis para satisfazer o sistema de sinalização de emergência em edificações e áreas de risco, atendendo ao previsto no Decreto Estadual n. 63.911/2018. Essa instrução se aplica a todas as edificações e áreas de risco, exceto residências unifamiliares.

A sinalização de emergência envolve símbolos, mensagens e cores que devem ser localizados convenientemente no interior da edificação e áreas de risco.

3.8.1.3.1 Sinalização básica

Sinalização básica é o conjunto mínimo de sinalizações que uma edificação deve apresentar, constituído por quatro categorias, de acordo com sua função:

- Proibição: visa proibir e coibir ações capazes de conduzir ao início do incêndio ou a seu agravamento;

Figura 3.5 Sinalização de proibição.

Fonte: PMSP (2019e).

- Alerta: visa alertar para áreas e materiais com potencial de risco de incêndio, explosão, choques elétricos e contaminação por produtos perigosos;

Figura 3.6 Sinalização de alerta.

Fonte: PMSP (2019e).

- Orientação e Salvamento: visa indicar as rotas de saída e as ações necessárias para seu acesso e uso;

Figura 3.7 Sinalização de orientação e salvamento.

Fonte: PMSP (2019e).

- Equipamentos: visam indicar a localização e os tipos de equipamento de alarme e de combate a incêndios disponíveis no local.

Figura 3.8 Sinalização de extintores.

Fonte: PMSP (2019e).

3.8.1.3.2 Sinalização complementar

A sinalização complementar tem a finalidade de otimizar, por meio de um conjunto de faixas de cor, símbolos ou mensagens escritas, a sinalização básica. A seguir são apresentados os principais tipos de sinalização complementar:

- Mensagens escritas: visam informar o público sobre uma sinalização básica, quando for necessária a complementação da mensagem dada pelo símbolo; os meios de proteção contra incêndio existentes na edificação ou áreas de risco; as circunstâncias específicas de uma edificação e áreas de risco; a lotação admitida em recintos destinados à reunião de público;

Figura 3.9 Sinalização por mensagem escrita.

Fonte: PMSP (2019e).

- Rotas de fuga: visam a indicar o trajeto completo das rotas de fuga até uma saída de emergência;

Figura 3.10 Sinalização de rota de fuga.

Fonte: PMSP (2019e).

- Obstáculos: visam indicar a existência de obstáculos nas rotas de fuga, como: pilares, arestas de paredes e vigas, desníveis de piso, fechamento de vãos com vidros ou outros materiais translúcidos e transparentes etc.;

Figura 3.11 Sinalização de obstáculos.

Fonte: PMSP (2019e).

- Demarcações de área: visam informar o público sobre os corredores de circulação assegurados para rotas de saída em áreas utilizadas para depósito de materiais, instalações de máquinas e equipamentos industriais e estacionamento de veículos;
- Identificação de sistemas hidráulicos fixos de combate a incêndio: visa identificar, por meio de pintura diferenciada, as tubulações e acessórios utilizados para sistemas de hidrantes e chuveiros automáticos.

3.8.1.4 Sistema de proteção por extintores

A Instrução Técnica 21/2019 – Sistema de Proteção por Extintores de Incêndio estabelece critérios para proteção contra incêndio em edificações e/ou áreas de risco por meio de extintores de incêndio, atendendo ao previsto no Decreto Estadual n. 63.911/2018.

Um extintor é formado por substâncias de características variadas: espuma mecânica; gás carbônico (CO2); pó químico seco; água pressurizada e compostos halogenados (halon). Eles podem ser portáteis ou sobre rodas (carretas), com capacidades variadas. De acordo com a categoria do incêndio, seleciona-se o tipo de extintor a ser empregado.

Os extintores devem, obrigatoriamente, obedecer às normas brasileiras, que são os regulamentos técnicos do Instituto Nacional de Metrologia, Normalização e Qualidade Industrial (Inmetro). Todos eles deverão possuir selo ou marca de conformidade de órgão competente credenciado, bem como trazer no rótulo informações quanto à sua adequada aplicação. Deverá também constar a data em que foi realizada manutenção e o número de identificação.

Os locais recomendados para a instalação dos extintores são os de fácil acesso, onde fiquem visíveis para todos os usuários e protegidos contra choques, devendo permanecer desobstruídos. Não devem ser localizados nas escadas e tampouco em locais com maior probabilidade de o fogo bloquear o acesso. Esses locais devem ser caracterizados pela existência de uma sinalização adequada.

Os extintores deverão ser distribuídos de modo a adequar-se à extinção dos tipos de incêndio dentro de sua área de proteção.

Cada extintor deve ter uma distância máxima de caminhamento de, no máximo, 25 m para risco baixo; 20 m para risco médio e 15 m para risco alto. Essa determinação dos riscos é feita de acordo com a carga incêndio encontrada na Instrução Técnica 14/2019 – Carga de Incêndio nas Edificações e Áreas de Risco, e Decreto Estadual n. 63.911/2018.

3.8.1.4.1 Instalação de extintores portáteis

Quando os extintores forem instalados em paredes ou divisórias devem ter altura máxima de fixação de 1,6 m do piso. A parte inferior do extintor deve permanecer, no mínimo, a 0,10 m do piso.

É permitida a instalação de extintores em abrigo ou sobre o piso acabado, desde que permaneçam apoiados em suportes apropriados, com altura recomendada entre 0,10 m e 0,20 m do piso.

Os extintores devem ser instalados em locais acessíveis e disponíveis para o emprego imediato em princípios de incêndio.

Os extintores não podem ser instalados em escadas. Os extintores devem permanecer desobstruídos e devidamente sinalizados de acordo com o estabelecido na Instrução Técnica 20.

Todos os pavimentos devem ser protegidos por, no mínimo, dois extintores, na proporção de uma unidade para Classe A e outra para Classe B e C. É permitida a instalação de duas unidades extintoras iguais de pó ABC.

O extintor de pó ABC poderá substituir qualquer tipo de extintor de classes específicas A, B e C dentro de uma edificação ou área de risco.

É permitida a instalação de uma única unidade extintora de pó ABC em edificações, mezaninos e pavimentos com área construída inferior a 50 m^2.

Os extintores de incêndio devem ser adequados à classe de incêndio predominante dentro da área de risco a ser protegida, de forma que sejam intercalados na proporção de dois extintores para o risco predominante e um para a proteção do risco secundário.

São aceitos extintores com acabamento externo em material cromado, latão ou metal polido, desde que possuam marca de conformidade expedida por órgão credenciado pelo Sistema Brasileiro de Certificação (Inmetro).

Os extintores instalados em edificações sujeitas a vandalismo podem permanecer trancados em abrigos específicos. As chaves devem ser do tipo segredo único e permanecer em local de fácil acesso e localização.

As capacidades extintoras devem ser as correspondentes a um só extintor, não sendo aceitas combinações de dois ou mais extintores, à exceção do extintor de água e de espuma mecânica.

Riscos específicos devem ser protegidos por extintores de incêndio, independentemente da proteção geral da edificação ou risco, como:

- casa de caldeira;
- casa de bombas;
- casa de força elétrica;
- casa de máquinas;
- galeria de transmissão;
- incinerador;
- elevador (casa de máquinas);
- escada rolante (casa de máquinas);
- quadros elétricos;
- transformadores;
- contêineres de telefonia;
- áreas destinadas ao armazenamento ou manipulação de gases ou líquidos combustíveis ou inflamáveis;
- locais com materiais metálicos pirofóricos;
- cozinhas profissionais.

A proteção por extintores de incêndio em instalações de líquidos inflamáveis e combustíveis, gás liquefeito de petróleo, Gás Natural, pátio de contêineres, heliponto, heliportos e outras instalações específicas deve atender aos parâmetros das respectivas Instruções Técnicas.

Deve ser instalado, pelo menos, um extintor de incêndio a não mais de 5m da entrada principal da edificação e das escadas nos demais pavimentos.

Em locais de abastecimentos e/ou postos de abastecimento e serviços onde os tanques de combustíveis são enterrados, além dos extintores instalados por percurso máximo e riscos específicos, devem ser instaladas mais duas unidades extintoras portáteis de pó químico seco (pó ABC ou BC) ou espuma mecânica em local de fácil acesso, próximo ao setor de abastecimento de veículos.

Nos pátios de contêineres, os extintores podem ser centralizados e localizados em abrigos sinalizados, no mínimo, em dois pontos distintos e opostos da área externa de armazenamento de contêineres, conforme prescreve a Instrução Técnica 36.

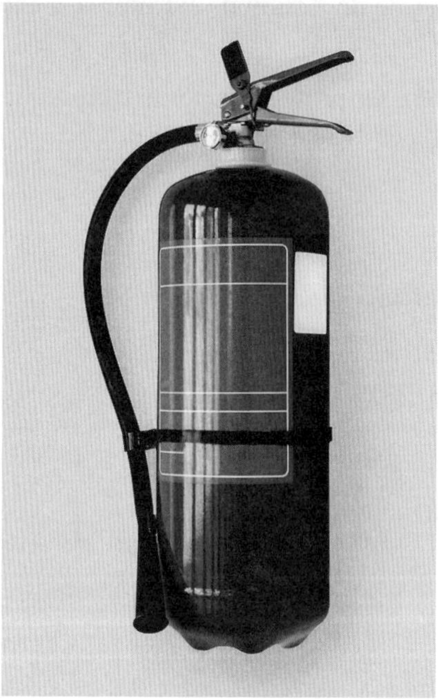

Figura 3.12 Extintor portátil.

3.8.1.4.2 Instalação de extintores sobre rodas (carretas)

Não é permitida a proteção de edificações ou áreas de risco unicamente por extintores sobrerrodas, admitindo-se, no máximo, a proteção da metade da área total correspondente ao risco, considerando o complemento por extintores portáteis, de forma alternada entre extintores portáteis e sobrerrodas na área de risco.

O emprego de extintores sobrerrodas só é considerado como proteção efetiva em locais que permitam o livre acesso.

Os extintores sobrerrodas devem ser localizados em pontos estratégicos e sua área de proteção deve ser restrita ao nível do piso em que se encontram.

A proteção por extintores sobrerrodas deve ser obrigatória nas edificações de risco alto, onde houver manipulação e/ou armazenamento de explosivos e líquidos inflamáveis ou combustíveis, exceto quando os reservatórios de inflamáveis ou combustíveis forem enterrados.

Figura 3.13 Extintor sobre rodas.

3.8.1.5 Sistema de proteção por chuveiros automáticos (*sprinklers*)

Esse tipo de instalação é de ação imediata e automática; logo iniciado um incêndio, o afluxo de água aos pontos de aplicação se faz independentemente de qualquer intervenção.

O chuveiro automático (*sprinkler*) é composto de uma "armadura" e um elemento termossensível. O bico de *sprinkler* é rosqueado a uma canalização pressurizada e permanece fechado pela tampa do elemento termossensível. No interior desse elemento contém um líquido que se expande conforme a temperatura, o que o faz romper, destravando o sistema e inundando o local. O *sprinkler* é o sistema mais eficaz na extinção do incêndio pois não depende da ação humana. Comumente é utilizado em *shopping centers*, hotéis, depósitos e edificações com grandes áreas cobertas

Os sistemas de proteção por *sprinkler* serão elaborados de acordo com critérios estabelecidos em Normas Técnicas Brasileiras, na Instrução Técnica 23/2019 - Sistema de Chuveiros Automáticos e na Instrução Técnica 24/2019 - Sistema de Chuveiros Automáticos para Área de Depósito.

Classificação do risco, área de operação, densidade, tabelas e demais parâmetros técnicos deverão seguir os critérios determinados pelas normas técnicas.

A norma brasileira que define os espaçamentos, a localização e o alcance ou área de cobertura dos chuveiros automáticos é a NBR 10897:2020 - Sistemas de Proteção contra Incêndio por Chuveiros Automáticos - Requisitos. Os espaçamentos e alcances dos chuveiros automáticos variam de acordo com os modelos e o posicionamento das instalações dos chuveiros automáticos, classificação dos riscos do local a serem protegido, áreas e distribuição espacial desses locais, características dos materiais e existência de obstruções nos tetos onde os chuveiros serão instalados. Para saber as áreas de cobertura máxima por chuveiro automático e a distância máxima entre chuveiros automáticos, o arquiteto deve consultar tabelas específicas.

A distância máxima permitida entre chuveiros automáticos deve ser baseada na distância entre chuveiros automáticos no mesmo ramal ou ramais adjacentes. A distância máxima deve ser medida ao longo da inclinação do telhado.

Para cada classe de risco, há tipos específicos de *sprinkler* a serem empregados. Como foi visto, o elemento operador do *sprinkler* é a ampola, feita de quartzoide, uma substância transparente altamente expansível e sensível ao calor, capaz de exercer uma força de rompimento bastante elevada quando aquecida à temperatura de funcionamento. Esse tipo de *sprinkler* tem um sistema de alarme hidráulico que é acionado quando o sistema entra em operação.

Figura 3.14 Chuveiro automático (*sprinkler*).

3.8.1.6 Sistemas de proteção por hidrantes e mangotinhos

A Instrução Técnica 22/2019 – Sistema de Hidrantes e de Mangotinhos para Combate a Incêndio tem o objetivo de fixar as condições necessárias exigíveis para dimensionamento, instalação, manutenção, aceitação e manuseio, bem como as características, dos componentes de sistemas de hidrantes e/ou de mangotinhos para uso exclusivo de combate a incêndio em edificações.

O mangotinho conta com saída simples de água, dotada de válvulas de abertura rápida, mangueira semirrígida, esguicho regulável e demais acessórios. Deve ser enrolado em "oito" ou em camadas nos carretéis e pode ser acionado por apenas uma pessoa. Seu abrigo deve ser de chapa metálica e dispor de ventilação.

Os hidrantes poderão ser instalados interna e/ou externamente à edificação, sendo que os internos deverão ser distribuídos de tal forma que qualquer ponto da área protegida possa ser alcançado, considerando-se, no máximo, 30 m de mangueira.

Os hidrantes e respectivas mangueiras devem ser instalados em abrigos que possuam portas desprovidas de fechadura e sinalizados de forma a serem localizados rapidamente, sem nenhuma obstrução. Devem ser localizados em pontos de fácil acesso, nas proximidades de portas externas, de escadas, de saídas, e permanecer visíveis a todos os usuários, não podendo, entretanto, ser instalados em escadas.

O abrigo pode ser construído em alvenaria, em materiais metálicos, em fibra ou vidro laminado, ou em outro material a critério do projetista, desde que atendam aos demais itens especificados, podendo ser pintados em qualquer cor, desde que sinalizados de acordo com a Instrução Técnica 20/2019 - Sinalização de Emergência.

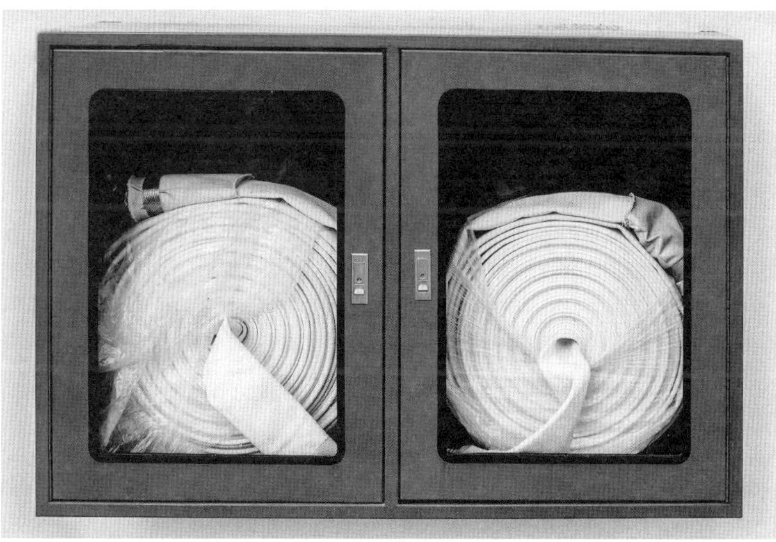

Figura 3.15 Abrigo de mangueiras.

Todos os sistemas devem ser dotados de dispositivo de recalque, consistindo em um prolongamento de mesmo diâmetro da tubulação principal, cujos engates sejam compatíveis com os usados pelo Corpo de Bombeiros.

O dispositivo de recalque deve ser preferencialmente do tipo coluna. Onde houver impossibilidade técnica o dispositivo de recalque pode ser instalado no passeio público.

Para os sistemas com vazão superior a 1.000 l/min deve haver duas entradas para o recalque de água por meio de veículo de combate a incêndio do Corpo de Bombeiros.

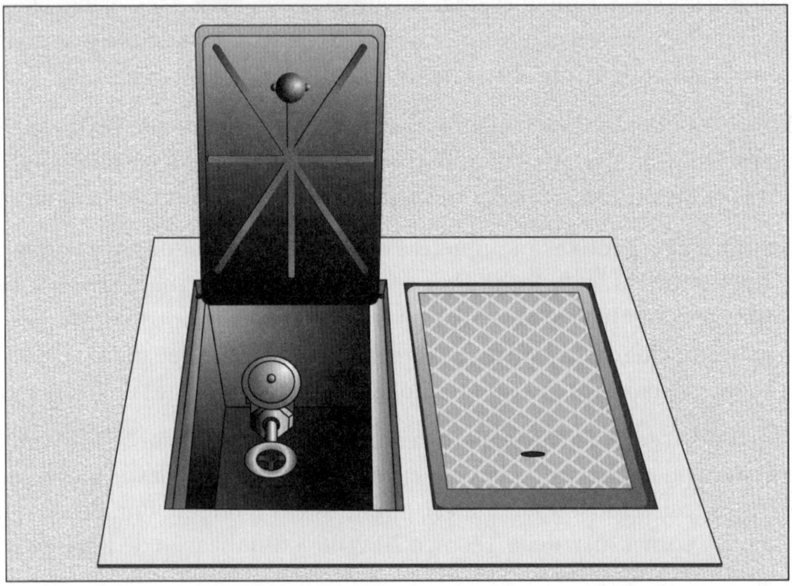

Figura 3.16 Dispositivo de recalque.

3.8.1.7 Reserva de incêndio no projeto arquitetônico

A água destinada ao combate a incêndio será acumulada em reservatório elevado, preferencialmente, ou em reservatório subterrâneo, e sua localização deverá ser acessível ao Corpo de Bombeiros. Poderá ser usado o mesmo reservatório para consumo normal e para combate a incêndios, desde que fique constantemente assegurada a reserva. Não é permitida a utilização de reserva de incêndio pelo emprego conjugado de reservatórios subterrâneo e elevado.

Se a opção escolhida for o reservatório superior, a reserva de incêndio calculada deverá ser acrescida à destinada ao consumo, sendo que a capacidade armazenada deve ser suficiente para garantir o funcionamento simultâneo, por gravidade, dos dois hidrantes localizados em condições mais desfavoráveis.

Poderá também ser utilizada uma bomba de incêndio, que apresenta como vantagem a execução do reservatório superior em cota independentemente da altura necessária para o atendimento às pressões mínimas exigidas pelo Corpo de Bombeiros, principalmente no último pavimento, onde a pressão é pequena.

Conforme Tabela 3.1, extraída da Instrução Técnica 22/2019 – Sistema de Hidrantes e de Mangotinhos para Combate a Incêndio, o volume da reserva de incêndio e o tipo de sistema a ser utilizado depende exclusivamente da ocupação da edificação e sua área.

Tabela 3.1 Aplicabilidade dos tipos de sistemas e volume da reserva de incêndio mínima

Áreas das edificações e áreas de risco	**Classificação das edificações e áreas de risco Conforme tabela 1 do regulamento de segurança contra incêndio**					
	A-2, A-3, C-1, D-1 (até 300 MJ/m²), D-2, D-3 (até 300 MJ/m²) , D-4 (até 300 MJ/m²), E-1, E-2, E-3, E-4, E-5, E-6, F-1 (até 300 MJ/m²), F-2, F-3, F-4, F-8, G-1, G-2, G-3, G-4, H-1, H-2, H-3, H-5, H-6, I-1, J-1, J-2 e M-3		**D-1 (acima de 300 MJ/m²), D-3 (acima de 300 MJ/m²), D-4 (acima de 300 MJ/m²), B-1, B-2, C-2 (acima de 300 até 1000 MJ/m²), C-3, F-1 (acima de 300 MJ/m²), F-5, F-6, F-7, F-9, F-10, F-11, H-4, I-2, (acima de 300 até 800 MJ/m²), J-2 e J-3 (acima de 300 até 800 MJ/m²) e K-1**	**C-2 (acima de 1000 MJ/m²), I-2 (acima de 800 MJ/m²), J-3 (acima de 800 MJ/m²), L-1 e M-1**	**G-5, I-3, J-4, L-2, L-3 e M-7**	
Até 2.500 m²	Tipo 1 RTI 5 m³	Tipo 2 RTI 8 m³	Tipo 3 RTI 12 m³	Tipo 4 RTI 28 m³	Tipo 4 RTI 32 m³	
Acima de 2.500 m² até 5.000 m²	Tipo 1 RTI 8 m³	Tipo 2 RTI 12 m³	Tipo 3 RTI 18 m³	Tipo 4 RTI 32 m³	Tipo 4 RTI 48 m³	
Acima de 5.000 m² até 10.000 m²	Tipo 1 RTI 12 m³	Tipo 2 RTI 18 m³	Tipo 3 RTI 25 m³	Tipo 4 RTI 48 m³	Tipo 5 RTI 64 m³	
Acima de 10.000 m² até 20.000 m²	Tipo 1 RTI 18 m³	Tipo 2 RTI 25 m³	Tipo 3 RTI 35 m³	Tipo 4 RTI 64 m³	Tipo 5 RT. 96 m³	
Acima de 20.000 m²	Tipo 1 RTI 25 m³	Tipo 2 RTI 35 m³	Tipo 3 RTI 48 m³	Tipo 4 RTI 96 m³	Tipo 5 RTI 120 m³	
Acima de 50.000 m²	Tipo 1 RTI 35 m³	Tipo 2 RTI 48 m³	Tipo 3 RTI 70 m³	Tipo 4 RTI 120 m³	Tipo 5 RTI 180 m³	

Fonte: PMSP (2019f).

Tabela 3.2 Tipos de sistemas de proteção por hidrantes ou mangotinho

Tipo	Esguicho regulável (DN)	Mangueiras de incêndio		Número de expedições	Vazão mínima na válvula do hidrante mais desfavorável (L/min)	Pressão mínima na válvula do hidrante mais desfavorável (mca)
		DN (mm)	Comprimento (m)			
1	25	25	30	simples	100	80
2	40	40	30	simples	150	30
3	40	40	30	simples	200	40
4	40	40	30	simples	300	65
	65	65	30	simples	300	30
5	65	65	30	duplo	600	60

Fonte: PMSP (2019f).

Tabela 3.3 Componentes para cada hidrante ou mangotinho

Materiais	Tipos de sistemas				
	1	2	3	4	5
Abrigo(s)	Opcional	Sim	Sim	Sim	Sim
Mangueira(s) de incêndio	Não	Tipo 1 (residencial) ou Tipo 2 (demais ocupações)	Tipo 2, 3, 4 ou 5	Tipo 2, 3, 4 ou 5	Tipo 2, 3, 4 ou 5
Chaves para hidrantes, engate	Não	Sim	Sim	Sim	Sim
Esguicho(s) avulso(s)	Não	Sim	Sim	Sim	Sim
Mangueira semirrígida com esguicho	Sim	Não	Não	Não	Não

Fonte: PMSP (2019f).

As Tabelas 3.1, 3.2 e 3.3 demonstram se o sistema deve possuir mangotinho (tipo 1) ou mangueiras (tipos 2, 3, 4 ou 5), além de apontar a vazão e a pressão mínima no hidrante mais desfavorável, o qual deverá ser o ponto de partida para o cálculo hidráulico e a determinação da potência do conjunto motobomba.

Para entendermos melhor o enquadramento de cada tipo de edificação devemos consultar a Tabela 1, Classificação das edificações e áreas de risco quanto à ocupação, do Decreto Estadual n. 63.911/2018.

3.8.2 MEDIDAS PASSIVAS DE PROTEÇÃO

Assim como os sistemas ativos, os sistemas passivos (como isolamento de risco, compartimentação, saídas de emergência, acesso de viaturas, segurança estrutural e controle de materiais de acabamento) também são importantes medidas de segurança contra incêndio. Essas medidas devem ser analisadas pelo arquiteto antes e durante a elaboração do projeto arquitetônico.

3.8.2.1 Separação entre edificações

De acordo com a Instrução Técnica 07/2019 - Separação entre Edificações - Isolamento de Risco, o objetivo é controlar o risco de propagação do incêndio por radiação de calor, convecção de gases quentes e transmissão de chama, garantindo que o incêndio proveniente de uma edificação não se propague para outra.

Assim, há duas maneiras de isolar uma edificação em relação à outra: por meio de distanciamento seguro (isolamento) entre as fachadas e por meio de barreiras estanques entre edifícios contíguos.

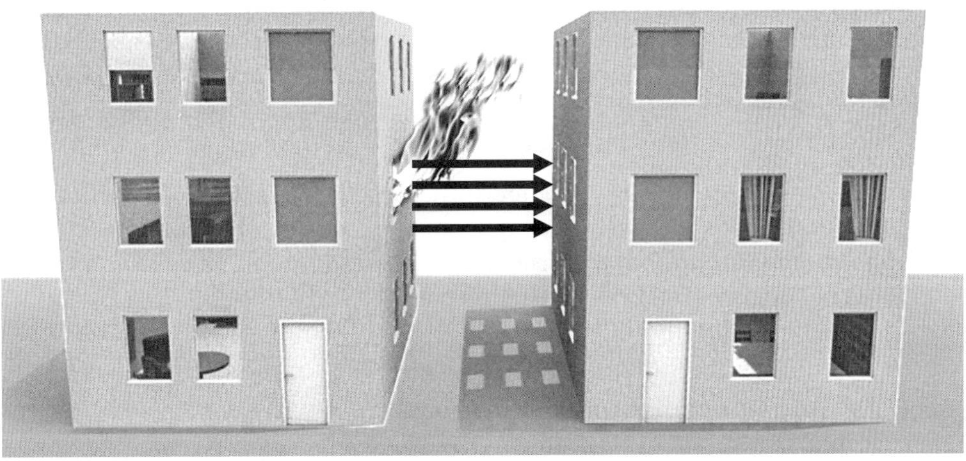

Figura 3.17 Propagação entre fachadas.

Fonte: PMSP (2019b).

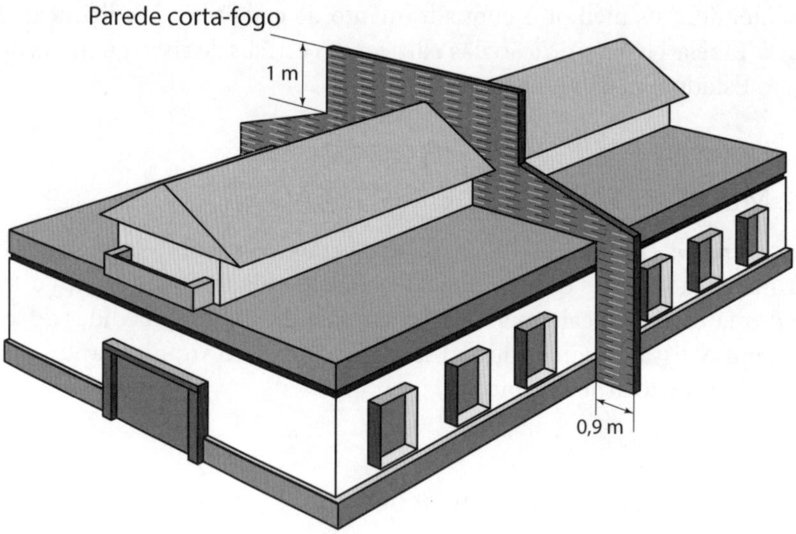

Figura 3.18 Parede corta-fogo.

Fonte: PMSP (2019b).

3.8.2.2 Compartimentação

A compartimentação de um ambiente tem a função de evitar a dispersão de gases e fumaça (interna e externamente) no mesmo pavimento ou para andares superiores; manter as rotas de fuga seguras contra os efeitos do incêndio; facilitar as operações de resgate e combate ao incêndio. Trata-se de uma proteção passiva constituída de elementos de construção resistentes ao fogo.

A Instrução Técnica 09/2011 – Compartimentação Horizontal e Compartimentação Vertical estabelece os parâmetros de compartimentação horizontal e vertical, atendendo ao previsto no Decreto Estadual n. 63.911/2018, que se aplica a todas as edificações nas quais é exigida a compartimentação.

3.8.2.2.1 Compartimentação horizontal

A compartimentação horizontal se destina a impedir a propagação de incêndio do pavimento de origem para outros ambientes no plano horizontal. Ela pode ser obtida por meio dos seguintes dispositivos: paredes e portas corta-fogo; registros corta-fogo nos dutos que traspassam as paredes corta-fogo; selagem corta-fogo da passagem de cabos elétricos e tubulações das paredes corta-fogo; vedadores corta-fogo e afastamentos horizontais entre as aberturas.

As portas corta-fogo são próprias para isolamento e proteção das rotas de fuga, retardando a propagação do fogo e da fumaça. Sua abertura deve ser no sentido de saída das pessoas. Seu fechamento deve ser completo, mas jamais devem ser trancadas com cadeados ou fechaduras. Todas devem possuir selo de conformidade ABNT.

Figura 3.19 Compartimentação por porta corta-fogo.

3.8.2.2.2 Compartimentação vertical

A compartimentação vertical se destina a impedir a propagação de incêndio no sentido vertical, ou seja, entre pavimentos elevados consecutivos. Pode ser feita na envoltória ou no interior dos edifícios.

Os elementos construtivos da compartimentação vertical são: entrepisos corta-fogo; enclausuramento de escadas, por meio de parede corta-fogo; enclausuramento de poços de elevadores e monta-carga, por meio de parede corta fogo; selos corta-fogo; registros corta-fogo (*dampers*); vedadores corta-fogo; elementos construtivos corta-fogo e para-chama de separação vertical entre pavimentos consecutivos; selagem perimetral corta-fogo e dispositivos automatizados de enrolar corta-fogo.

Alturas superiores a 12 m, até 30 m, contam com algumas alternativas à compartimentação, como chuveiros e detectores automáticos.

Quando a compartimentação vertical é feita na envoltória do edifício, existem duas possibilidades: aberturas de pavimentos consecutivos distanciados em, no mínimo, 1,20 m; caso não seja possível, é necessário executar o prolongamento da laje.

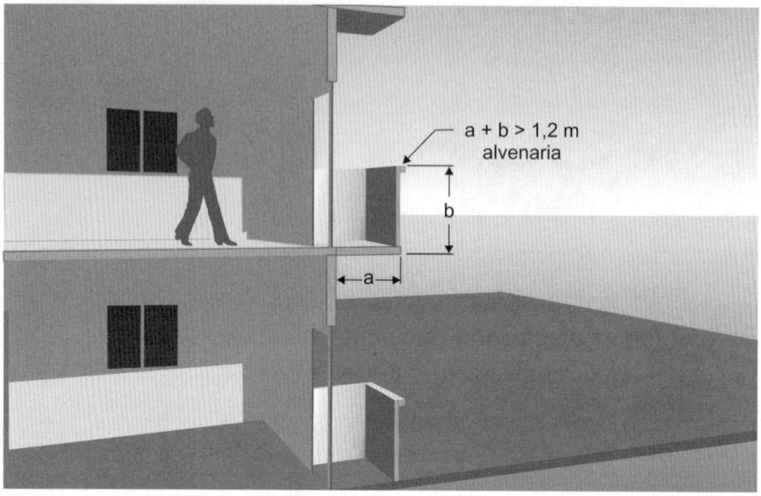

Figura 3.20 Compartimentação em composição entra aba e verga-peitoril.

Fonte: PMSP (2019c).

A compartimentação interior entre pavimentos pode ser feita por entrepisos, lajes de concreto armado ou protendido ou por materiais que garantam a isolação.

As fachadas envidraçadas devem contar com materiais incombustíveis e, atrás do vidro, devem existir elementos resistentes ao fogo, que garantam a separação de 1,20 m entre pisos.

Figura 3.21 Compartimentação vertical com fachada envidraçada.

Fonte: PMSP (2019c).

3.8.2.3 Saídas de emergência em edificações

A previsão de saídas de emergência em um projeto de arquitetura é fundamental para garantir a segurança dos ocupantes em situações de risco, como incêndios, desastres naturais e outros eventos que possam colocar em risco a integridade física dos usuários.

As saídas de emergência devem ser previstas de acordo com as normas e regulamentos aplicáveis, levando em consideração o número de ocupantes, a capacidade do edifício, a localização e o tipo de uso das edificações.

A Instrução Técnica 11/2019 – Saídas de Emergência tem o objetivo de estabelecer os requisitos mínimos necessários para o dimensionamento das saídas de emergência, para que sua população possa abandonar a edificação, em caso de incêndio ou pânico, completamente protegida em sua integridade física e permitir o acesso de guarnições de bombeiros para o combate ao fogo ou retirada de pessoas, atendendo ao previsto no Decreto Estadual n. 63.911/2018.

Essa instrução se aplica a todas as edificações, exceto para os locais destinados a eventos esportivos e espetáculos artístico-culturais com capacidade acima de 2.500 pessoas, regidos pela Instrução Técnica 12/2019 – Centros Esportivos e de Exibição.

As saídas de emergência compreendem: acesso ou corredores; rotas de saída horizontais, quando houver, e respectivas portas ou ao espaço livre exterior, nas edificações térreas ou no pavimento de saída/descarga das pessoas nas edificações com mais de um pavimento; escadas ou rampas; descarga; elevadores de emergência. Elas são dimensionadas em função da população da edificação. Sua largura deve ser dimensionada em função do número de pessoas que por elas deva transitar.

De acordo com Instrução Técnica 11/2019, os acessos a saídas de emergência devem satisfazer às seguintes condições:

- permitir o escoamento fácil de todos os ocupantes da edificação;
- permanecer desobstruídos em todos os pavimentos;
- ter larguras calculadas de acordo com a Instrução Técnica 11/2019;
- ter pé-direito mínimo de 2,30 m, com exceção de obstáculos representados por vigas, vergas de portas e outros, cuja altura mínima livre deve ser de 2,10 m;
- ser sinalizados e iluminados com indicação clara do sentido da saída de acordo com o estabelecido nas Instruções Técnicas 18/2019 e 20/2019.

O número de saídas de emergência, a lotação máxima da edificação e as distâncias máximas a serem percorridas para atingir as saídas de emergência são calculadas conforme critérios adotados pela Instrução Técnica 11/2019.

Figura 3.22 Saídas de emergência.

3.8.2.4 Escadas

As escadas comuns (não enclausuradas), embora possam fazer parte de uma rota de saída, comunicam-se diretamente com os demais ambientes, como corredores, *halls* e outros, em cada pavimento, não possuindo portas corta-fogo. Já as escadas enclausuradas são protegidas com paredes resistentes ao fogo e portas corta-fogo.

De acordo com a Instrução Técnica 02/2019 – Conceitos Básicos de Segurança contra Incêndio, em determinadas situações, as escadas enclausuradas também devem ser dotadas de antecâmaras enclausuradas, de maneira a dificultar o acesso de fumaça no interior da caixa de escada.

As dimensões mínimas (largura e comprimento) são determinadas pela Instrução Técnica 11/2019. A antecâmara só deve dar acesso à escada, e a porta, entre ambas, quando aberta, não deve avançar sobre o patamar da mudança de direção, de forma a não prejudicar a livre circulação. Para prevenir a penetração do fogo e da fumaça desprendidos por meio das fachadas do edifício em eventuais aberturas de ventilação na escada e na antecâmara, deve ser mantida uma distância horizontal mínima entre essas aberturas e as janelas do edifício.

A largura mínima das escadas de segurança varia conforme os códigos e normas técnicas, sendo, normalmente, 2,20 m para hospitais e 1,20 m para as demais ocupações, devendo possuir patamares retos nas mudanças de direção com largura mínima igual à largura da escada. As escadas de segurança devem possuir altura e largura ergométrica nos degraus, corrimãos corretamente posicionados, piso antiderrapante, além de outras exigências para conforto e segurança.

A escada também pode ser à prova de fumaça pressurizada. Trata-se de um sistema de controle mecânico do movimento da fumaça que pressuriza escadas de prédios, garantindo um ambiente livre de fumaça, em caso de incêndio. Os sistemas de pressurização devem atender às seguintes exigências: sistema de acionamento e alarme; suprimento mecânico de ar externo; trajetória de escape do ar; fonte de energia garantida. Esse sistema também permite que o Corpo de Bombeiros tenha melhores condições de combater o fogo no edifício. O sistema de pressurização elimina a necessidade de fazer antecâmaras, diminuindo significativamente a área construída, como prevê a NBR 9077:2001 - Saídas de emergência em edifícios.

3.8.2.4.1 Caixas das escada

A caixa de escada é um elemento importante em um projeto de saída de emergência, pois é através dela que os ocupantes podem acessar as rotas de fuga e evacuar o edifício em caso de emergência.

As interfaces da caixa de escada com a saída de emergência incluem portas de acesso, sinalização, iluminação, ventilação e proteção contra incêndio. Todas essas interfaces devem ser projetadas de forma a garantir a segurança dos ocupantes, em caso de emergência, seguindo as normas e regulamentos aplicáveis.

De acordo coma Instrução Técnica 11/2019 que estabelece os requisitos mínimos necessários para o dimensionamento das Saídas de Emergência em Edificações:

- As paredes das caixas de escada, das guardas, dos acessos e das descargas devem ter acabamento liso;
- As caixas de escada não podem ser utilizadas como depósitos ou guarda de lixeiras, mesmo por curto espaço de tempo, nem para colocação de quaisquer móveis ou equipamentos, exceto os previstos especificamente na IT 11/19;
- Nas caixas de escada não podem existir aberturas para tubulações de lixo, para passagem de rede elétrica, centros de distribuição elétrica, armários para medidores de gás e assemelhados;
- As paredes das caixas de escada enclausuradas devem garantir e possuir tempo de resistência ao fogo de, no mínimo, 120 minutos;

- Os pontos de fixação das escadas metálicas na caixa de escada devem possuir tempo de resistência ao fogo de 120 minutos.

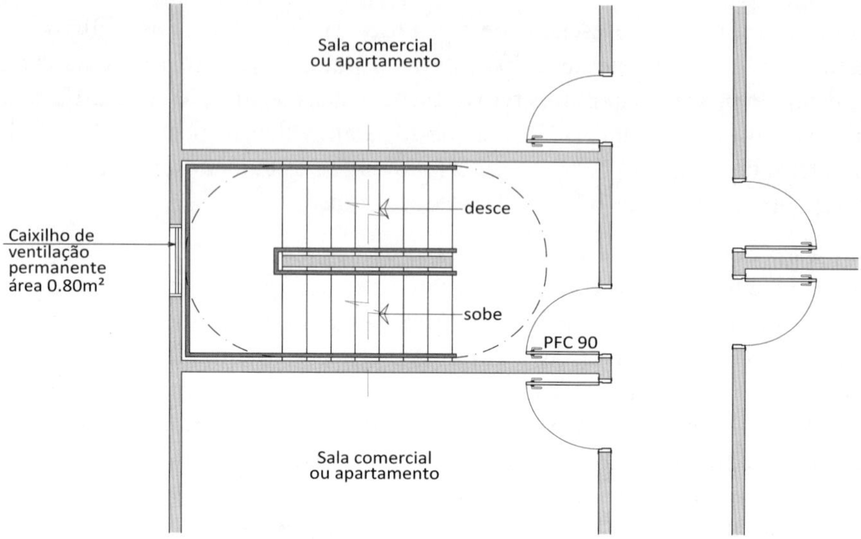

Figura 3.23 Escada enclausurada protegida.

Fonte: PMSP (2019d).

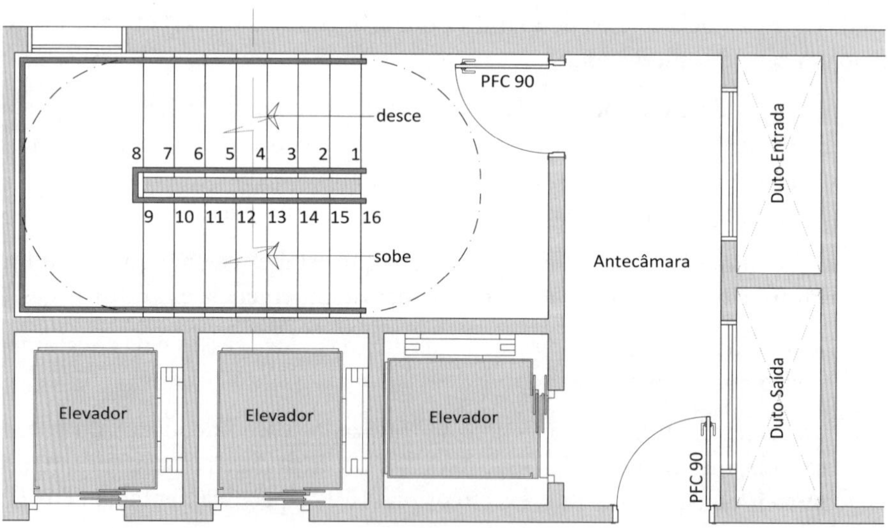

Figura 3.24 Escada enclausurada à prova de fumaça.

Fonte: PMSP (2019d).

3.8.2.4.2 Antecâmaras

As antecâmaras, para ingresso na escada enclausurada, devem atender aos seguintes requisitos da Instrução Técnica 11/2019:

- ter comprimento mínimo de 1,8 m;
- ter pé-direito mínimo de 2,3 m;
- ser dotadas de porta corta-fogo (PCF) na entrada, com resistência de 60 minutos de fogo cada;
- ser ventilada por dutos de entrada e saídas de ar, os quais devem ficar entre as PCF para garantia da ventilação;
- ter abertura de entrada de ar do duto respectivo situado junto ao piso ou, no máximo, a 40 cm deste, com área mínima de 0,84 m^2 e, quando retangular, obedecendo à proporção máxima de 1:4 entre suas dimensões;
- ter abertura de saída de ar do duto respectivo situado junto ao teto ou, no máximo, a 40 cm deste, com área mínima de 0,84 m^2 e, quando retangular, obedecendo à proporção máxima de 1:4 entre suas dimensões;
- ter, entre as aberturas de entrada e de saída de ar, a distância vertical mínima de 30 cm, entre a base inferior da abertura superior e da base superior da abertura inferior;
- ter a abertura de saída de gases e fumaça (DS), no máximo, a uma distância horizontal de 3 m, medida em planta, da porta de entrada da antecâmara, e a abertura de entrada de ar (DE) situada, no máximo, a uma distância horizontal de 3 m, medida em planta, da porta de entrada da escada;
- ter paredes resistentes ao fogo por, no mínimo, 120 minutos, no mínimo;
- as aberturas dos dutos de entrada de ar e saída de gases e fumaça das antecâmaras devem ser guarnecidas ou protegidas, e devem manter a ventilação efetiva de 0,84 m^2;
- não é necessária antecâmara no pavimento de descarga da escada.

3.8.2.4.3 Balcões, varandas e terraços

Os balcões, varandas terraços e assemelhados, para ingresso na escada enclausurada, devem atender aos seguintes requisitos da Instrução Técnica 11/2019:

- ser dotados de portas corta-fogo na entrada e na saída, com resistência mínima de 60 minutos;
- ter guarda de material incombustível e não vazada, com altura mínima de 1,30 m;

- ter piso praticamente em nível e desnível máximo de 30 mm dos compartimentos internos do prédio e da caixa de escada enclausurada;
- em se tratando de terraço a céu aberto, não situado no último pavimento, o acesso deve ser protegido por marquise com largura mínima de 1,20 m;
- a distância horizontal entre o paramento externo das guardas dos balcões, varandas e terraços que sirvam para ingresso às escadas enclausuradas à prova de fumaça e qualquer outra abertura desprotegida do próprio prédio ou das divisas do lote deve ser, no mínimo, igual a um terço da altura da edificação, ressalvando que essa distância pode ser reduzida à metade, isto é, a um sexto da altura, mas nunca a menos de 3 m, quando:
  - ▹ o prédio for dotado de chuveiros automáticos;
  - ▹ o somatório das áreas de abertura das paredes fronteiriças à edificação considerada não ultrapassar um décimo da área total dessa parede;
  - ▹ a edificação considerada não tiver ocupação comercial e industrial.

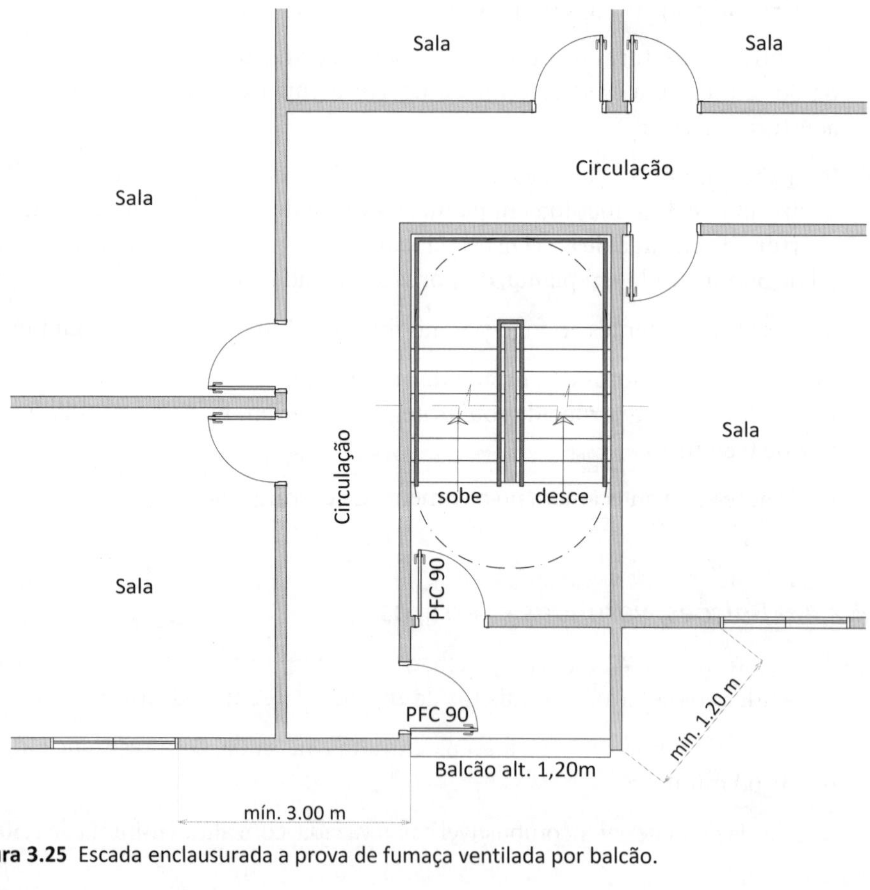

Figura 3.25 Escada enclausurada a prova de fumaça ventilada por balcão.

Fonte: PMSP (2019d).

3.8.2.5 Elevadores de emergência

De acordo com a Instrução Técnica 11/2019, há necessidade de instalação de elevadores de emergência:

- em todas as edificações residenciais (multifamiliar e coletiva), com altura superior a 80 m; nas demais ocupações com altura superior a 60 m, excetuadas as garagens sem acesso de público e sem abastecimento de combustível; em torres exclusivamente monumentais, como igrejas, capelas e outros locais religiosos;
- nas ocupações institucionais (hospitais, clínicas, ambulatórios, pronto-socorros e postos de saúde), sempre que sua altura ultrapassar 12 m, sendo um elevador de emergência para cada área de refúgio.

Os elevadores devem apresentar a possibilidade de ser operados pela brigada do edifício ou pelos bombeiros e estar localizados em área protegida dos efeitos do incêndio. O número de elevadores de emergência necessário a suas localizações é estabelecido levando-se em conta as áreas dos pavimentos e as distâncias a percorrer, para serem alcançados a partir de qualquer ponto do pavimento.

Enquanto não houver norma específica referente a elevadores de emergência, estes deverão atender a todas as normas gerais de segurança previstas na NBR 5410:2004 - Instalações elétricas de baixa tensão e na NBR 9077:2001 - Saídas de emergência em edifícios, ou seja:

- ter sua caixa enclausurada por paredes resistentes a 120 minutos de fogo, independente dos elevadores de uso comum;
- ter suas portas metálicas abrindo para antecâmara ventilada; para varanda; para *hall* enclausurado e pressurizado; para patamar de escada pressurizada ou local análogo do ponto de vista de segurança contra fogo e fumaça;
- ter circuito de alimentação de energia elétrica com chave própria, independente da chave geral do edifício, com chave reversível no piso da descarga, que possibilite que ele seja ligado a um gerador externo na falta de energia elétrica na rede pública;
- deve estar ligado a um grupo motogerador (GMC) de emergência.

3.8.2.6 Acesso de viaturas na edificação e áreas de risco

Na elaboração de projetos de condomínios residenciais, comerciais e industriais que tenham arruamento interno, o arquiteto deve consultar as exigências da Instrução Técnica 06/2019 – Acesso de Viaturas na Edificação e Áreas de Risco.

Seu objetivo consiste em prescrever condições mínimas para o acesso de viaturas de bombeiros nas edificações e áreas de risco, visando o emprego operacional do Corpo de Bombeiros da Polícia Militar do Estado de São Paulo, atendendo ao previsto no Decreto Estadual n. 63.911/2018.

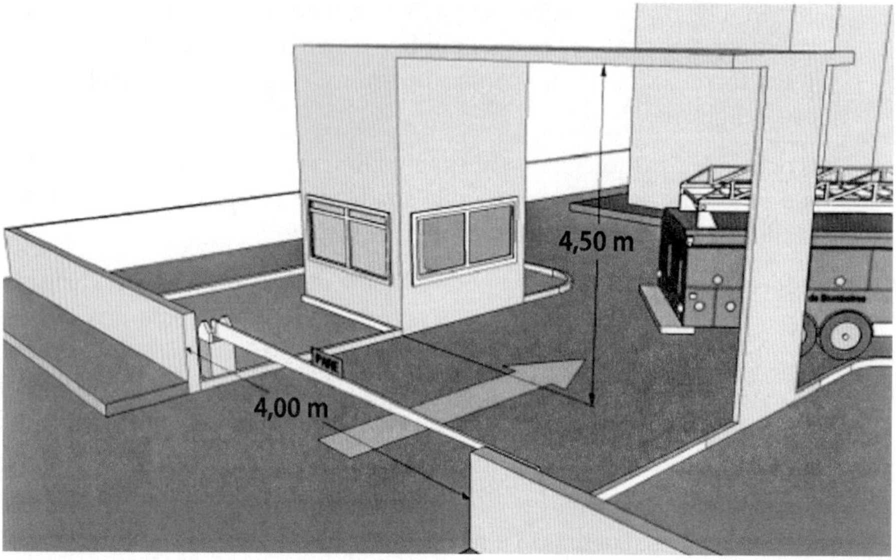

Figura 3.26 Largura e altura mínima do portão de acesso da edificação.

Fonte: PMSP (2019a).

3.8.2.7 Segurança estrutural nas edificações

Todas as edificações e áreas de risco onde for exigida a segurança estrutural contra incêndio devem obedecer aos parâmetros e exigências da Instrução Técnica 08/2019 – Segurança Estrutural contra Incêndio.

Seu objetivo consiste em estabelecer as condições a serem atendidas pelos elementos estruturais e de compartimentação que integram as edificações, quanto aos Tempos Requeridos de Resistência ao Fogo (TRRF), para que, em situação de incêndio, seja evitado o colapso estrutural por tempo suficiente para possibilitar a saída segura das pessoas e o acesso para as operações do Corpo de Bombeiros, atendendo ao previsto no Decreto Estadual n. 63.911/2018.

Na ausência de norma nacional sobre dimensionamento das estruturas em situação de incêndio, adota-se o Eurocode em sua última edição, ou norma similar reconhecida internacionalmente. No momento da publicação de norma nacional sobre o assunto, esta passará a ser adotada nos termos da Instrução Técnica 08/2019.

Os tempos requeridos de resistência ao fogo (TRRF) são aplicados aos elementos estruturais e de compartimentação, conforme os critérios estabelecidos na IT 08/2019 e em seu Anexo A.

Para comprovar os TRRF, são aceitas as seguintes metodologias:

a) execução de ensaios específicos de resistência ao fogo em laboratórios;

b) atendimento a tabelas elaboradas a partir de resultados obtidos em ensaios de resistência ao fogo;

c) modelos matemáticos (analíticos) devidamente normatizados ou internacionalmente reconhecidos.

Para os elementos de compartimentação, admitem-se as metodologias "a" e "b". Para os elementos estruturais, as três metodologias podem ser aceitas.

3.8.2.8 Controle de materiais de acabamento e revestimento

Em edifícios, é importante garantir que os materiais de acabamento e revestimento atendam aos padrões de segurança contra incêndio, como a classificação de reação ao fogo. Essa classificação avalia a capacidade do material de resistir à resistência do fogo e à emissão de fumaça tóxica.

A Instrução Técnica 10/2019 – Controle de Materiais de Acabamento e Revestimento (CMAR) tem o objetivo de estabelecer as condições a serem atendidas pelos materiais de acabamento e de revestimento empregados nas edificações, para que, na ocorrência de incêndio, restrinjam a propagação de fogo e o desenvolvimento de fumaça.

Além das definições constantes da IT 03/2019 – Terminologia de Segurança contra Incêndio, aplicam-se as definições específicas a seguir:

- Materiais de revestimento: todo material ou conjunto de materiais empregados nas superfícies dos elementos construtivos das edificações, tanto nos ambientes internos como nos externos, com finalidades de atribuir características estéticas, de conforto, de durabilidade etc. Incluem-se como material de revestimento os pisos, forros e as proteções térmicas dos elementos estruturais;
- Materiais de acabamento: todo material ou conjunto de materiais utilizados como arremates entre elementos construtivos (rodapés, mata-juntas, golas etc.);
- Materiais termoacústicos: todo material ou conjunto de materiais utilizados para isolação térmica e/ou acústica.

O CMAR empregado nas edificações destina-se a estabelecer padrões para o não surgimento de condições propícias do crescimento e da propagação de incêndios, bem como da geração de fumaça.

Deve ser exigido o CMAR em razão da ocupação da edificação e em função da posição dos materiais de acabamento, materiais de revestimento e materiais termoacústicos, visando:

a) piso;

b) paredes/divisórias;

c) teto/forro;

d) cobertura.

As exigências quanto a utilização dos materiais serão requeridas conforme a classificação em tabela na Instrução Técnica 10/2019, incluindo as disposições estabelecidas nas respectivas notas genéricas.

CAPÍTULO 4

Interfaces dos sistemas elétricos prediais

4.1 CONSIDERAÇÕES GERAIS

O projeto de instalações elétricas prediais é uma representação gráfica e escrita do que se pretende instalar na edificação, com todos os seus detalhes e a localização dos pontos de utilização (luz, tomadas, interruptores, comandos, passagem e trajeto dos condutores, dispositivos de manobras etc.).

Quando bem elaborado e corretamente dimensionado, com materiais de qualidade comprovada e também integrado de uma maneira racional, harmônica e tecnicamente correta com o projeto de arquitetura, o projeto de instalações elétricas gera significativa economia na aquisição de materiais e na execução das instalações, além de evitar o super ou subdimensionamento de circuitos, disjuntores desarmados, falta de segurança nas instalações (incêndios, perda de equipamentos, choques elétricos) e dificuldade para a execução das instalações desconformes com as normas vigentes.

O tempo despendido na compatibilização entre o projeto arquitetônico e o de instalações elétricas será recuperado quando na execução de ambos, evitando desperdício de energia e o mau funcionamento dos aparelhos e equipamentos e permitindo fácil operação e manutenção de toda a instalação.

Cabe ao responsável pelo projeto arquitetônico estudar, com os usuários da edificação, como será a iluminação, onde estarão os pontos futuros de tomadas, telefonia, lógica, antenas etc.

A disposição dos móveis e, consequentemente, dos aparelhos eletrônicos e luminárias deve ser considerada como fundamento básico para a elaboração do projeto. Resolvidas essas questões, entra em cena o projetista de instalações elétricas para definir os circuitos, a bitola (seção nominal) dos fios e cabos e o dimensionamento e distribuição dos conduítes.

Para a elaboração dos projetos, deve ser consultada a concessionária de energia elétrica, que fixa os requisitos mínimos indispensáveis para a ligação das unidades consumidoras.

Além das normas da concessionária e das normas específicas aplicáveis, também devem ser consultadas as normas técnicas da ABNT, principalmente a NBR 5410:2004 (Instalações elétricas de baixa tensão: procedimentos), que contém prescrições relativas ao projeto, à execução, à verificação final da obra e à manutenção das instalações elétricas.

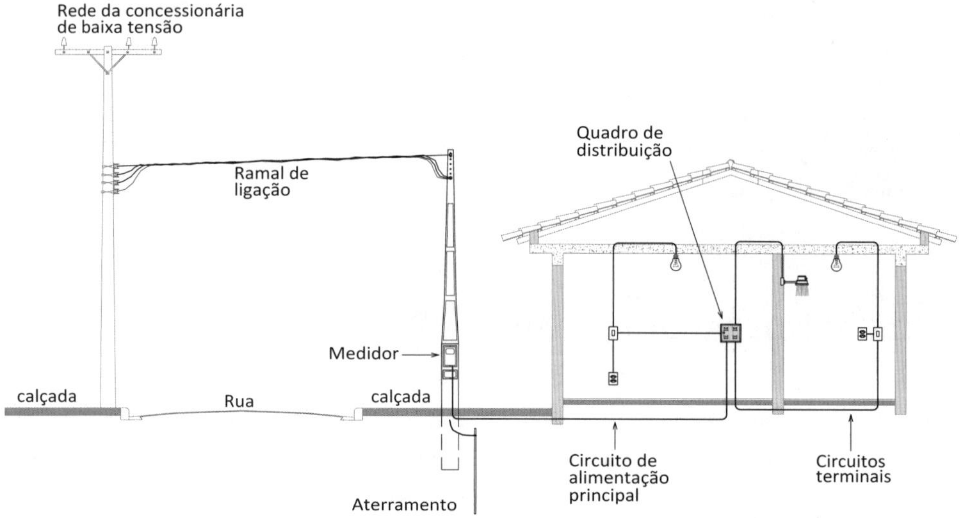

Figura 4.1 Esquema de instalação elétrica.

4.2 PADRÃO DE ENTRADA

No momento em que a Concessionária for realizar a ligação nova, o "padrão de entrada" da energia deve estar pronto, composto por postinho, caixa de medição e proteção, cabos, disjuntor e DPS de acordo com a norma técnica. Somente serão aceitas caixas de medição e postes cujos protótipos tenham sido homologados pela Distribuidora. A norma técnica referente à instalação do padrão de entrada e outras informações a esse respeito deverão ser obtidas na agência local da concessionária fornecedora de energia elétrica.

Para evitar problemas no fornecimento de energia elétrica, o padrão de entrada deve ser dimensionado pelo engenheiro eletricista e executado por profissionais capacitados. Todo poste deve vir com um traço demarcatório que indica até que ponto o poste deve ser enterrado. Esse traço, que fica a 1,35 m da base do poste, precisa ficar ao nível do solo para garantir a estabilidade e as alturas corretas. Uma vez pronto o padrão de entrada, compete à concessionária fornecedora de energia fazer a sua inspeção.

Estando tudo dentro dos parâmetros da norma, a concessionária instala e liga o medidor e o ramal de serviço. Desse modo, a energia elétrica entregue pela concessionária estará disponível para ser utilizada na edificação. Pelo circuito de distribuição, essa energia é levada do medidor até o quadro de distribuição, também conhecido como quadro de luz.

Devem ser utilizados, para proteção geral da entrada consumidora, disjuntores termomagnéticos unipolares, para atendimento monofásico; bipolares, para atendimento bifásico; e tripolares, para atendimento trifásico.

A proteção geral deve ser localizada depois da medição e executada pelo cliente de acordo com o que estabelece a norma da concessionária local. Toda unidade consumidora deve ser equipada com um dispositivo de proteção que permita interromper o fornecimento e assegure a adequada proteção. De acordo com a Companhia Paulista de Força e Luz (CPFL), além da proteção geral instalada depois da medição, o cliente tem de possuir em sua área privativa um ou mais quadros para instalação de proteção para circuitos parciais, conforme prescrição da NBR 5410:2004. Devem ser previstos dispositivos de proteção contra quedas de tensão ou falta de fase em equipamentos que, pelas suas características, possam ser danificados por essas ocorrências.

As solicitações de novas ligações têm a obrigatoriedade de instalação de dispositivos de proteção contra surtos (DPS) nos padrões de entrada de energia. É obrigatória sua instalação no padrão de entrada, de acordo com as prescrições da NBR 5410:2004 (veja Seção "Dispositivos de Proteção contra Surtos").

Com o passar do tempo é bastante comum que o padrão de entrada fique deteriorado, passando a oferecer riscos de acidentes e até mesmo desligamentos no fornecimento de energia.

Por isso, a CPFL orienta sobre a importância da manutenção periódica e a substituição das estruturas antigas pelos modelos novos que, além de garantir maior segurança, obedecem aos padrões determinados pelo órgão regulador.

A principal diferença do modelo novo é que os componentes, atualmente ficam alocados dentro da estrutura, tanto a caixa que abriga o medidor como os eletrodutos, colaborando para o aumento da segurança e até da vida útil do postinho.

O esquema a seguir caracteriza a entrada de energia elétrica dentro de uma unidade consumidora.

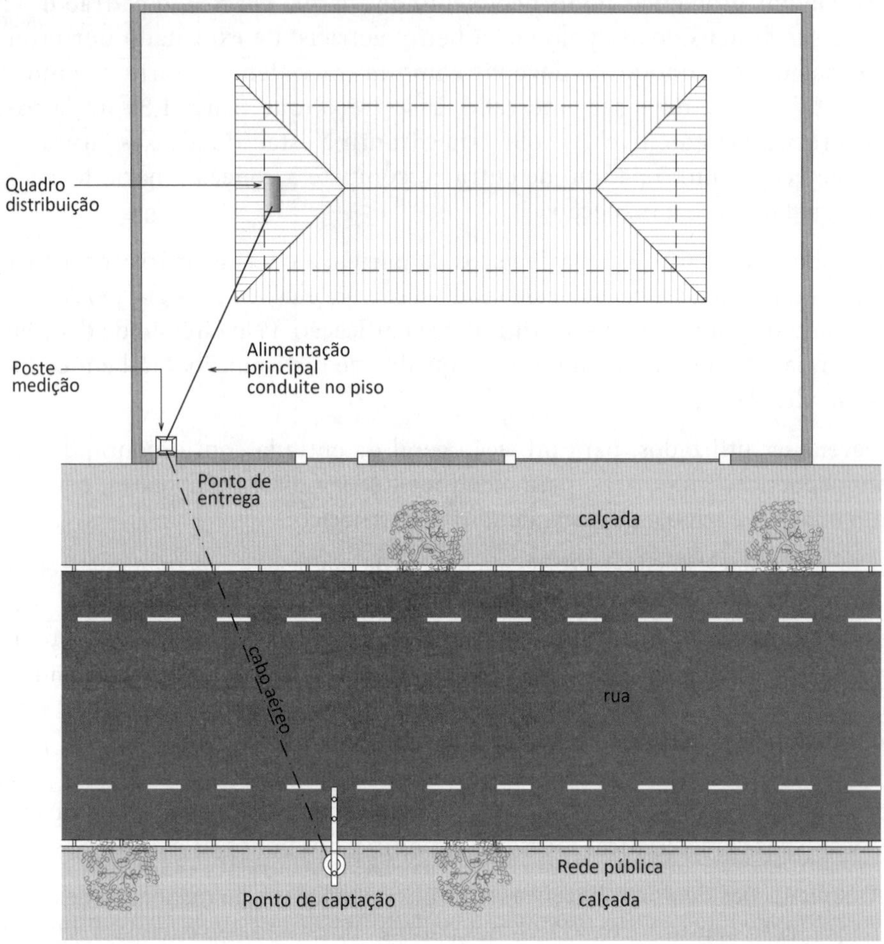

Figura 4.2 Entrada de energia elétrica em unidade consumidora.

4.3 LOCALIZAÇÃO DO QUADRO DE MEDIÇÃO DE ENERGIA

Antes de iniciar o projeto, o arquiteto deve efetuar um estudo do terreno e da posteação da rua para definir a melhor localização do conjunto: hidrômetro, medidor de energia elétrica, caixa de correspondência, campainha com interfone e câmera de TV. A entrada de energia e água deve sempre compor com a ideia usada para o poste, de modo que se consiga uma coerência de padrões. Até para facilitar a medição do hidrômetro e do relógio de medição, as três peças (entrada de energia, água e poste) devem formar um só elemento no projeto arquitetônico.

A localização do compartimento que abriga o equipamento de medição vai depender do posicionamento do ramal de entrada de energia. De qualquer maneira, deve ser localizado no projeto arquitetônico, de modo a facilitar a leitura pela concessionária fornecedora de energia.

Num prédio residencial ou comercial de múltiplos pavimentos existem várias instalações a considerar, uma por unidade de consumo. Assim, temos uma instalação para cada apartamento, loja ou conjunto comercial (salas) e geralmente uma para chamada "administração" do prédio, englobando todas as áreas comuns do edifício. Os medidores e as proteções gerais das diversas instalações, e portanto as respectivas origens, estão agrupadas em um ou mais centros de medição, sendo o caso mais comum para prédios verticais, o de um único centro de medição no pavimento térreo ou no subsolo do prédio.

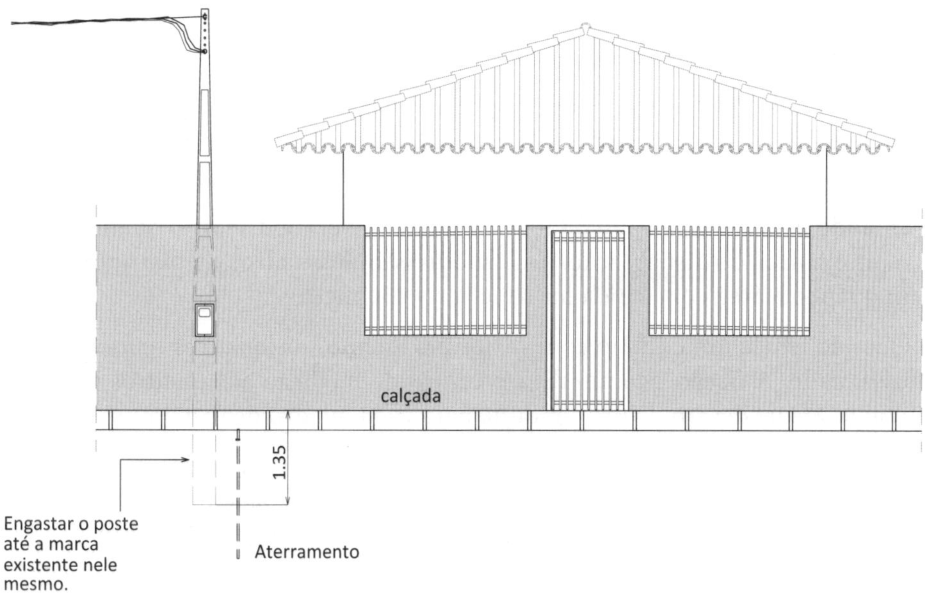

Figura 4.3 Padrão de entrada com leitura voltada para calçada.

Fonte: CPFL.

4.4 LOCALIZAÇÃO DO QUADRO DE DISTRIBUIÇÃO DE ENERGIA

O quadro de distribuição de energia é o local onde se concentra a distribuição de toda a instalação elétrica e onde se reúnem os dispositivos de controle e proteção dos circuitos, como: disjuntores termomagnéticos (DTM), disjuntores diferenciais residuais (DR) e dispositivos de proteção contra surtos (DPS).

A localização do quadro de distribuição de energia é fundamental para garantir a segurança e o bom funcionamento do sistema elétrico de uma residência, prédio ou estabelecimento comercial.

Uma boa localização deve levar em consideração diversos fatores, tais como a proximidade com a entrada de energia elétrica, a facilidade de acesso para manutenção e reparos, a distância em relação a áreas úmidas, a ventilação e proteção contra intempéries, entre outros.

Essa recomendação é para se evitar gastos desnecessários com os fios do circuito de distribuição de energia, que são os que possuem diâmetros maiores de toda a instalação, sendo, portanto, mais caros.

Deve ser colocado sempre o mais próximo possível das maiores cargas da edificação, como chuveiro, motores, ar-condicionado etc. A distância máxima do quadro até a tomada mais distante não deve ultrapassar 35 metros.

Quando essa condição não é satisfeita, é preferível subdividir o quadro em dois ou mais quadros de distribuição. Essa subdivisão de quadros de distribuição é comum quando a área construída for superior a 250 metros.

Quando temos um edifício com vários pavimentos, os quadros se localizam em cada unidade. A fiação que interliga o centro de medição aos quadros é colocada individualmente dentro de um conduíte para cada quadro de distribuição.

As posições mais recomendáveis para a localização do quadro de distribuição de circuitos terminais dentro de uma residência ou de um apartamento são: corredores, circulações, vestíbulos, cozinhas, áreas cobertas etc. O QD deve ser instalado na parede de modo que seu centro fique aproximadamente 1,5 m em relação ao piso acabado.

Nos cômodos como cozinhas e áreas de serviço, o arquiteto deve tomar cuidado para que a instalação do QD não atrapalhe a colocação de armários. O quadro não deve ser localizado em ambientes reservados (quartos e salas específicas), privados (banheiros), ou que fiquem trancados.

A instalação do quadro de distribuição em local inadequado pode aumentar o risco de acidentes elétricos, além de comprometer a eficiência do sistema elétrico.

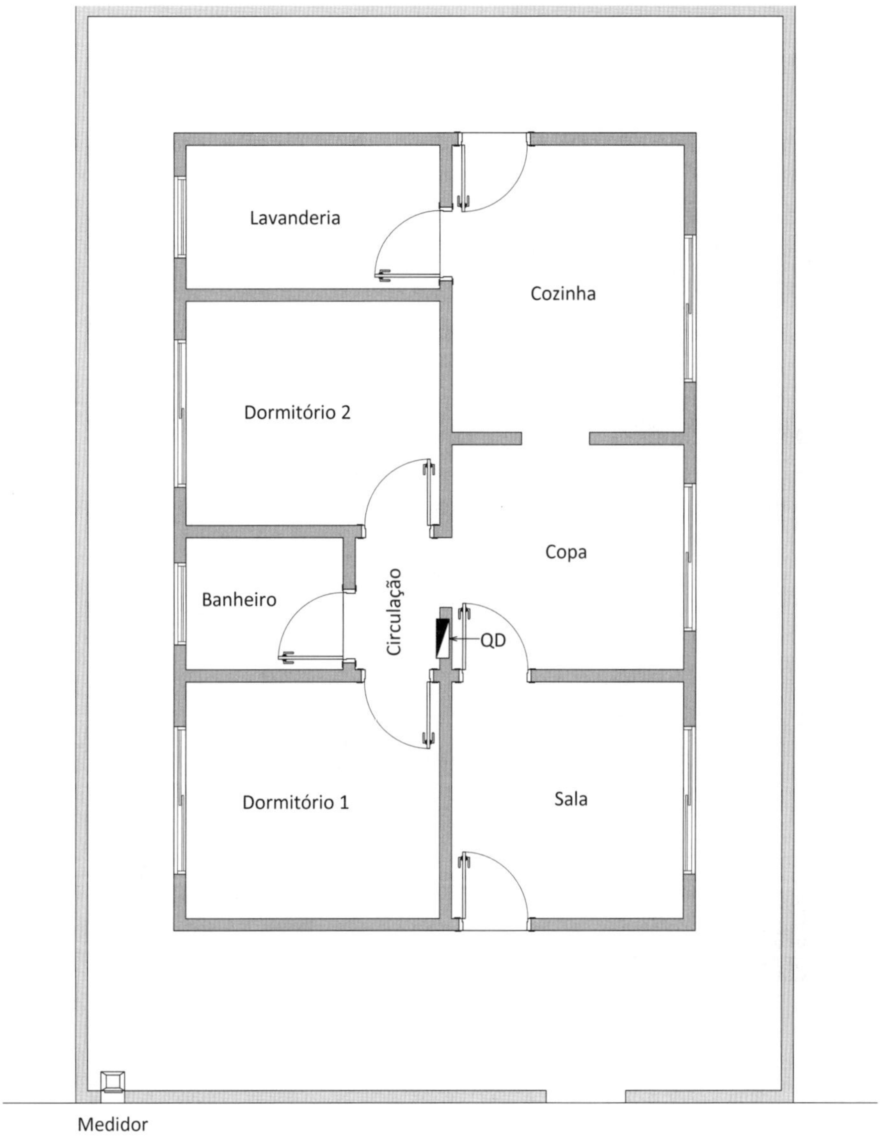

Figura 4.4 Localização do QD no projeto de arquitetura.

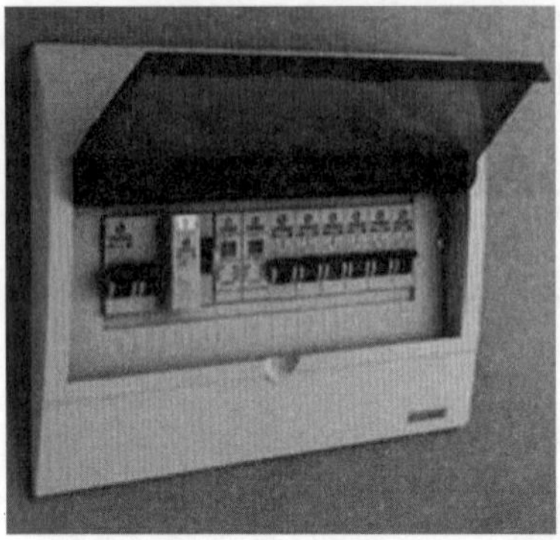

Quadro distribuição embutir

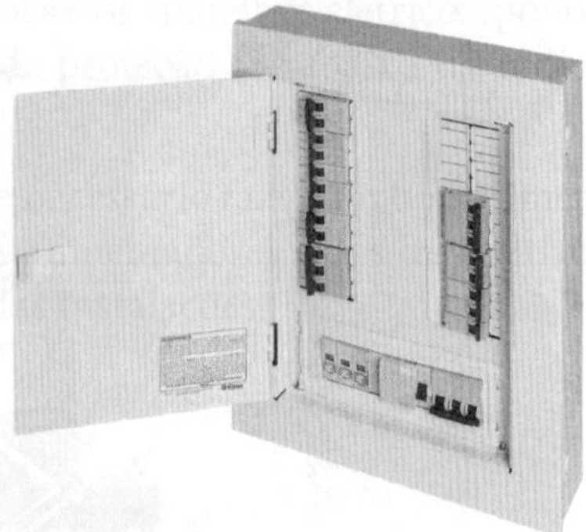

Quadro distribuição sobrepor

Painel de Medidores

Fonte: Renatec

Figura 4.5 Tipos de quadros de distribuição.

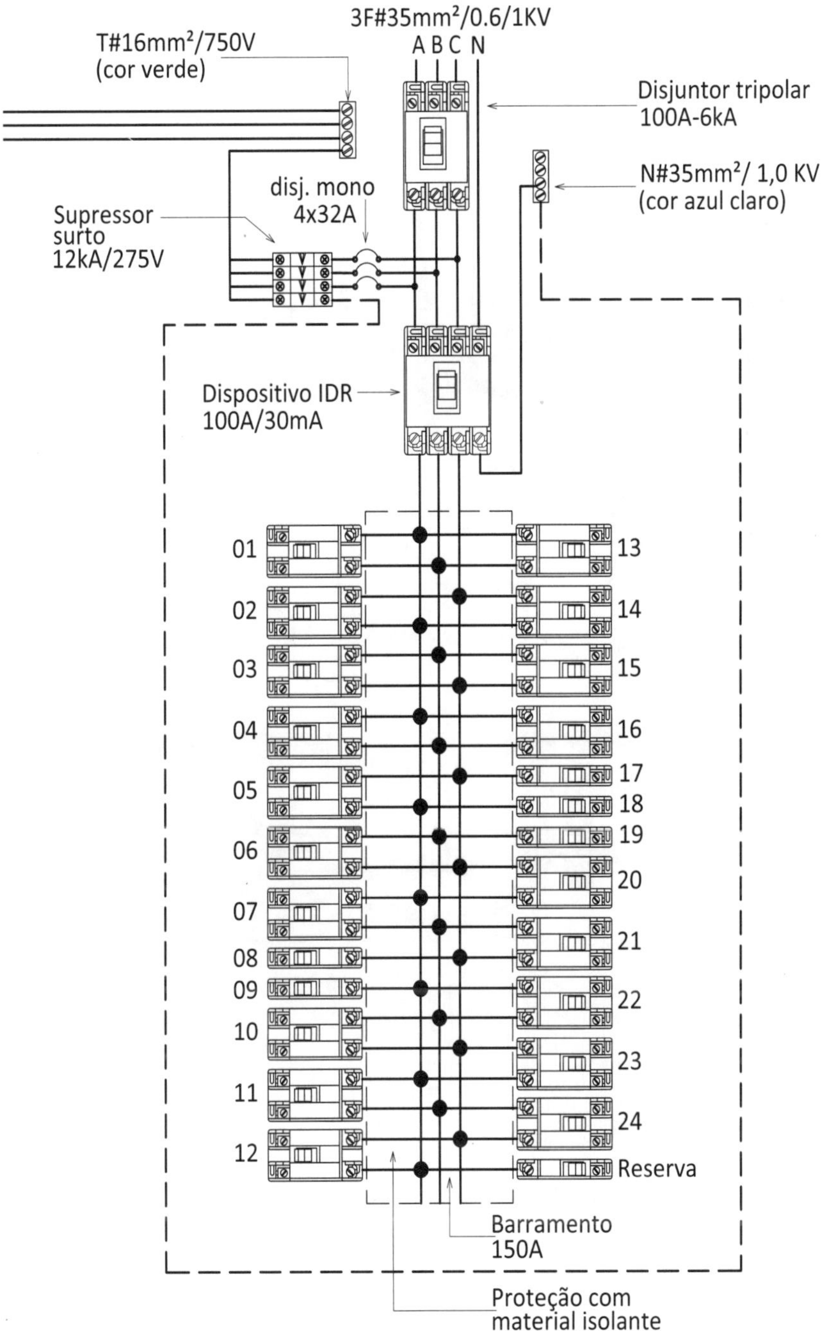

Figura 4.6 Desenho esquemático de quadro de distribuição.

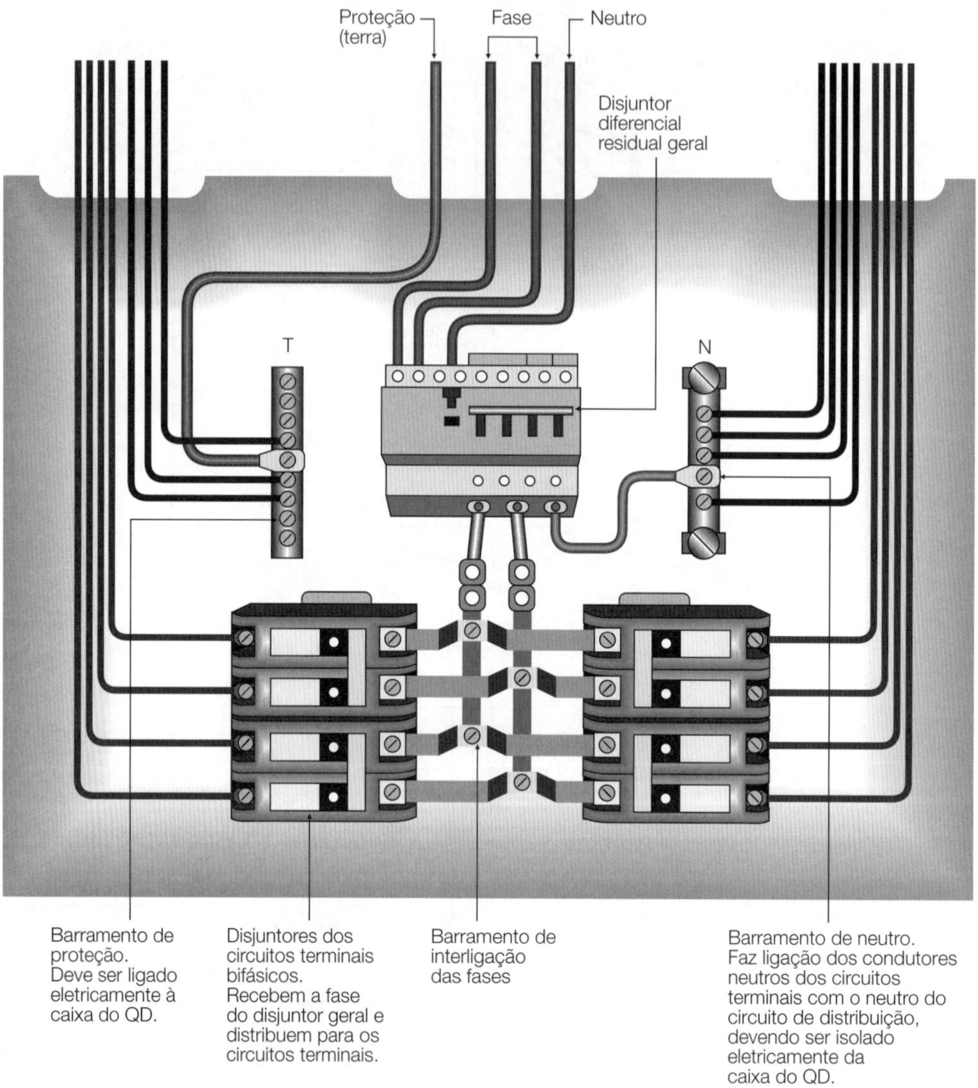

Figura 4.7 Quadro de distribuição para fornecimento bifásico.

4.5 PRUMADAS ELÉTRICAS E CAIXAS DE PASSAGEM

Entende-se como prumada elétrica o conjunto de eletrodutos que, para praticidade de execução, se localizam em um único local de subida às edificações verticais. Na fase de projeto, deve ser previsto um local para essa prumada e as caixas de passagem.

Dessa forma, é importante que haja uma integração adequada entre o projeto elétrico e o projeto de arquitetura do edifício, para garantir que as prumadas sejam instaladas em locais estratégicos e com facilidade de acesso.

As prumadas devem ser localizadas, preferencialmente, nos espaços com pouca ou nenhuma interferência, com facilidade de acesso e que estejam na área comum dos pavimentos.

Na execução das prumadas, é importante seguir algumas recomendações, como: manter o prumo; bloquear a ponta das prumadas, de modo a evitar a entrada de argamassa ou resíduos; inspecionar a qualidade dos materiais que chegam à obra; eliminar possíveis rebarbas nas emendas dos eletrodutos; garantir estanqueidade dos eletrodutos; passar as prumadas quando a edificação estiver protegida da chuva; garantir que as caixas embutidas na alvenaria irão facear seu revestimento.

As caixas de passagem de energia elétrica nos pavimentos de edifícios são responsáveis por permitir a passagem dos cabos elétricos entre os diferentes andares ou entre os diferentes pontos de uma mesma unidade. Normalmente, embutidas na parede, em diversos formatos e feitas de materiais variados, são usadas para organizar a distribuição dos cabos e dos fios nos trechos da parede e/ou da prumada em que mudam de direção.

Espaços livres para a passagem de tubulações elétricas nos sentidos horizontal (forros ou dutos horizontais) e vertical (pontos e *shafts*) facilitam a execução da obra, a operação e a manutenção das instalações. Entretanto, é importante verificar a interferência com os outros projetos (estrutural, hidráulico, telefone etc.).

Algumas interfaces importantes das prumadas elétricas com o projeto de arquitetura incluem a localização do quadro de distribuição, a distribuição dos pontos de energia, a compatibilidade com as instalações hidráulicas, a proteção contra incêndios e aspectos estéticos.

É importante ressaltar que a colaboração entre os profissionais de arquitetura e engenharia elétrica é fundamental para a realização de um projeto integrado e funcional, que atenda às necessidades dos usuários e proporcione um ambiente seguro e confortável.

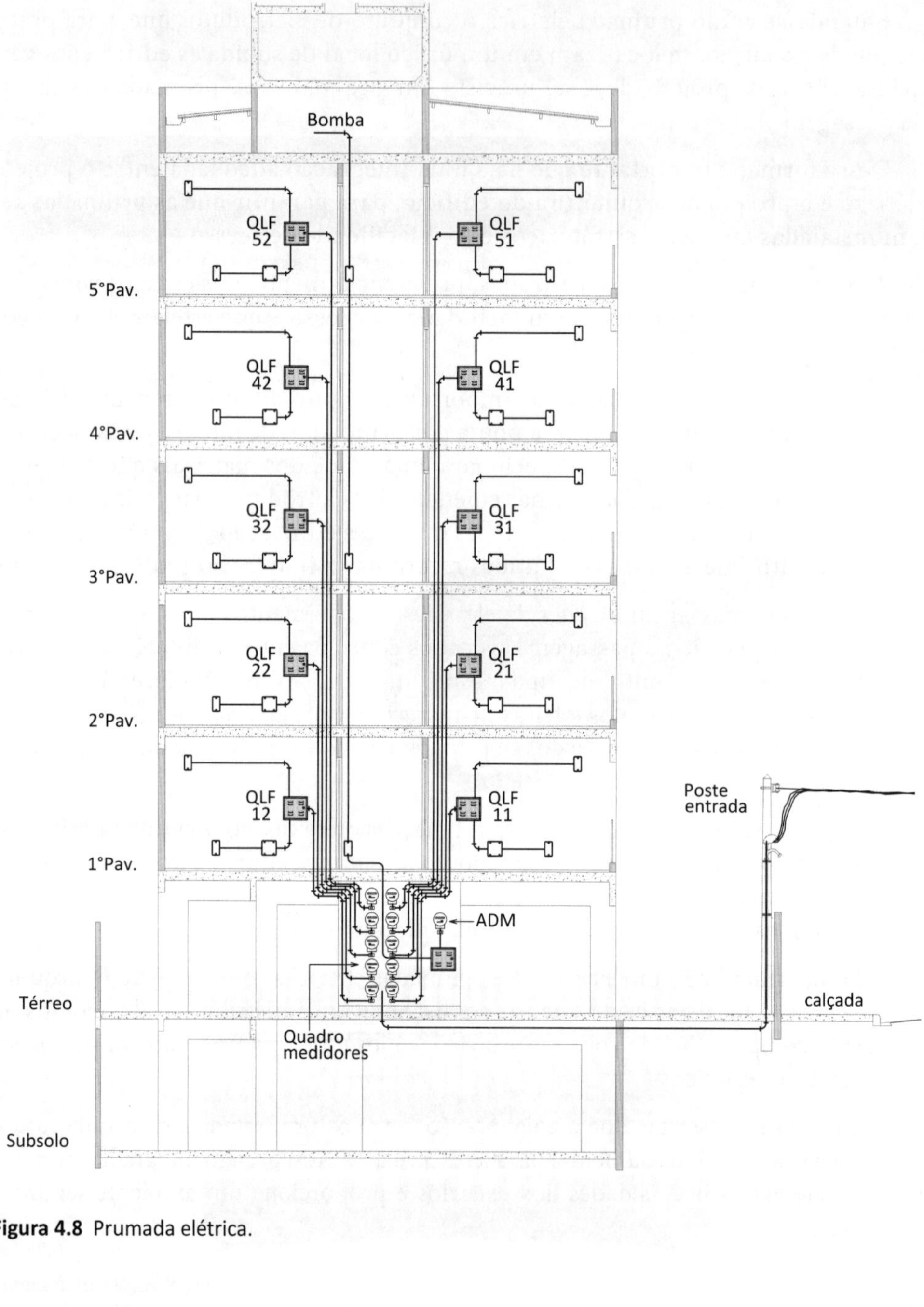

Figura 4.8 Prumada elétrica.

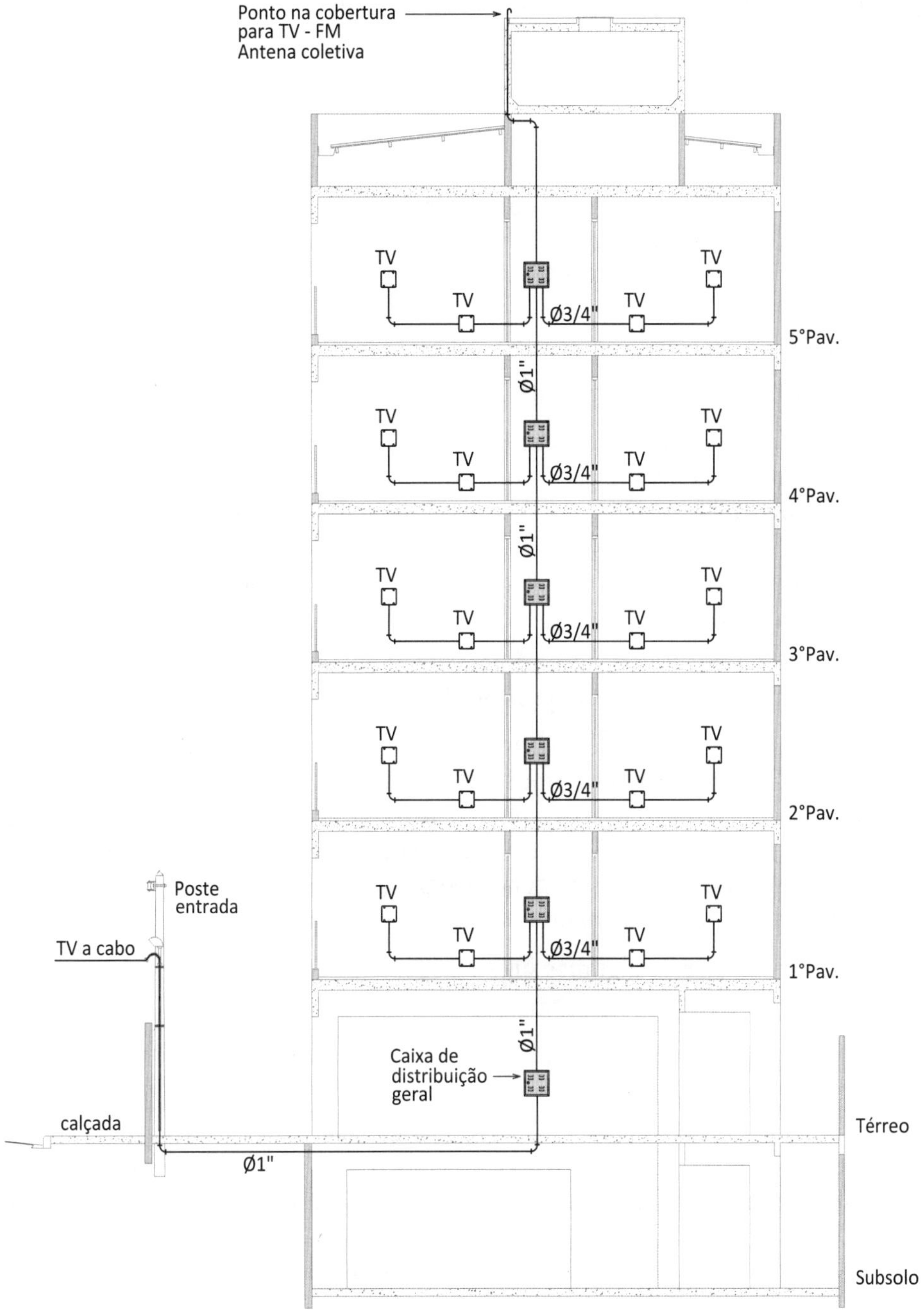

Figura 4.9 Prumada de TV.

4.6 PREVISÃO DE PONTOS EM INSTALAÇÕES RESIDENCIAIS

Durante o planejamento da obra, particularmente na etapa de elaboração dos projetos, é preciso prever a instalação de diversos pontos de elétrica em vários ambientes.

Quem define a quantidade, a tipologia e a distribuição desses pontos ao longo da área disponível são o arquiteto e/ou o projetista de instalações elétricas que, para a realização desse dimensionamento, toma como base a metragem da área a ser trabalhada, as particularidades arquitetônicas do local e algumas diretrizes definidas pela concessionária fornecedora de energia elétrica e normas técnicas brasileiras (Nakamura, 2011).

Os pontos de elétrica não podem ser escassos, muito menos excessivos. A falta de pontos pode significar áreas desabastecidas, desconforto para o usuário final etc.

Já a quantidade exagerada de pontos nas áreas comuns propiciará ao empreendimento maior consumo de energia e pode configurar baixa eficiência energética. Por outro lado, é importante ressaltar que um dos grandes desafios impostos aos projetistas, nos dias atuais, é justamente equilibrar as necessidades dos empreendimentos e dos usuários, cada vez mais amplas, com questões de sustentabilidade.

As normas da ABNT podem servir como uma orientação ao definir a estratégia de distribuição dos pontos de consumo, ainda que essas normas nem sempre deem conta de atender a todas as situações e possibilidades que podem existir em projetos.

A compatibilização dos projetos e uma boa comunicação entre arquiteto, projetista de instalações elétricas e empreendedor são fundamentais para minimizar erros no dimensionamento e distribuição dos pontos de elétrica. A falta de coordenação e entendimento entre os profissionais envolvidos na elaboração dos projetos pode gerar erros na distribuição dos pontos, podendo causar a escassez em determinados lugares ou uma quantidade excessiva em outras áreas do edifício.

A seguir, apresentam-se algumas sugestões para a instalação dos pontos de elétrica em projetos residenciais.

4.6.1 SALA

As tomadas e interruptores só costumam ser foco de atenção no momento em que se constata sua ausência em determinado ponto da residência. Por essa razão, alguns arquitetos e designers de interiores orientam sobre a importância de se observar a quantidade e a posição desses terminais em cada ambiente, antes do projeto de decoração.

Para as salas, deve-se observar a localização dos pontos, de acordo com o *layout* do local, e também os interruptores *three-way*, que devem ser instalados na entrada da sala de estar, e na porta que dá acesso à área íntima da casa.

Deve-se observar também se os dispositivos (tomadas e interruptores) estão em altura adequada e, além da quantidade mínima necessária, é recomendável instalar tomadas a mais para uso esporádico, como carregar celular, ligar o aspirador de pó etc.

Além da quantidade suficiente de tomadas e interruptores, outra questão importante é a harmonia entre esses dispositivos e a decoração.

Hoje, o aspecto estético, funcional e decorativo do segmento de interruptores e tomadas, em nosso país, é muito diversificado. As empresas que se sobressaem buscam *design* arrojado, novas cores e formas, tornando mais amplo esse item na decoração.

A seguir, apresentam-se algumas sugestões de pontos para a instalação desses dispositivos em salas de estar e jantar:

- interruptores em paralelo: em escadas e salas grandes, dois interruptores para mesma lâmpada, em cantos opostos;
- pontos de luz: as demais lâmpadas dependem de um projeto de iluminação, mas a mesa de jantar precisa estar sob um ponto.

4.6.2 ESCRITÓRIO

Em ambientes como escritórios, sugere-se:

- ponto de telefone: além da linha de uso geral, uma exclusiva para a internet. Mesmo que só haja uma linha, é recomendável deixar a tubulação pronta para a próxima;
- tomada com fio terra: instalada acima da bancada de trabalho para computador.

4.6.3 DORMITÓRIO

É usual que, em cada ambiente, especialmente nos dormitórios, exista somente um ponto de antena e telefone, e estes devem estar na mesma parede da cabeceira. Ainda nos dormitórios, o ideal é o uso de *three-way*, ou seja, um interruptor junto à porta de entrada e outro junto a um dos lados da cabeceira da cama.

A seguir, apresentam-se algumas sugestões de pontos de elétrica para dormitórios:

- interruptor de luz na cabeceira: para maior comodidade;
- *dimmer*: colocado perto da cama, se possível, permite regular a intensidade da luz;
- ar-condicionado: requer uma tomada de 220 V, colocada a mais de 1,5 m do chão;
- tomada no armário: para desumidificador (contra mofo);
- ponto de antena de TV.

4.6.4 TERRAÇO

Em terraços, usualmente é previsto um ponto de tomada de uso geral na varanda.

4.6.5 BANHEIROS

Todas as partes das instalações elétricas devem ser projetadas e executadas de modo que seja possível prevenir, por meios seguros, os perigos de choque elétrico e todos os outros tipos de acidentes.

Como se sabe, água e eletricidade fazem uma combinação perigosa, portanto, qualquer manejo na parte elétrica de sanitários deverá ser feito por um profissional, usando lâmpadas, aparelhos e bulbos especialmente projetados para lugares úmidos.

Como a água é boa condutora de eletricidade, é preciso ter muito cuidado ao usar e/ou colocar aparelhos elétricos em lugares molhados (por exemplo, quando estiver no chuveiro ou na banheira).

Outra recomendação importante é, quando estiver utilizando algum aparelho elétrico, não encostar em canos metálicos de água. Como eles estão em contato com a terra, a corrente elétrica poderá passar pelo seu corpo.

As lâmpadas de baixa voltagem podem ser usadas com segurança se os bulbos forem lacrados para a proteção contra vapor e condensação.

É importante que os circuitos que atendem aos sanitários estejam protegidos pelo disjuntor DR, conforme recomendação da 5410:2004.

Normalmente, o banheiro é um lugar para relaxar depois de um dia de trabalho, então a luz deve ser tênue. Luz pendente pode ser excessiva e provocar muitas sombras, por isso o projetista deve optar por luzes de parede, colocando-as acima da altura dos olhos para promover uma iluminação mais agradável.

O espelho do banheiro requer um cuidado especial, pois as pessoas irão utilizá-lo para fazer a barba, passar maquiagem etc.

Uma boa dica é usar lâmpada com filamento de tungstênio em volta do espelho, como nos camarins, porque ela projeta uma luz mais quente na face, evitando o efeito depreciativo associado a banheiros de restaurantes e bares.

A seguir, apresentam-se sugestões para pontos de iluminação e tomadas em banheiros:

- ponto de luz: para uma lâmpada acima do espelho;
- tomada: perto da pia, para barbeador e secador de cabelos;
- ponto elétrico: para o chuveiro (mesmo se houver aquecimento central, pois ele pode falhar);
- ponto elétrico: de água e esgoto para banheira de hidromassagem.

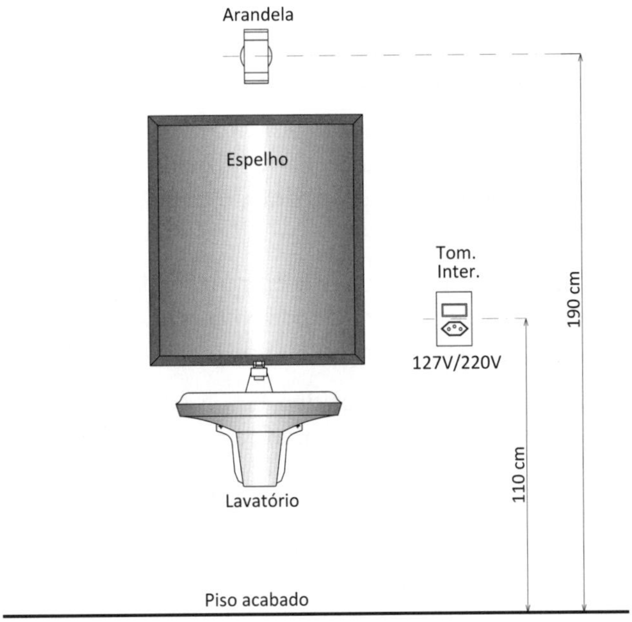

Figura 4.10 Arandela na parede, tomada e interruptor.

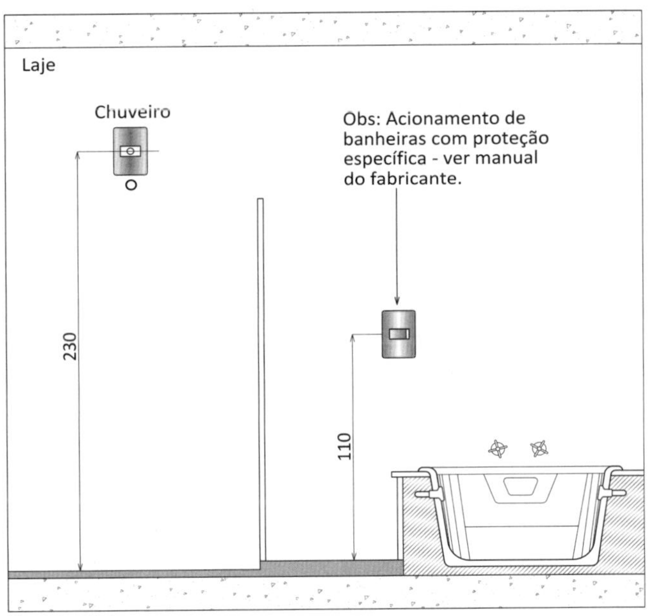

Figura 4.11 Altura de chuveiro, tomada e interruptor para banheira.

4.6.6 COZINHA

Hoje, os eletrodomésticos estão mais funcionais, como os fornos de micro-ondas, as geladeiras com programação digital e muitas outras inovações.

Por essa razão, o projeto de instalação elétrica da cozinha deve ser muito bem planejado, antes da execução da obra, e deve estar harmonizado com o projeto arquitetônico e estrutural do edifício. Isso vale não apenas para a cozinha, mas também para todos os ambientes da residência.

Portanto, a preocupação com a cozinha deve ser maior, pelo fato de ela concentrar um grande número de eletrodomésticos com grande potência, como torneira elétrica, *freezer*, geladeira, máquina de lavar louças, forno micro-ondas etc.

Para o bom funcionamento de uma cozinha, deve-se distribuir os seus elementos formando o que se chama de "triângulo de trabalho", cujos três vértices são a pia, a geladeira e o fogão. Essa é a forma que permite que a pessoa trabalhe com o menor número de movimentos de um ponto a outro quando está preparando as refeições.

Entretanto, na prática, nem sempre o ambiente permite essa distribuição, chamada "triângulo de trabalho". Por isso, considera-se a forma do ambiente tentando distribuir os elementos (pia, geladeira e fogão), preservando essa ideia da melhor maneira possível.

A seguir, apresentam-se algumas sugestões para a instalação de pontos de iluminação e tomadas em cozinhas:

- ponto de luz: uma bancada bem iluminada facilita o trabalho no fogão, especialmente à noite;
- Acima da bancada da pia devem ser previstos, no mínimo, dois pontos de tomadas de corrente (110 V ou 220 V) para ligar cafeteira, torradeira, liquidificador e outros equipamentos que fiquem sempre à mão;
- ponto elétrico para coifa: essencial para a renovação do ar, em geral, pede um ponto de 220 V, que deve ficar perto do teto;
- tomadas com fio terra: geladeira, *freezer*, máquina de lavar louças, micro-ondas e outros aparelhos que consomem muita energia devem ter circuitos independentes.

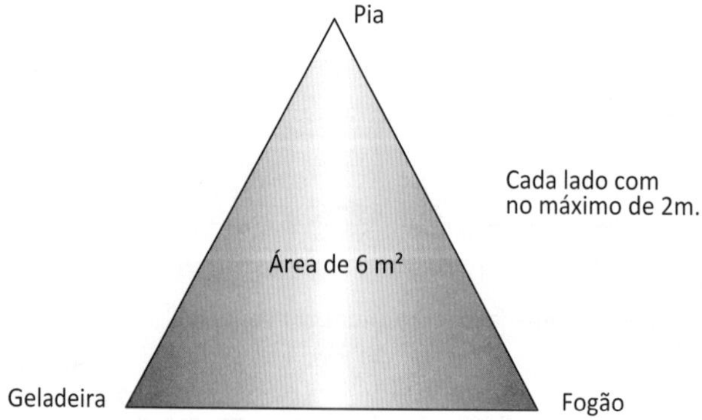

Figura 4.12 Triângulo de trabalho.

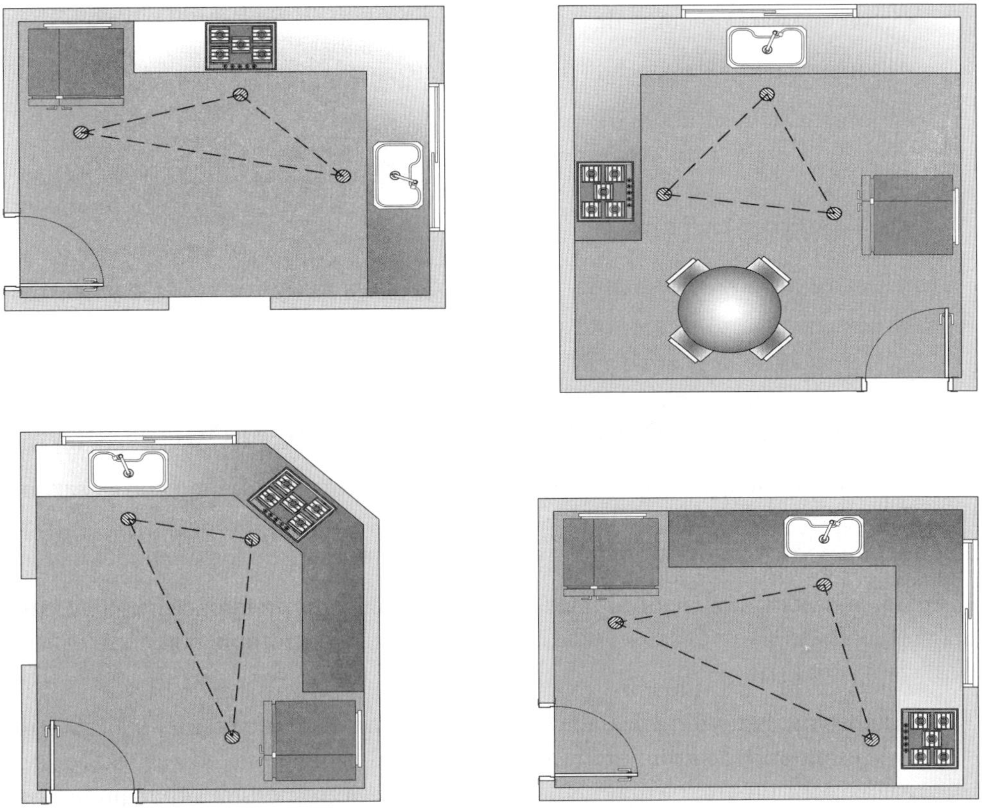

Figura 4.13 Exemplos de formatos de cozinha.

4.6.7 ÁREA DE SERVIÇO

A 5410:2004 estabelece a quantidade de tomadas de uso geral a partir do cômodo em estudo, fazendo-se necessário ter o valor da área, o valor do perímetro ou o valor da área e do perímetro.

Em cozinhas, áreas de serviço, lavanderias e locais análogos estabelece-se, no mínimo, um ponto de tomada para cada 3,5 m ou fração de perímetro, independentemente da área. No caso da cozinha e da área de serviço, é preciso até mais tomadas além desse mínimo, pois a segurança é o primeiro item a ser observado em qualquer instalação elétrica.

A seguir, apresenta-se uma sugestão para a instalação de tomadas em áreas de serviço:

- tomada para máquina de lavar roupas;
- tomada acima da bancada para ferro elétrico;
- tomada para secadora de roupas.

4.6.8 PONTOS EXTERNOS

Em áreas externas, recomenda-se pontos de luz para iluminação no jardim ou na piscina.

4.7 PREVISÃO DE TOMADAS NO PROJETO DE ARQUITETURA

É muito comum, na maioria das instalações, uma deficiência de tomadas. O arquiteto sempre deve estar atento aos novos aparelhos eletrodomésticos, que surgem anualmente no mercado, para poder prever uma quantidade de tomadas adequadas.

Nas instalações prediais, podemos considerar dois tipos de tomadas: as TUG (tomadas de uso geral), com capacidade de até 10 A, e a as TUE (tomadas de uso específico), com capacidade acima de 10 A.

Além de observar onde a tomada e os interruptores serão instalados (ver "Dispositivos de manobra"), o arquiteto também deve prestar bastante atenção ao tipo de tomada que será adotada. Atualmente, os aparelhos eletrônicos novos só podem ser comercializados com tomadas de três pinos – entretanto, os mais antigos ainda possuem dois pinos. Diante disso, a fim de evitar o uso de adaptadores, é necessário conferir os eletrodomésticos antes da instalação das tomadas e dos interruptores.

É importante lembrar que locais como sala, cozinha e dormitório possuem certos aparelhos elétricos que contêm fios mais curtos. Isso significa que é preciso planejar a localização de cada tomada e interruptor para que esses aparelhos fiquem próximos do ponto de acesso e não seja preciso usar extensão elétrica.

Uma tomada instalada muito próxima ao piso também pode causar problemas: eventualmente, ela pode molhar e acabar colocando a segurança dos moradores em risco.

4.7.1 TOMADAS DE USO GERAL (TUG)

São tomadas que não se destinam à ligação de equipamentos específicos. Nelas, são sempre ligados aparelhos portáteis, como enceradeiras, aspiradores de pó, abajures etc. A potência dessas tomadas é de 100 W, indistintamente. A fiação mínima para tomadas de uso geral é de 2,5 mm^2.

Em geral, as tomadas são representadas em desenho, com três tipos de altura:

- tomada baixa: de 20 cm a 30 cm do piso acabado;
- tomada média: de 100 cm a 130 cm do piso acabado;
- tomada alta: de 180 cm a 220 cm do piso acabado.

A quantidade de tomadas de uso geral é estabelecida a partir do cômodo em estudo, fazendo-se necessário ter o valor da área, o valor do perímetro ou o valor da área e do perímetro.

4.7.1.1 Instalações residenciais

De acordo com a NBR 5410:2004, nas unidades residenciais e nas acomodações de hotéis, motéis e similares, o número de tomadas de uso geral deve ser fixado de acordo com o seguinte critério:

- cômodos ou dependências com área igual ou inferior a 6 m^2: no mínimo, um ponto de tomada;
- salas e dormitórios, independentemente da área, e cômodos ou dependências com área superior a 6 m^2: no mínimo, um ponto de tomada para 5 m ou fração de perímetro, espaçados tão uniformemente quanto possível;
- cozinhas, copas, copas-cozinhas, áreas de serviço, lavanderias e locais análogos: no mínimo, um ponto de tomada para cada 3,5 m ou fração de perímetro, independentemente da área. Acima da bancada da pia devem ser previstas, no mínimo, duas tomadas de corrente, no mesmo ponto ou em pontos separados;
- *halls*, corredores, subsolos, garagens, mezaninos e varandas: pelo menos, um ponto de tomada;
- banheiros: no mínimo, um ponto de tomada junto ao lavatório, com uma distância mínima de 60 cm do limite do *box*.

Em *halls* de escadaria, salas de manutenção e salas de localização de equipamentos, como casas de máquinas, salas de bombas, barrilete e locais semelhantes, deve-se prever, no mínimo, uma tomada.

Em diversas aplicações, é recomendável prever uma quantidade de pontos de tomadas maior do que o mínimo calculado, evitando-se, assim, o emprego de extensões e benjamins (tês), que, além de desperdiçarem energia, podem comprometer a segurança da instalação elétrica.

4.7.1.2 Instalações comerciais

A instalação de tomadas em instalações comerciais deve levar em consideração diversos fatores, como a demanda de energia elétrica dos equipamentos, a quantidade de usuários e o uso do espaço.

Para calcular a quantidade mínima de tomadas de uso geral nas instalações comerciais, deve-se obedecer aos seguintes critérios:

- escritórios com áreas iguais ou inferiores a 40 m^2: uma tomada para cada 3 m, ou fração de perímetro, ou uma tomada para cada 4 m^2, ou fração de área (usa-se o critério que conduzir ao maior número de tomadas);
- escritórios com áreas superiores a 40 m^2: dez tomadas para os primeiros 40 m^2 mais uma tomada para cada 10 m^2 ou fração de área restante;
- lojas: uma tomada para cada 30 m^2, ou fração, não computadas as tomadas destinadas a lâmpadas, vitrines e demonstração de aparelhos.

A instalação de tomadas em instalações comerciais deve ser realizada por profissionais capacitados, a fim de garantir a segurança e a eficiência do sistema elétrico. A colaboração entre os profissionais de arquitetura e engenharia elétrica é fundamental para a realização de um projeto integrado e funcional, que atenda às necessidades dos usuários e proporcione um ambiente seguro e confortável.

4.7.1.3 Potência mínima das tomadas de uso geral

A potência mínima de tomadas de uso geral nas instalações residenciais e comerciais deve obedecer às seguintes condições:

- cozinha, copas, copas-cozinhas, lavanderias, áreas de serviço, banheiros e locais semelhantes: atribuir, no mínimo, 600 W por tomada, até três tomadas. Atribuir 100 W para as excedentes, considerando cada um desses ambientes separadamente;
- outros cômodos ou dependências (salas, escritórios, quartos etc.): atribuir, no mínimo, 100 W para as demais tomadas;
- instalações comerciais: atribuir 200 W por tomada.

Aos circuitos terminais que sirvam às tomadas de uso geral em salas de manutenção e salas de localização de equipamentos (casas de máquinas, salas de bombas, barrilete etc.), deve ser atribuída uma potência de, no mínimo, 1.000 W.

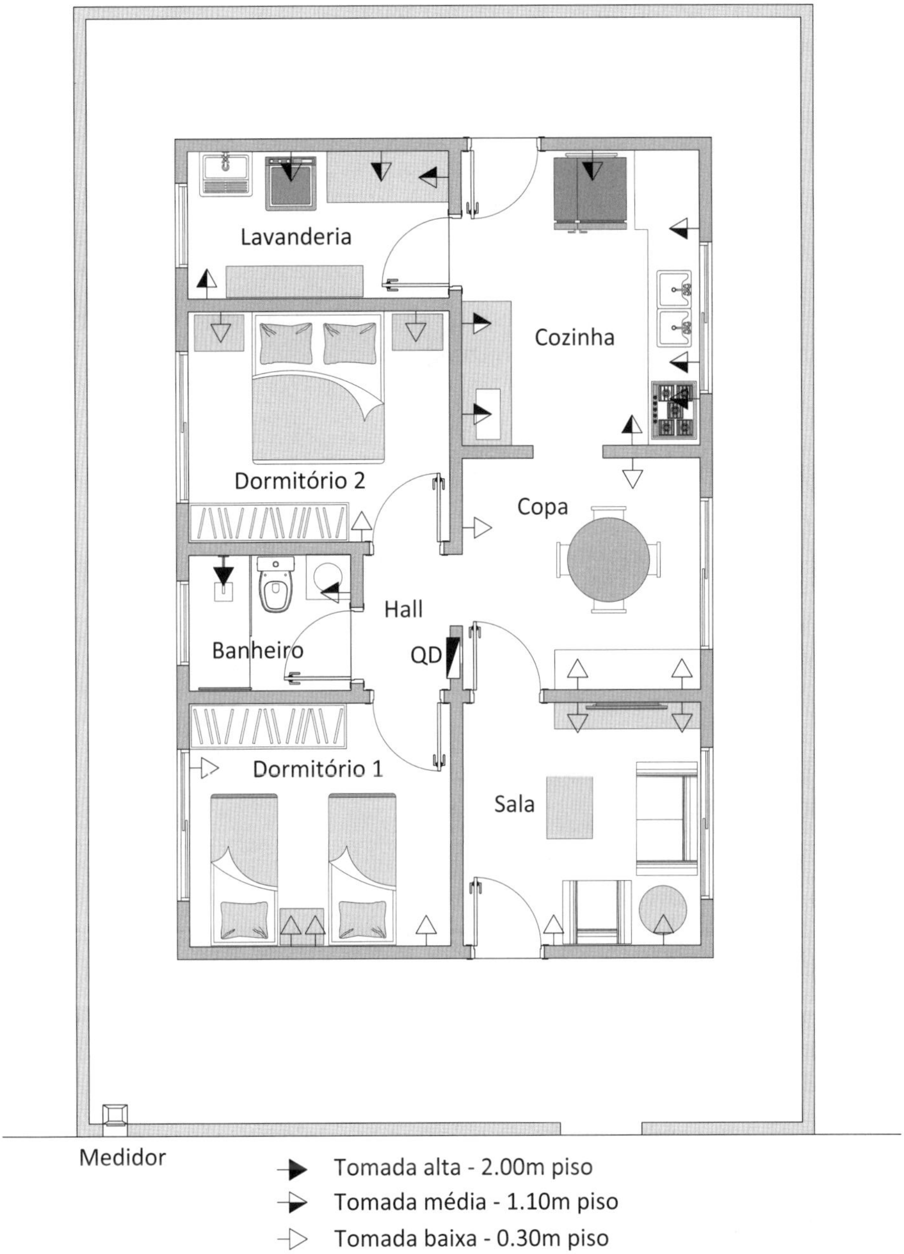

Figura 4.14 Pontos de tomadas.

4.7.2 TOMADAS DE USO ESPECÍFICO (TUE)

As tomadas de uso específico são aquelas destinadas à ligação de equipamentos fixos ou estacionários com corrente nominal acima de 10 A. São exemplos de equipamentos (aparelhos) específicos: chuveiro, torneira elétrica, forno de micro-ondas, lavadora de louças, ar-condicionado etc. A fiação mínima para as tomadas de uso específico é de 4 mm^2.

A quantidade de tomadas de uso específico, conforme a NBR 5410:2004, é estabelecida de acordo com o número de aparelhos de utilização que vão estar fixos em uma determinada posição no ambiente da edificação. Para saber o posicionamento das tomadas de uso específico, é fundamental a observância do layout da arquitetura.

As tomadas de uso específico devem ser instaladas, no máximo, a 1,5 m do local previsto para o equipamento a ser alimentado.

4.7.2.1 Potência mínima das tomadas de uso específico

Deve ser atribuída uma potência igual à potência nominal do equipamento a ser alimentado. Quando não for conhecida a potência nominal do equipamento a ser alimentado, deve-se atribuir à tomada de corrente uma potência igual à potência nominal do equipamento mais potente com possibilidade de ser ligado, ou à potência determinada a partir da corrente nominal da tomada e da tensão do respectivo circuito.

4.8 INTERFACES DA ILUMINAÇÃO COM O PROJETO DE ARQUITETURA

Alguns erros referentes à iluminação são facilmente evitados com a elaboração de um projeto específico antes de começar a obra. Ao elaborar um projeto de iluminação, é necessário desenhar um *layout* do mobiliário, bem como estudar corretamente a funcionalidade da edificação.

O arquiteto deve indicar os pontos de iluminação, de comandos, de tomadas, de som, de comunicação e de telefonia. O engenheiro eletricista vai apenas dimensionar as fiações, os eletrodutos e as proteções no projeto de instalações elétricas.

O projetista deve começar um projeto de iluminação pensando primeiro na iluminação geral, e completar depois com a localizada (quadros, obras de arte etc.). Ele também deve testar as luminárias antes da fixação. Além da posição correta, a definição da altura também é importante. O arquiteto pode tirar partido da iluminação em todos os ambientes (Cavalcanti, 1990).

As luminárias, por exemplo, podem ser embutidas diretamente na laje, em forros falsos rebaixados de vários materiais e também em sancas (geralmente, executadas em gesso e madeira) para destacar um ambiente, ou apenas parte dele. Também podem ser instaladas em paredes de corredores e escadas, onde atuam como balizadores durante a noite, evitando quedas e acidentes. Quando instaladas em lajes e rebaixos, requerem a instalação de alojamentos das luminárias (a própria abertura, tubos de PVC, caixas pré-moldadas etc.).

As sancas, muito utilizadas por arquitetos e decoradores, podem receber lâmpadas de qualquer tipo. De acordo com a necessidade do projeto, oferecem iluminação direta, indireta ou mista. Além disso, camuflam a fiação e emolduram o encontro do teto com a parede.

Também é importante ressaltar que o arquiteto sempre deve prever, no mínimo, um ponto de luz no teto, comandado por interruptor de parede, que proporciona uma iluminação mais uniforme e adequada. Esses pontos de luz no teto jamais devem ser substituídos por arandelas (pontos de luz de parede), pois estas não apresentam a mesma qualidade de iluminação. As arandelas podem complementar a iluminação do ambiente, pois servem para uma iluminação localizada, dirigida ou decorativa.

Um projeto moderno de iluminação deve ser também uma proposta econômica, tanto do ponto de vista de investimento inicial como do custo operacional, não só para o usuário como para toda a sociedade. Um projeto integrado de iluminação natural e artificial, por exemplo, permite a redução de mais de 30% do consumo de energia elétrica de uma casa.

4.8.1 ILUMINAÇÃO RESIDENCIAL

De modo geral, em residências e apartamentos de pequeno e médio porte, a carga de iluminação normalmente é determinada em função da área do cômodo da edificação.

Também é importante ressaltar que cada ambiente da residência possui uma função específica, por isso o melhor tipo de iluminação artificial deve ser analisado separadamente para cada cômodo.

4.8.1.1 *Hall* de entrada

A intensidade de luz dentro dos elevadores e corredores dos edifícios normalmente é baixa, portanto, deve-se evitar muita iluminação no *hall* de entrada. Uma luz geral de baixa intensidade e um ou dois focos de lâmpada dicroica voltados para elementos de decoração é mais que suficiente, criando um clima agradável e acolhedor.

4.8.1.2 Sala de estar

O projetista não deve exagerar na utilização de lâmpadas halógenas e dicroicas, que devem ser usadas para destaque. A melhor opção é trabalhar com circuitos diferentes para acender a iluminação em várias etapas ou utilizar *dimmers* (interruptores que regulam a intensidade da luz). O ideal para uma sala de estar são lâmpadas difusas em abajures ou pedestais, podendo-se também utilizar luminárias de coluna com lâmpadas halógenas dirigidas para o teto. No caso do *living* com teto rebaixado, utilizar luminárias direcionáveis dirigidas para os quadros ou objetos de decoração.

4.8.1.3 Sala de jantar

O ideal é que mesas e bares se beneficiem de uma luz superior em sua direção. Deve-se manter uma distância de 60 cm a 80 cm entre a luminária e a mesa, pois, se ela estiver muito baixa, a luz fica excessiva, e, acima dessa distância, ofusca as pessoas que ali estão. Não se deve utilizar lâmpadas halógenas, por exemplo, que projetam luz marcante e irradiam muito calor.

4.8.1.4 Cozinha

A cozinha deve ser entendida como um ambiente de trabalho, portanto, uma iluminação adequaDa é essencial para evitar acidentes. Lâmpadas embutidas no vão abaixo dos móveis da cozinha, como as halógenas, refletores e tubos fluorescentes criarão luz clara, brilhante e sem sombra. Lâmpadas de baixa reprodução de cores podem confundir e mascarar alimentos impróprios para o consumo. Fluorescentes são, muitas vezes, erroneamente consideradas como fora de moda, mas são ideais para o trabalho.

4.8.1.5 Dormitório

A luz dos quartos deve ser de conforto, pois é um local de descanso. O ponto de luz no centro do dormitório vai, invariavelmente, ofuscar quem se deitar, além de projetar sombra de seu próprio corpo contra o guarda-roupa e espelhos. O ideal é distribuir iluminação por todo o cômodo, de acordo com a utilização e hábitos pessoais do morador. É interessante um *dimmer* para regular a luz na intensidade mais conveniente segundo a atividade a ser exercida. Também é importante uma luminária de cabeceira com luz suave para leitura ou para não ofuscar a pessoa ao levantar no meio da noite. No *closet,* é melhor empregar luzes de todos os lados em vez de sobre a cabeça, para evitar as sombras. Também é interessante colocar luzes dentro do guarda-roupa para ajudar na escolha do que se vai vestir.

4.8.1.6 Banheiro

Além de sua importância funcional, o banheiro é um lugar para relaxar, por isso, a luz deve ser tênue. O espelho do banheiro requer um cuidado especial, pois é mirando-se nele que as pessoas irão fazer a barba, aplicar maquiagem etc. Uma boa dica é usar lâmpadas com filamento de tungstênio em volta do espelho, como nos camarins, porque ela projeta uma luz mais quente na face, evitando o efeito depreciativo.

4.8.2 ILUMINAÇÃO COMERCIAL E ADMINISTRATIVA

Em locais como escritórios, lojas, bancos, supermercados e escolas, em que as instalações funcionam várias horas por dia, é recomendável a utilização de lâmpadas Led ou fluorescentes. Além de serem mais econômicas, são fontes de baixa iluminação, por isso, permitem mais fácil controle do deslumbramento. As luminárias deverão ser simples, funcionais e de alto rendimento, de fácil limpeza e manutenção.

Na iluminação geral de lojas, em que o nível de iluminação e a reprodução correta das cores são muito importantes, dá-se preferência às cores branca fria e branca morna de luxo. Em vitrines, poderão ser usadas lâmpadas refletoras brancas ou coloridas, de alto efeito decorativo para realçar determinado produto.

4.8.3 ILUMINAÇÃO INDUSTRIAL

Em locais industriais, geralmente não se dispensa um projeto específico de iluminação. Nas indústrias cujos galpões sejam de altura baixa (3 m a 5 m), as lâmpadas fluorescentes são as mais indicadas. Naquelas em que o pé-direito é maior (iluminação acima de 6 m do campo de trabalho), as lâmpadas de vapor de mercúrio são as mais indicadas. Em casos especiais, de grandes alturas de montagem, e quando não for importante o fator "reprodução das cores", poderá ser estudada a utilização de lâmpadas de vapor de sódio de alta pressão.

4.8.4 APARELHOS DE ILUMINAÇÃO

São conjuntos destinados à instalação e alimentação das lâmpadas, de modo a produzirem um efeito luminoso desejado.

Os aparelhos de iluminação (luminárias) visam basicamente a permitir a produção de luz por lâmpadas que possam ser substituídas, filtrar ou modificar a luz emitida pelas lâmpadas, evitar ofuscamento, dirigir a luz para onde for desejado e, ainda, servir como elemento de decoração.

A iluminação emitida pelos aparelhos de iluminação pode ser classificada conforme a sua distribuição: para cima (iluminação indireta) ou para baixo (iluminação direta).

As luminárias podem ser classificadas do seguinte modo: de sobrepor; de embutir; para lâmpadas incandescentes, fluorescentes, de vapor de mercúrio ou sódio; refletores; globos; *plafonnier*; candelabros; luz semi-indireta etc.

Para compor a iluminação embutida, pode-se recorrer a uma infinidade de luminárias específicas, projetadas para receber quase todos os tipos de lâmpadas de uso residencial.

A maioria dos modelos de embutir, principalmente os de teto, é instalada pelo sistema de encaixe sob pressão, oferecendo luz direta ou indireta. As peças apresentam foco fixo ou regulável, permitindo composições bastante variadas. Confeccionadas geralmente em metal (latão, alumínio e aço), essas luminárias têm diferentes desenhos e acabamentos para acompanhar qualquer tipo de decoração (Cavalcanti, 1990). De acordo com as prescrições gerais da NBR 5410:2004, os equipamentos de iluminação instalados em locais molhados ou úmidos devem ser especialmente projetados para esse uso, de maneira que, quando instalados, não permitam que a água se acumule em condutor, porta-lâmpadas ou outras partes elétricas.

Os equipamentos de iluminação devem ser firmemente fixados, e a fixação de equipamentos de iluminação pendentes deve ser feita de modo que rotações repetidas no mesmo sentido não possam causar danos aos meios de sustentação, a sustentação não seja efetuada por intermédio dos condutores de alimentação e um vínculo isolante separe as partes metálicas de seu suporte.

4.8.5 TIPOS DE LUMINÁRIAS SEGUNDO O MODO DE APLICAÇÃO DA LUZ

4.8.5.1 Luminária comum

É o modo mais encontrado de aplicação da luz, que se dispersa por todo o ambiente. Dependendo da necessidade e da potência da lâmpada, pode ser usada isolada ou em série.

Esse tipo de luminária deve ser evitado quando o pé-direito do ambiente for muito baixo, pois, como não controla a direção da luz, pode causar ofuscamento.

4.8.5.2 Luminária direcionadora de luz

É um tipo de aparelho muito utilizado, mas é principalmente aplicada quando há necessidade de direcionar o foco da luz. Muitas possuem refletores, o que melhora ainda mais a eficiência da luz focalizada. É preciso evitar que se direcione para a altura dos olhos das pessoas que transitam no ambiente.

4.8.5.3 Luminária de luz indireta

Seu efeito estético peculiar atrai muito os projetistas. É usada para valorizar formas arquitetônicas e objetos decorativos, e como a luz não incide diretamente nos olhos, causa um conforto visual muito agradável.

4.8.5.4 Luminária decorativa

Não precisa ter necessariamente a função de iluminar, pois sua função é muito mais estética que funcional.

4.8.5.5 Luminária com refletores e aletas parabólicas

Esse tipo de luminária, apesar de ter um nome bastante estranho, é muito comum em locais de trabalho e estudo. Desenvolvidas para lâmpadas fluorescentes, distribuem bem a iluminação pelo ambiente, produzindo um excelente conforto visual e evitando reflexões diretas ou indiretas nos olhos ou aparelhos como telas de microcomputador e televisão.

4.8.6 TIPOS DE LÂMPADAS[1]

São vários os tipos e modelos para uso residencial (halógenas, dicroicas, multivapores e a nova geração de fluorescentes compactas e LEDS, que economizam energia), e a escolha vai depender exclusivamente do gosto de cada um e da linha adotada pelo projeto – cada tipo serve para uma iluminação específica. Porém, é importante ressaltar que a escolha da lâmpada e da luminária, bem como de sua posição, são prerrogativas do arquiteto.

As antigas lâmpadas incandescentes tiveram sua venda suspensa no país, desde julho de 2016, por não atenderem a portaria do Ministério de Minas e Energia, que determinou a eficiência luminosa miníma para a fabricação e comercialização de lâmpadas no país.

As lâmpadas halógenas, disponíveis nos modelos palito, bipino, dicroica e *sealed beam*, são incandescentes que sofreram a adição de gases halógenos (os gases reagem com as partículas de tungstênio liberadas pelo filamento) e possuem excelente padrão na reprodução de cores. Esse tipo de lâmpada é ideal para ambientes que precisam de muita luz e que possuem pé-direito alto.

As dicroicas são dotadas de um refletor capaz de reduzir o calor excessivo produzido por esse tipo de lâmpada. Desse modo, evita-se que o calor afete a área iluminada. Por isso, são ideais, por exemplo, para iluminação de obras de arte. Na instalação dessas lâmpadas, é indispensável a presença de um transformador (quase sempre integrado à luminária) para diminuir a tensão de 110 ou 220 V para apenas 12 V, a potência exigida.

1 Costa e Medeiros (2004).

As de multivapor metálico combinam sódio (amarelo, usado em ruas) e vapor metálico (branco, usado em estádios) para obter uma cor mais bonita. Têm o inconveniente de requerer muito tempo para acender.

As lâmpadas fluorescentes podem ser classificadas de acordo com seu formato: as tradicionais lâmpadas fluorescentes tubulares e as compactas, que gastam bem menos energia (seu consumo é 80% menor que o da antiga lâmpada incandescente). Por isso, uma lâmpada fluorescente de 9 W ilumina tanto quanto iluminava uma incandescente de 60 W.

Atualmente, lâmpadas fluorescentes compactas (LFC) são usadas para substituir as antigas incandescentes convencionais, pois dispõem de soquetes compatíveis.

Antigamente, existia certo preconceito em relação à utilização das lâmpadas fluorescentes em residências, pois, quando se falava em fluorescente, muitas pessoas imaginavam aquela luz azul que deixava as pessoas parecendo doentes. Hoje, isso faz parte do passado, pois existem várias cores. Antes de comprar, deve-se perguntar sobre a temperatura de cor. Ela vai de 2.700 K (Kelvin), que é a luz amarelada (que deixa o ambiente com características de mais quente), até mais de 6.000 K, bastante azulada (que deixa o ambiente com característica mais fria).

Graças ao aumento da vida útil, as lâmpadas LED (*light-emitting diode*) se colocam como opção de alto desempenho para iluminação convencional. Apesar de ter cinco décadas de vida, somente agora, em nosso país, esse tipo de iluminação está se consolidando como principal alternativa de iluminação de alta eficiência. Logo que a lâmpada led foi lançada, existiam poucas opções de modelos. Hoje, os tipos de lâmpada led são basicamente os modelos que se conhecia anteriormente na versão fluorescente. Mas a led possui duas grandes vantagens: consomem menos energia e não esquentam. E o preço, que costumava ser uma dificuldade para o consumidor, também mudou com o tempo, e atualmente as lâmpadas led estão bem mais acessíveis.

Aumentou também a versatilidade das lâmpadas led, que agora podem ser encontradas em várias formas e cada uma delas com as opções de luz branca ou luz amarela.

A aplicação do LED tem evoluído tanto nos aspectos técnicos como no aspecto econômico. Os LED atingiram maior capacidade de geração de luz por unidade e potência elétrica, maior estabilidade de cor branca, maior eficiência luminosa e, principalmente, custo mais competitivo, fatores que podem ser facilmente demonstrados por um estudo de viabilidade técnico-econômica.

A principal desvantagem da lâmpada LED é o seu custo inicial mais alto em comparação com outras tecnologias de iluminação, como as lâmpadas fluorescentes compactas (LFC). Embora a economia de energia ao longo da vida útil da lâmpada LED compense o custo inicial, pode ser difícil justificar o investimento para algumas pessoas e empresas com orçamentos limitados.

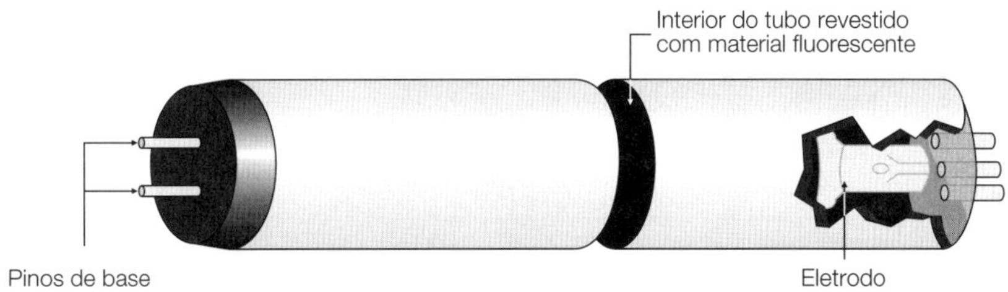

Figura 4.15 Constituição de uma lâmpada fluorescente comum.

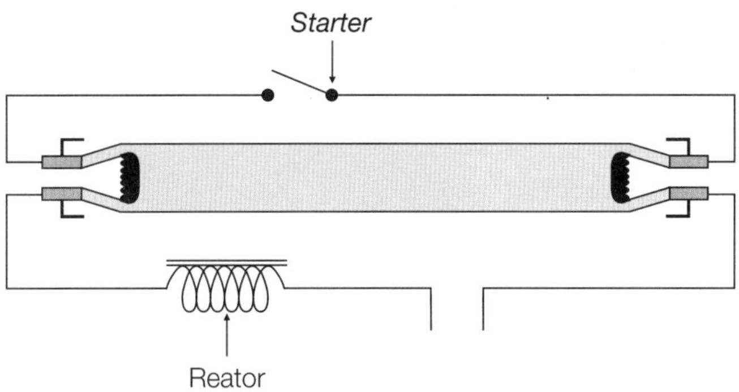

Figura 4.16 Esquema de ligações de uma lâmpada fluorescente de até 30 W. Reator simples, para uso *starter*.

Tabela 4.1 Equivalências entre lâmpadas LED e fluorescente compacta

LED	Fluorescente compacta
7 W	12 W
9 W	18 W
12 W	26 W
15 W	32 W

Figura 4.17 Tipos de lâmpadas fluorescentes compactas.

Figura 4.18 Tipos de lâmpadas especiais (halógenas e dicroicas).

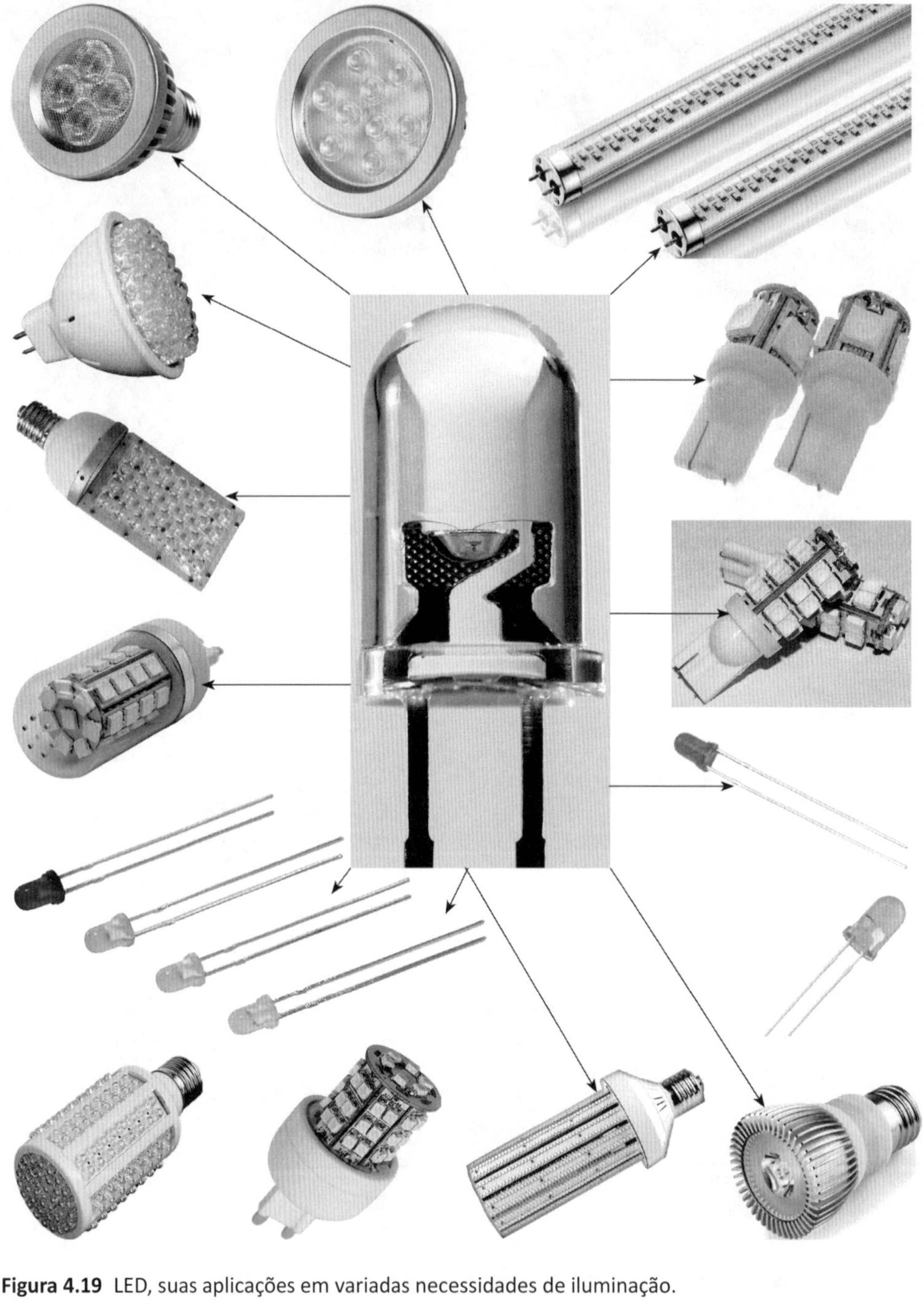

Figura 4.19 LED, suas aplicações em variadas necessidades de iluminação.

Tabela 4.2 Características das lâmpadas

<table>
<tr><th>Tipo de lâmpada</th><th>Potência (W)</th><th>Vida média (horas)</th><th>Vantagens</th><th>Desvantagens</th><th>Observações</th></tr>
<tr><td>Vapor de mercúrio</td><td>80
125
250
400</td><td>15.000</td><td>Boa eficiência luminosa, pequeno volume, longa vida média</td><td>Custo elevado, que pode ser amortizado durante o uso; demora de quatro a cinco minutos para chegar à emissão luminosa máxima</td><td>Necessita de dispositivos auxiliares (reator) e é ligada somente em 220 V</td></tr>
<tr><td>Fluorescente comum</td><td>15
20
30
40</td><td>7.500
a
12.000</td><td rowspan="2">Ótima eficiência luminosa e baixo custo de funcionamento. Boa reprodução de cores. Boa vida média</td><td rowspan="2">Custo elevado de instalação (dependendo do tipo de reator)</td><td rowspan="2">Necessita de dispositivos auxiliares (reator mais starter ou somente reator de partida rápida)</td></tr>
<tr><td>Fluorescente especial</td><td>16
32</td><td>7.500</td></tr>
<tr><td>Fluorescente compacta</td><td>5
10
15
20
25
40</td><td>3.000
a
12.000</td><td>Ótima eficiência luminosa. Baixo custo. Boa vida média. Boa reprodução de cores</td><td>Custo mais elevado que as incandescentes</td><td>A vida mediana diminui muito em função da frequência de acendimentos e desligamentos</td></tr>
<tr><td>Vapor de sódio alta pressão</td><td>50
70
100
150
250
400</td><td>18.000</td><td>Ótima eficiência luminosa, longa vida útil, baixo custo de funcionamento, dimensões reduzidas, nenhuma limitação para a posição de funcionamento, razoável rendimento cromático (apresenta uma luz e cor branco-dourada)</td><td>Custo elevado que é amortizado com o uso. Demora em torno de cinco minutos para atingir 90% do fluxo luminoso total</td><td>Necessita de dispositivos auxiliares específicos (reator mais ignitor) e é ligada em 220 V</td></tr>
<tr><td>Halógenas</td><td>20
35
50
75
100</td><td>2.000</td><td>Iluminação decorativa (utilizada em vários segmentos)</td><td>Custo e consumo mais elevado</td><td>Necessita de dispositivos auxiliares para sua ligação</td></tr>
</table>

(continua)

Tabela 4.2 Características das lâmpadas (*continuação)*

Tipo de lâmpada	Potência (W)	Vida média (horas)	Vantagens	Desvantagens	Observações
Dicroica	20 35 50	2.000	Baixo custo de substituição em razão do grande número de horas de uso. Iluminação direcionada e decorativa (destaque)	Consumo de energia mais elevado. Luminosidade quente	Pode ser ligada diretamente ou por meio de dispositivos auxiliares
LED	7 9 12 15	45.000	Baixo consumo de energia, maior tempo de vida útil, robustez, praticamente não há liberação de calor e várias opções de cor	Fiabilidade (muitas disparidades na qualidade dos dispositivos), preço mais elevado (uma boa lâmpada é necessariamente cara), razoável qualidade e projeção da luz	As lâmpadas são ligadas por meio de dispositivos eletrônicos embutidos na própria lâmpada

* As lâmpadas incandescentes tiveram sua venda suspensa no país, desde julho de 2016, por não atenderem a portaria do Ministério de Minas e Energia, que determinou a eficiência luminosa mínima para a fabricação e comercialização de lâmpadas no país.

4.8.7 CÁLCULO DE ILUMINAÇÃO

A quantidade de aparelhos de iluminação e suas respectivas potências, bem como sua distribuição num dado local de uma edificação, devem, em princípio, ser obtidas por um projeto específico de iluminação, elaborado por um profissional capacitado.

A NBR 5410:2004 estabelece as condições mínimas que devem ser adotadas com relação à determinação das potências, bem como a quantidade e a localização dos pontos de iluminação e tomadas em unidades residenciais (casas e apartamentos) e acomodações de hotéis, motéis ou similares.

São vários os métodos para o cálculo da iluminação. Os principais requisitos para o cálculo da iluminação são a quantidade e qualidade da iluminação de uma determinada área, quer seja de trabalho, quer seja lazer ou simples circulação.

Segundo a norma, nas instalações residenciais, não devem ser considerados pontos de luz com menos de 100 W no teto e 60 W na parede (arandela). Nos banheiros, é importante a previsão de uma arandela sobre a pia, além do ponto de luz no teto.

Em locais comerciais e industriais, geralmente são usados aparelhos de iluminação a vapor (fluorescentes, vapor de mercúrio, de sódio etc.), e não se deve dispensar o projeto de iluminação.

4.8.7.1 Carga mínima de iluminação exigida pela NBR 5410:2004

Para o levantamento da carga de iluminação em residências, a NBR 5410:2004 faz algumas recomendações, apresentadas a seguir.

4.8.7.1.1 Condições para se estabelecer a quantidade mínima de pontos de luz

Deve-se prever, pelo menos, um ponto de luz no teto, comandado por interruptor de parede. As arandelas no banheiro devem estar distantes, no mínimo, 60 cm do limite do *box*.

4.8.7.1.2 Condições para se estabelecer a potência mínima de iluminação

De acordo com a NBR 5410:2004, a carga de iluminação é feita em função da área do cômodo da residência:

- para área igual ou inferior a 6 m^2, atribuir um mínimo de 100 W;
- para área superior a 6 m^2, atribuir um mínimo de 100 W para os primeiros 6 m^2, acrescido de 60 W para cada aumento de 4 m^2 inteiros.

Os valores apurados por esse método correspondem à potência destinada à iluminação para efeito de dimensionamento dos circuitos, e não necessariamente à potência nominal das lâmpadas.

Também é importante ressaltar que a NBR 5410:2004 não estabelece critérios para iluminação de áreas externas em residências. Portanto, a decisão fica por conta do projetista e do cliente.

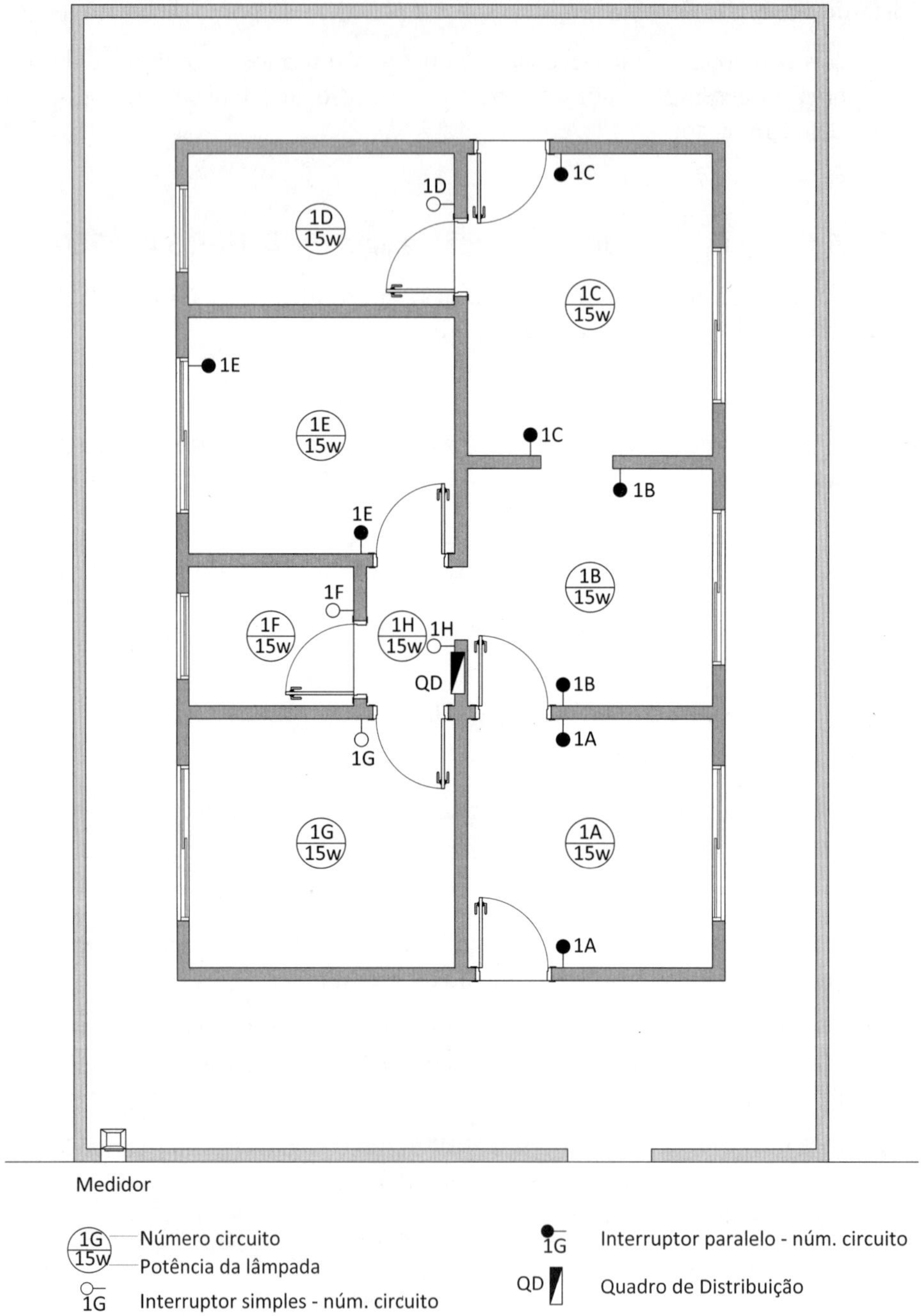

Figura 4.20 Pontos de luz.

4.9 COMPONENTES UTILIZADOS NAS INSTALAÇÕES ELÉTRICAS

De acordo com a NBR 5410:2004, a escolha de qualquer componente e sua instalação deve permitir que sejam obedecidas as medidas de proteção para garantir a segurança e um funcionamento adequado ao uso da instalação e as prescrições apropriadas às condições de influências externas previsíveis (temperatura, altitude, presença de água, presença de corpos sólidos, choques mecânicos, mofo, vibração, influências eletromagnéticas etc.).

Todos os componentes da instalação predial elétrica devem ser selecionados e instalados de maneira a satisfazer as prescrições da referida norma técnica, bem como das normas brasileiras que lhe sejam aplicáveis e, na falta destas, as normas IEC e ISO. Na falta de normas brasileiras, IEC e ISO, os componentes devem ser selecionados por acordo especial entre o projetista e o instalador.

Segundo a NBR 5410:2004, os componentes da instalação devem ser dispostos de modo a facilitar sua operação, sua manutenção e o acesso às suas conexões. A identificação dos componentes também é importante; as placas indicativas ou outros meios adequados de identificação devem permitir identificar a finalidade dos dispositivos de comando e proteção, a menos que não exista qualquer possibilidade de confusão.

4.9.1 DISPOSITIVOS DE PROTEÇÃO PARA BAIXA TENSÃO

Para garantir uma instalação elétrica predial segura e dentro das diretrizes da NBR 5410:2004, são utilizados dispositivos de proteções para baixa tensão.

Os dispositivos de proteção mais comumente utilizados nas instalações elétricas prediais são os disjuntores termomagnéticos (DTM), disjuntores diferenciais residuais (DR) e os dispositivos de proteção contra surtos (DPS).

É comum que se confundam os tipos de proteção. O sistema de proteção contra descargas atmosféricas (SPDA, para-raios), por exemplo, é específico para a proteção de pessoas, o que significa que ele não protege equipamentos, os quais poderão queimar se não possuírem um DPS.

Para os circuitos elétricos das instalações são utilizados os disjuntores termomagnéticos para proteger contra curtos-circuitos e sobrecargas e o disjuntor DR para fuga de corrente no circuito, prevenindo incêndios no imóvel e protegendo os moradores contra choques elétricos.

Cada circuito terminal da instalação elétrica deve ser ligado a um dispositivo de proteção, o qual pode ser um DTM e/ou um disjuntor DR. O DR também é chamado por alguns de interruptor diferencial residual (IDR) – trata-se do mesmo componente, apenas com um nome diferente.

Na escolha do tipo de proteção, é importante considerar também o fator econômico, sempre observando e respeitando as recomendações e os parâmetros restritivos da norma.

É muito importante utilizar disjuntores adequados nas instalações elétricas. A capacidade desses equipamentos é dada em ampères (A), que indica a intensidade de carga elétrica que pode passar por eles. A utilização de disjuntores com capacidade acima do necessário poderá danificar as instalações e os aparelhos elétricos; por outro lado, se a corrente elétrica desses dispositivos de proteção for abaixo do indicado, ocorrerá o desarme dos disjuntores.

Para obter eficiência no sistema de proteção, é necessário fazer um bom dimensionamento da rede, uma especificação correta dos alimentadores e dos dispositivos de proteção e, depois, uma manutenção periódica das instalações.

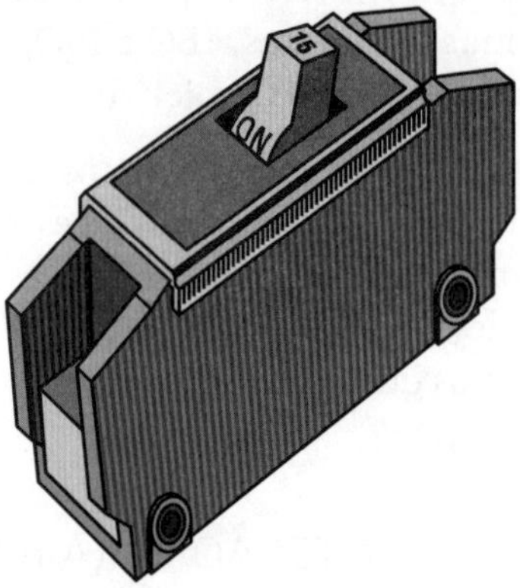

Figura 4.21 Disjuntor termomagnético (DTM) para circuito de luz tipo *quick-lag*.

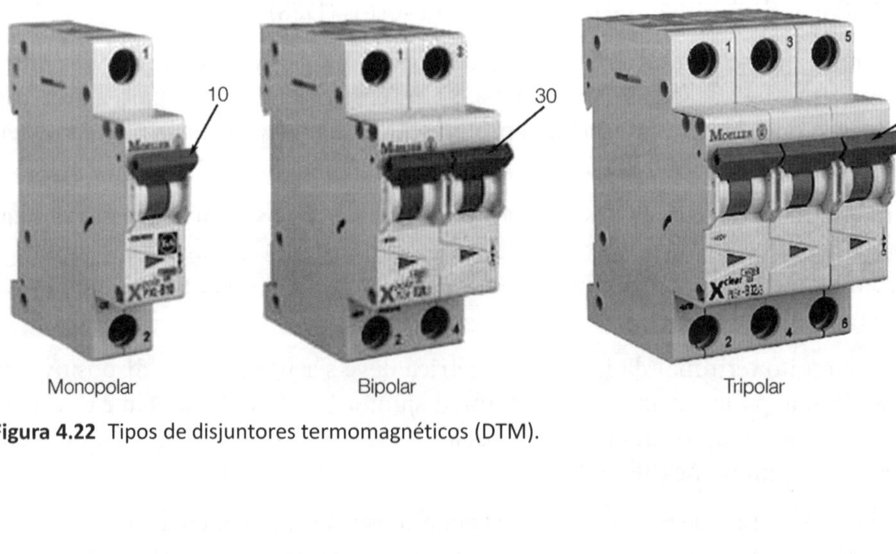

Figura 4.22 Tipos de disjuntores termomagnéticos (DTM).

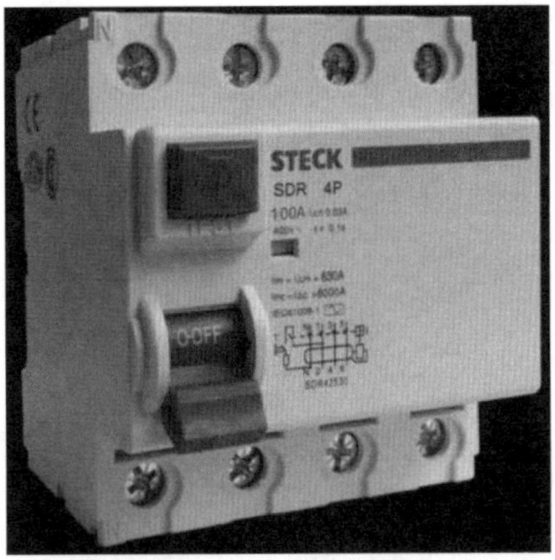

Fonte: Steck

Figura 4.23 Disjuntor DR e IDR.

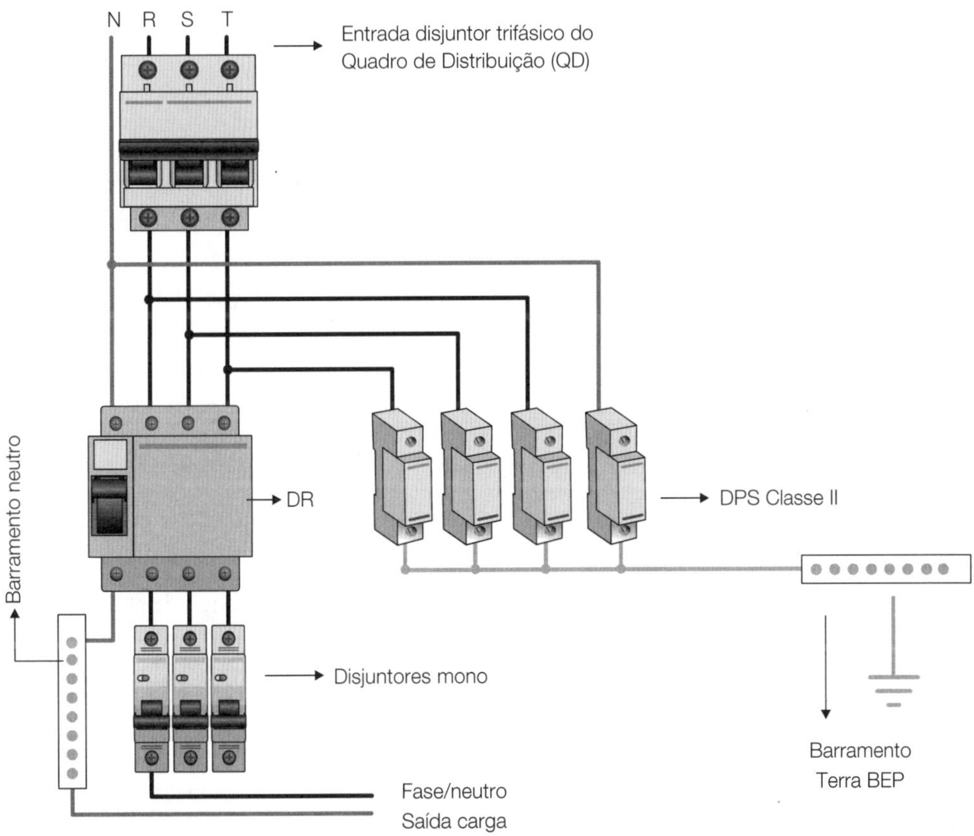

Figura 4.24 Instalação de disjuntores diferenciais residuais (DR).

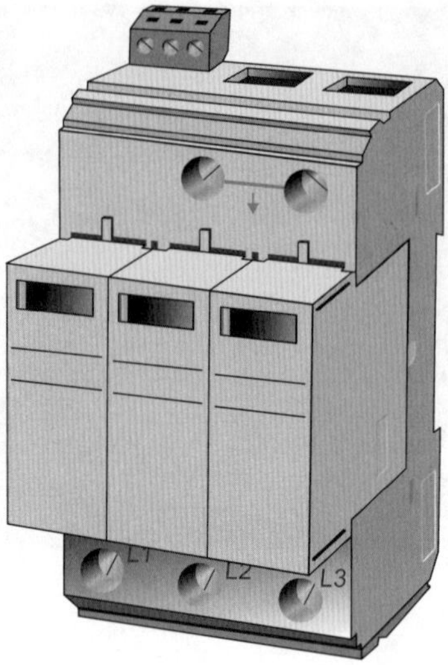

Figura 4.25 Dispositivo de proteção contra surtos (DPS).

4.9.2 ELETRODUTOS

São condutos (aparentes ou embutidos) destinados exclusivamente a conter ou abrigar os condutores elétricos, fazendo as ligações entre todos os pontos de eletricidade e os quadros de luz. Correspondem também a uma tubulação que protege e permite a fácil substituição dos condutores.

Os eletrodutos são elementos fundamentais em uma instalação elétrica, pois são responsáveis por proteger os cabos elétricos e permitir a passagem de fios e cabos de um ponto a outro da edificação, bem como proteger a edificação contra perigos de incêndio, resultantes do superaquecimento dos condutores. Sendo assim, é importante que haja uma integração adequada entre os eletrodutos e o projeto de arquitetura da edificação.

Os eletrodutos podem ser rígidos (de aço ou PVC), semirrígidos (de polietileno) e flexíveis metálicos. Só podem ser embutidos os eletrodutos rígidos e semirrígidos.

Depois de determinado o número de circuitos elétricos em que a instalação elétrica foi dividida, e já definido o tipo de proteção de cada circuito, deve-se efetuar a sua ligação por meio de eletroduto. Essa ligação precisa ser planejada detalhadamente, de tal modo que nenhum ponto de ligação fique esquecido, pois é por meio dele que os fios dos circuitos passarão.

Para o planejamento do caminho que o eletroduto irá percorrer, fazem-se necessárias algumas orientações básicas (Prysmiam Group, 2006):

- locar, primeiro, o quadro de distribuição em lugar de fácil acesso e que fique o mais próximo possível do medidor;
- partir com o eletroduto do quadro de distribuição, traçando seu caminho de modo a encurtar as distâncias entre os pontos de ligação;
- utilizar a simbologia gráfica para representar, na planta residencial, o caminhamento do eletroduto;
- fazer uma legenda da simbologia empregada;
- caminhar, sempre que possível, com o eletroduto, de um cômodo para o outro, interligando os pontos de luz;
- ligar os interruptores e tomadas ao ponto de luz de cada cômodo.

Tabela 4.3 Diâmetros dos eletrodutos

Polegadas	$\frac{1}{2}$	$\frac{3}{4}$	1	$1\frac{1}{4}$	$1\frac{1}{2}$	2	$2\frac{1}{2}$	3	4
Milímetros	15	20	27	35	41	53	62	76	100

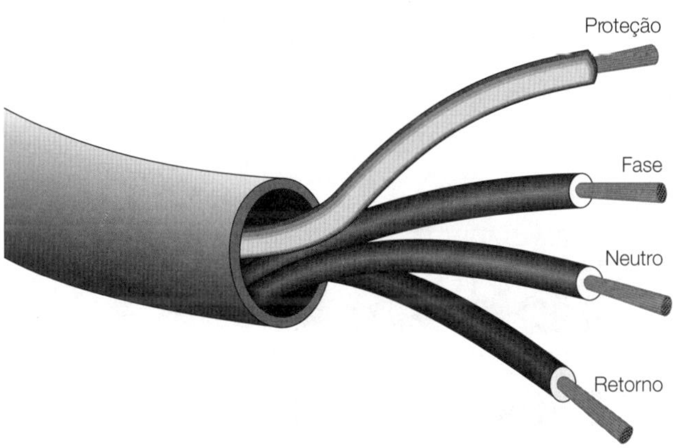

Figura 4.26 Identificação de cabos passando dentro de eletroduto.

Figura 4.27 Tipos de conduítes.

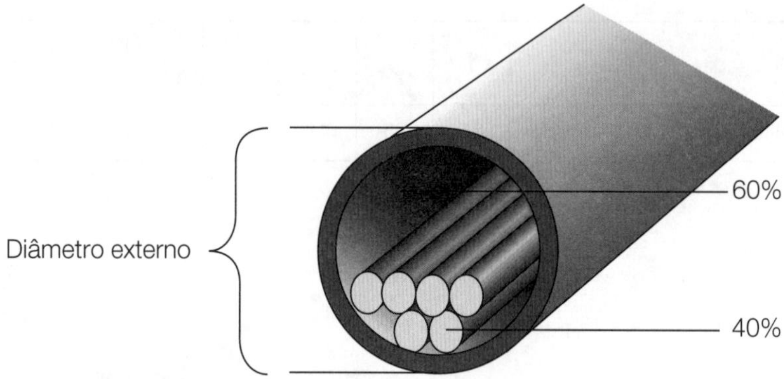

Figura 4.28 Dimensionamento de eletroduto.

Figura 4.29 Dutos flexíveis.

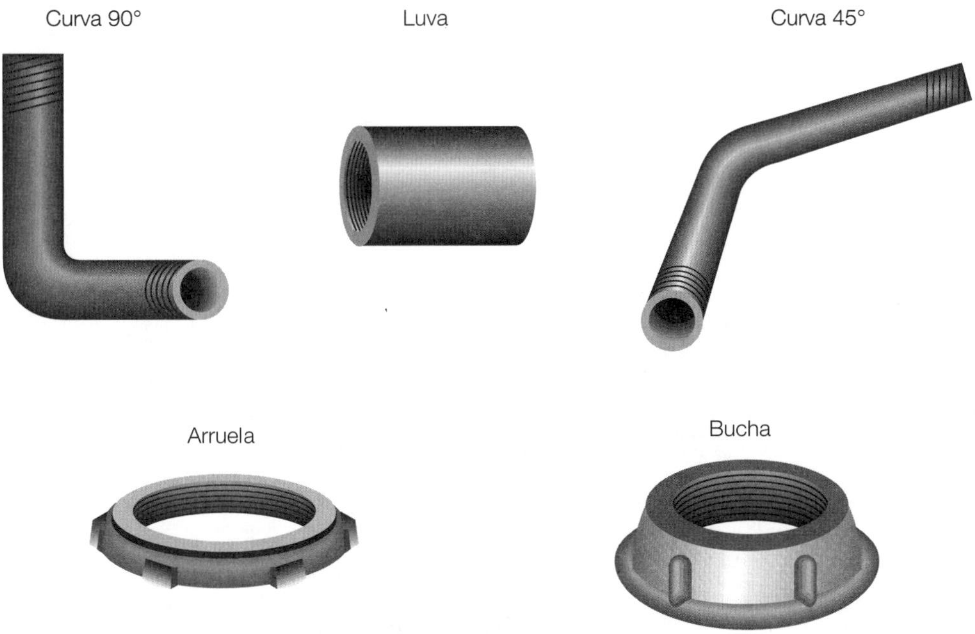

Figura 4.30 Curvas, luva, bucha e arruela de eletrodutos rígidos.

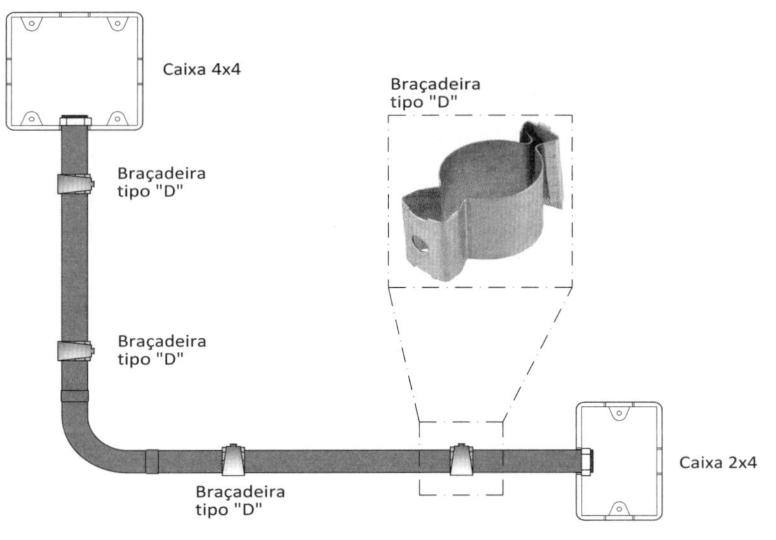

Figura 4.31 Detalhe de instalação de eletroduto aparente.

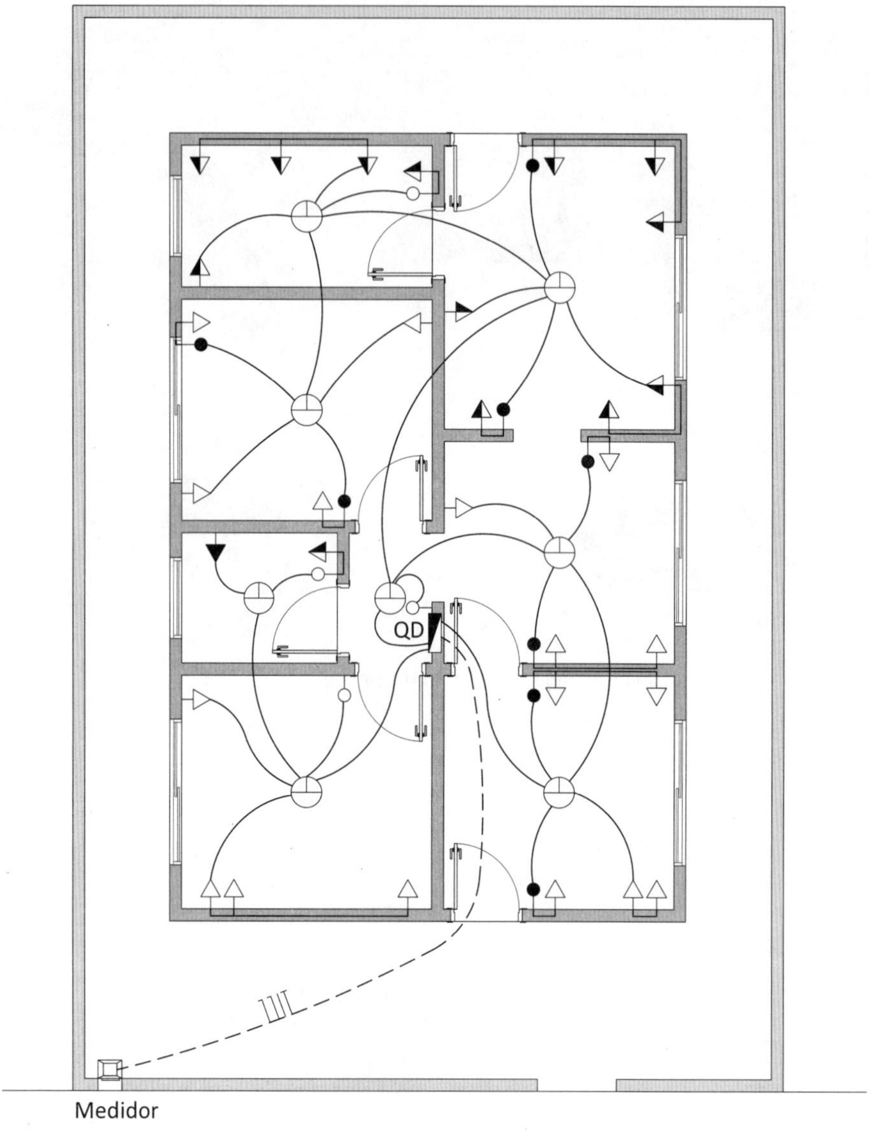

Figura 4.32 Eletrodutos representados no plano horizontal.

4.9.3 CAIXAS

São acessórios que têm várias funções nas instalações elétricas prediais. Suas principais funções são:

- servir de base para fixação de luminárias e/ou dispositivos de comando;
- introdução, emendas e derivação de eletrodutos;
- permitir acesso à fiação e manutenção das instalações.

As caixas retangulares e quadradas têm como finalidade principal a fixação de interruptores e tomadas, e são utilizadas também como caixas de passagem quando o eletroduto tiver mais que 15 m de comprimento ou fizer mais que duas curvas. As caixas hexagonais são frequentemente usadas para a fixação de luminárias de parede. As caixas octogonais com fundo móvel são usadas em lajes, para a fixação de luminárias e derivação de eletrodutos. São usadas cinco entradas, pela dificuldade de fixação do conduíte à caixa.

Essas caixas são de ferro, esmaltadas, e têm, em suas laterais, orifícios estampados que são abertos conforme a necessidade de entrada de conduítes.

As caixas de derivação ou de passagem podem ser de embutir ou aparentes. As caixas de embutir podem ser de PVC ou de chapa de aço, preferencialmente estampadas, que podem ser zincadas a fogo, esmaltadas ou galvanizadas. As caixas usadas para instalação no piso devem ser de alumínio com tampas de latão removível e regulável, e podem ser simples, duplas ou triplas.

As caixas para instalação aparente podem ser de alumínio injetado ou de PVC. Também denominadas conduletes, essas caixas são muito utilizadas em instalações industriais, comerciais, depósitos, oficinas etc.

De acordo com a NBR 5410:2004, as caixas devem ser colocadas em lugares facilmente acessíveis e serem providas de tampas. As caixas que contiverem interruptores, tomadas de corrente e congêneres devem ser fechadas pelos espelhos que completam a instalação desses dispositivos. As caixas de saída para a alimentação de equipamentos podem ser fechadas pelas placas destinadas à fixação de tais equipamentos.

Por razões estéticas e, principalmente, por questões de segurança dos usuários, os espelhos, placas e tampas devem ser colocados somente e imediatamente depois de concluídos os trabalhos de acabamento da obra.

Tabela 4.4 Tipos de caixa, dimensões, finalidades e número máximo de condutores

Tipos de caixa	Dimensões (cm)	Finalidades	N. máx. de condutores			
			1,5	2,5	4,0	6,0
Retangular	10 x 5 x 5	Interruptores, tomadas e pulsadores	9	6	4	—
Quadrada	10 x 10 x 5	Interruptores, tomadas e ligações	11	9	7	5
Quadrada	10 x 10 x 10	Passagem (ligações)	11	9	7	5
Quadrada	15 x 15 x 10	Passagem (ligações)	20	16	12	10

(*continua*)

Tabela 4.4 Tipos de caixa, dimensões, finalidades e número máximo de condutores (*continuação*)

Tipos de caixa	Dimensões (cm)	Finalidades	N. máx. de condutores			
			1,5	2,5	4,0	6,0
Octogonal	10 x 10 x 5	Ponto de luz no teto e ligações	11	11	9	5
Octogonal	10 x 10 x 10	Ponto de luz no teto e ligações	11	11	9	5
Sextavada	7,5 x 7,5 x 5	Arandelas e ligações	6	6	4	3

Fonte: CAVALIN; CERVELIN, 1998.

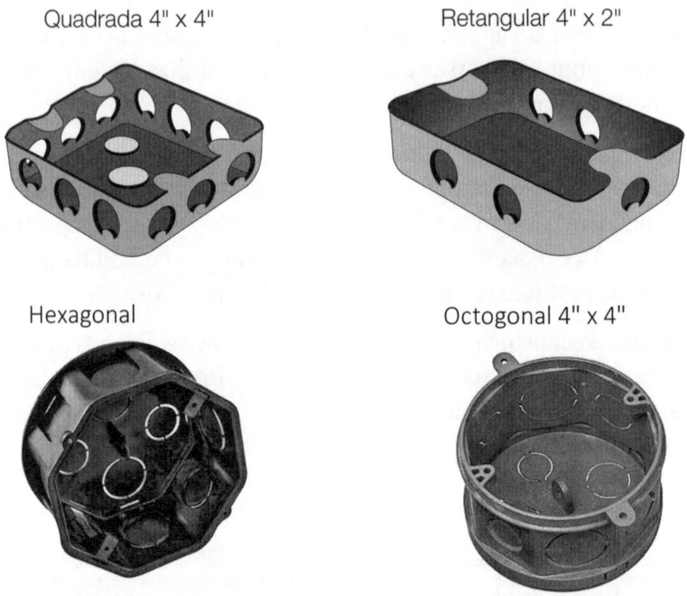

Figura 4.33 Caixas de derivação de eletrodutos.

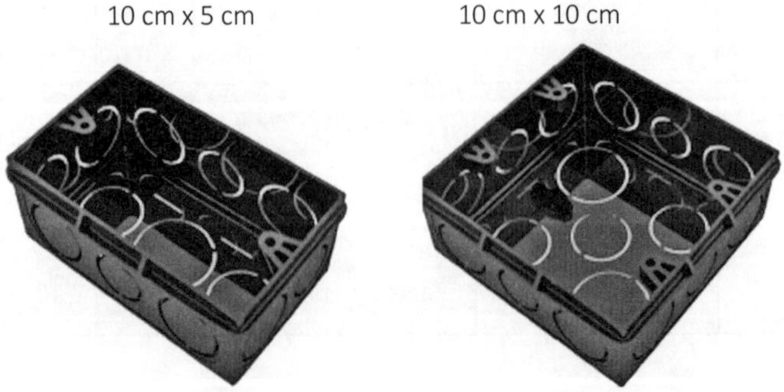

Figura 4.34 Caixas plásticas.

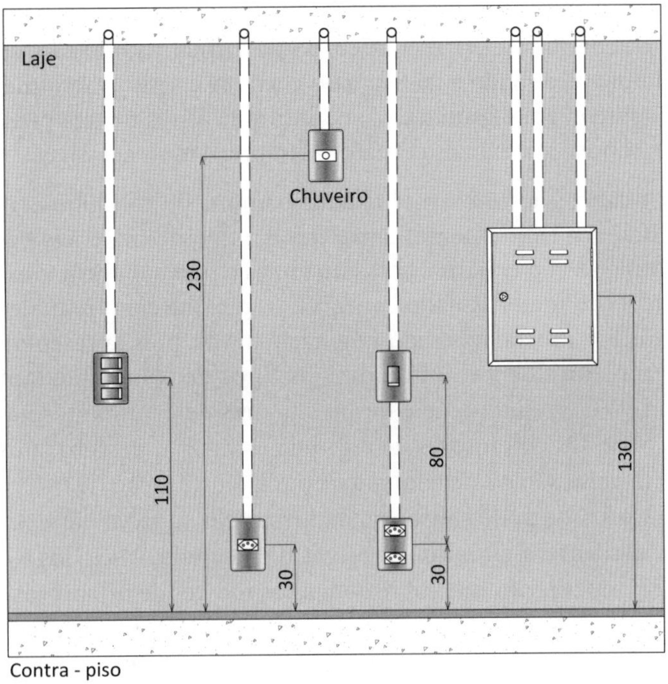

Figura 4.35 Medidas dos eletrodutos que descem até as caixas.

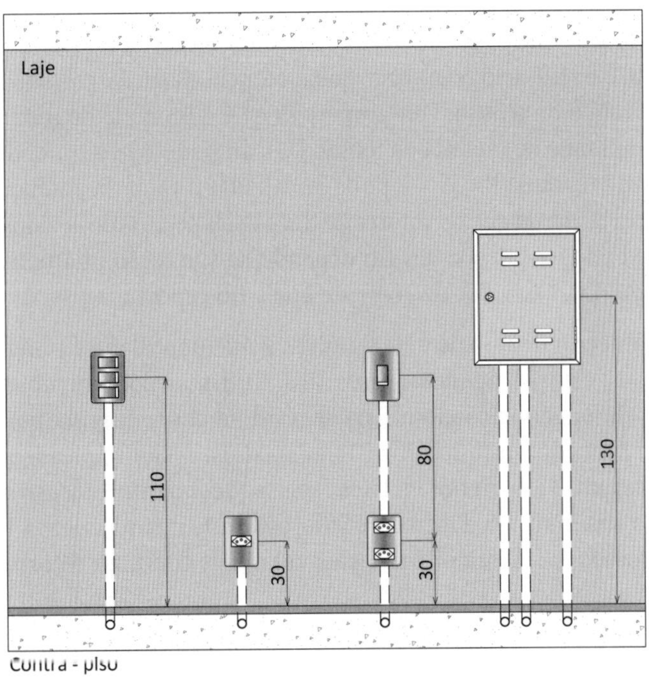

Figura 4.36 Medidas dos eletrodutos que sobem até as caixas.

4.9.4 CONDUTORES DE ELETRICIDADE

Chama-se de condutor elétrico um corpo de formato adequado, construído com material condutor e destinado a transportar corrente elétrica. Geralmente, o material condutor é o cobre e, em alguns casos, o alumínio. Esses metais possuem melhores características condutoras que os demais, a um preço mais acessível.

Os fios e os cabos são os exemplos mais comuns de condutores nas instalações elétricas. A diferença fundamental entre eles é a flexibilidade. Os fios são próprios para instalações que não exijam dobras ou curvas, pois são formados por um único fio de cobre de seção maior isolado com PVC, o que lhe confere maior rigidez. Já os cabos são ideais para instalações em que haja curvas, pois apresentam maior flexibilidade. São constituídos por inúmeros fios finos de cobre, que também recebem isolamento em PVC. A qualidade é um dos fatores determinantes na hora da escolha de fios e cabos. Os condutores de segunda categoria, mais baratos, que deverão ser evitados, em geral são confeccionados com a reutilização de fios e até mesmo do material isolante, o que pode causar rachaduras pelo aquecimento. Além de fuga de corrente, choques, curtos-circuitos e perigos de incêndio, esses fios e cabos mais baratos trazem em seu interior um cobre com altos índices de impurezas, que impedem a boa passagem de corrente elétrica e, consequentemente, aquecem, criando risco para as instalações elétricas, perda de energia e maiores gastos na conta de luz.

Para assegurar a qualidade dos fios e cabos, existem as normas brasileiras da ABNT. No Brasil, diversas empresas produzem fios e cabos de alta qualidade, algumas, inclusive, até superando as exigências da ABNT.

A corrente elétrica que passa pelos fios é medida em amperes (A). Para o cálculo da corrente elétrica, é necessário relembrar que: potência elétrica é o resultado do produto da ação da corrente e da tensão; volt-ampere (VA) é a unidade de medida da potência (P); volt (V) é a unidade de medida da tensão (U); ampere (A) é a unidade de medida da corrente (I). Com a fórmula $P = U \times I$, pode-se calcular o valor da potência (P), da tensão (U) e da corrente (I), desde que os valores de duas delas sejam conhecidos. A quantidade de corrente que pode passar por um fio depende da sua seção (diâmetro), e o valor do disjuntor deve ser igual ao valor da corrente que o fio suporta.

A bitola (diâmetro) dos fios é determinada pela quantidade e potência dos aparelhos que estão ou estarão ligados nesses fios. O dimensionamento dos condutores deve ser feito pelo engenheiro eletricista segundo a carga exigida por cada circuito. Trata-se de um procedimento para verificar qual é a seção mais adequada, a fim de permitir a passagem da corrente elétrica, sem aquecimento excessivo, e para que a queda de tensão seja mantida dentro dos valores-limite normalizados. De modo geral, quanto mais grosso é o fio, maior é sua capacidade de conduzir a corrente elétrica.

Os fios e cabos possuem isolação colorida para identificar a função de cada condutor e também facilitar os manuseios para manutenções futuras. Para as instalações elétricas de baixa tensão, a NBR 5410:2004 determina o padrão de cores que deve ser usado para os condutores elétricos.

Para o fio (cabo) neutro, deve ser usado um condutor com isolação na cor azul-claro. Para o condutor de proteção, mais conhecido como fio terra, deve ser usado um condutor com isolação nas cores verde ou verde-amarelo.

Para os demais fios e cabos (fases), não é prevista a utilização de nenhuma cor específica. Podem ser de quaisquer cores definidas pelo profissional eletricista para distinguir os circuitos. Normalmente, são usados condutores com isolação nas cores preto e vermelho para os fios e cabos (fases), mas a norma não diz nada sobre isso.

Por razões de segurança, não deve ser usada a cor de isolação exclusivamente amarela onde existir risco de confusão com a dupla coloração verde-amarela, cores exclusivas do condutor de proteção.

É importante ressaltar que, em muitas instalações elétricas, infelizmente, o padrão oficial de cores não foi utilizado. Por isso, antes de fazer novas conexões, não se deve confiar somente nas cores dos fios, mas também, e principalmente, na função de cada condutor.

Para confirmar as funções dos condutores deve-se consultar os diagramas da instalação, medir com o multímetro a tensão e a corrente presentes em cada condutor, verificar na origem da instalação (quadro de distribuição de circuitos) quais foram os condutores utilizados para cada função.

Tabela 4.5 Capacidade de condução de corrente

Seção (mm^2)	Corrente máxima (A)
1	12
1,5	16,5
2,5	21
4	28
6	36
10	50
16	68
25	89
35	111
50	134
70	171

Tabela 4.6 Seções mínimas dos condutores de cobre (cabos isolados)

Tipo de circuito	Seção mínima (mm^2)
Circuitos de iluminação	1,5
Circuitos de força	2,5
Circuitos de sinalização e circuitos de controle	0,5

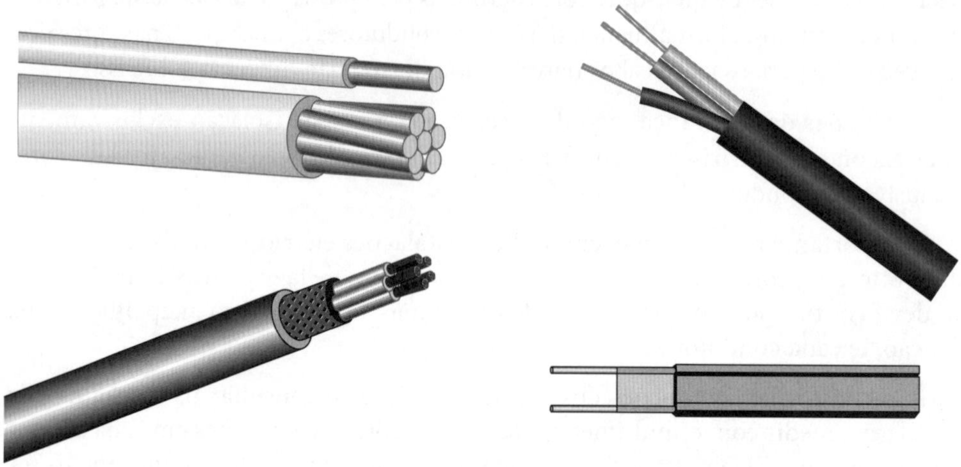

Figura 4.37 Fios e cabos.

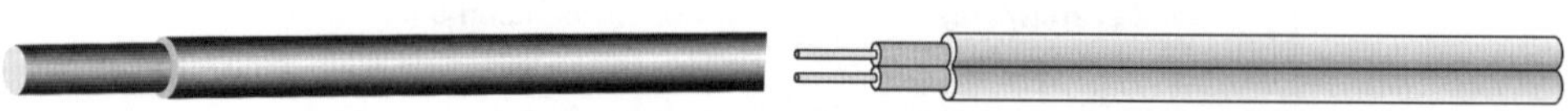

Fio de cobre com isolamento termoplástico do tipo Pirastic, da Prysmian.

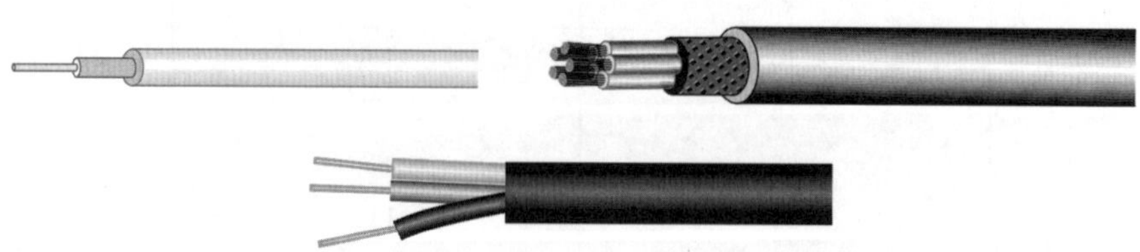

Fios de cobre de têmpera mole, com isolamento p/ 600 V e encapamento externo de PVC do tipo RCC da Prysmian, indicado para uso em locais úmidos.

Figura 4.38 Exemplos de fios e cabos (*continua*).

Condutores de cobre com encapamento protetor para utilização ao tempo tipo WPP.
Não é indicado para o uso em eletrodutos.

Cabo nu de cobre.

Haste de copperweld utilizada para eletrodo de terra, com o conector fixando um fio nu à haste.

Figura 4.38 Exemplos de fios e cabos (*continuação*).

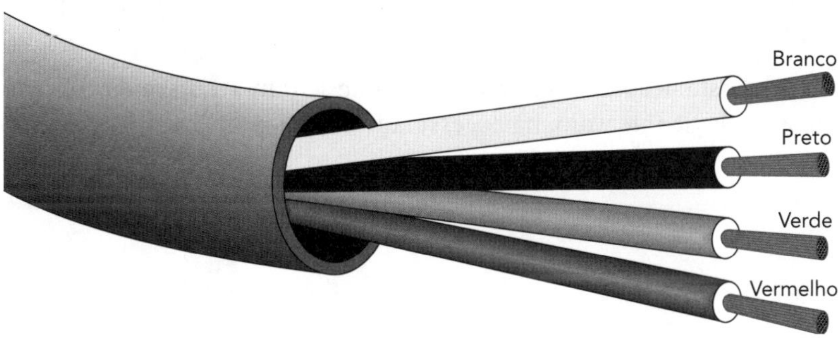

Figura 4.39 Identificação dos cabos (fase, neutro, terra) por meio de cores.

4.9.5 DISPOSITIVOS DE MANOBRA

Os dispositivos de manobra, também chamados de dispositivos de comando, são aqueles que interrompem os circuitos, isto é, impedem a passagem de corrente. Apesar de parecer um detalhe sem importância, o arquiteto deve escolher bem os lugares onde os interruptores e as tomadas serão instalados.

Os eletrodomésticos, por exemplo, não devem ser colocados onde existem interruptores. Na verdade, os interruptores é que devem ser instalados de acordo com a colocação dos eletrodomésticos no *layout* da arquitetura. Se o arquiteto não se atentar a este detalhe, os interruptores podem comprometer a estética da decoração, além de se tornarem pouco úteis no cômodo.

Para evitar que isso ocorra, uma boa dica é planejar onde os interruptores serão instalados e cogitar múltiplas alternativas com antecedência. Devem ser previstos, no *layout* do projeto arquitetônico, os eletrodomésticos mais importantes, além de outros que poderão ser adquiridos pelo futuro morador.

Dessa maneira, será mais fácil decidir quantos interruptores e tomadas serão necessários e onde eles poderão ser instalados. Entretanto, o excesso de interruptores e tomadas espalhadas pela casa também pode prejudicar a decoração dos ambientes.

A cor desses dispositivos também é importante. Deve-se priorizar a escolha de tomadas e interruptores neutros e claros, evitando dar destaque a esses detalhes da casa. Alguns projetos de decoração sugerem o uso de interruptores modernos, coloridos ou decorados.

Os interruptores devem ter capacidade suficiente, em amperes, para suportar por tempo indeterminado as correntes que transportam.

Os interruptores utilizados para o comando de iluminação podem ser de três tipos: simples, paralelo e intermediário. Os interruptores das luminárias devem estar colocados de maneira que possam ser acionados próximos delas, de maneira lógica e simples.

As dependências muito grandes, com muitas luminárias, podem ter o comando concentrado num quadro de distribuição. Já os compartimentos pequenos, por exemplo, de uma residência, devem ter os interruptores localizados junto às portas, à distância de 10 cm a 15 cm da guarnição.

A altura de instalação de interruptor varia de 1,10 m a 1,30 m em relação ao piso assentado. Fora desse intervalo, há necessidade de se especificar no desenho.

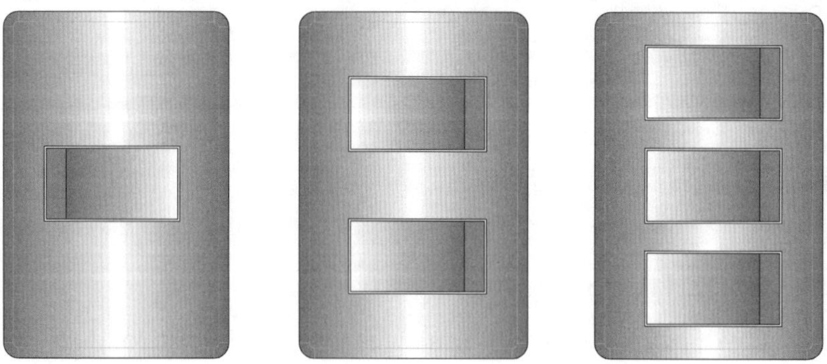

Figura 4.40 Interruptores de embutir de teclas simples, dupla e tripla.

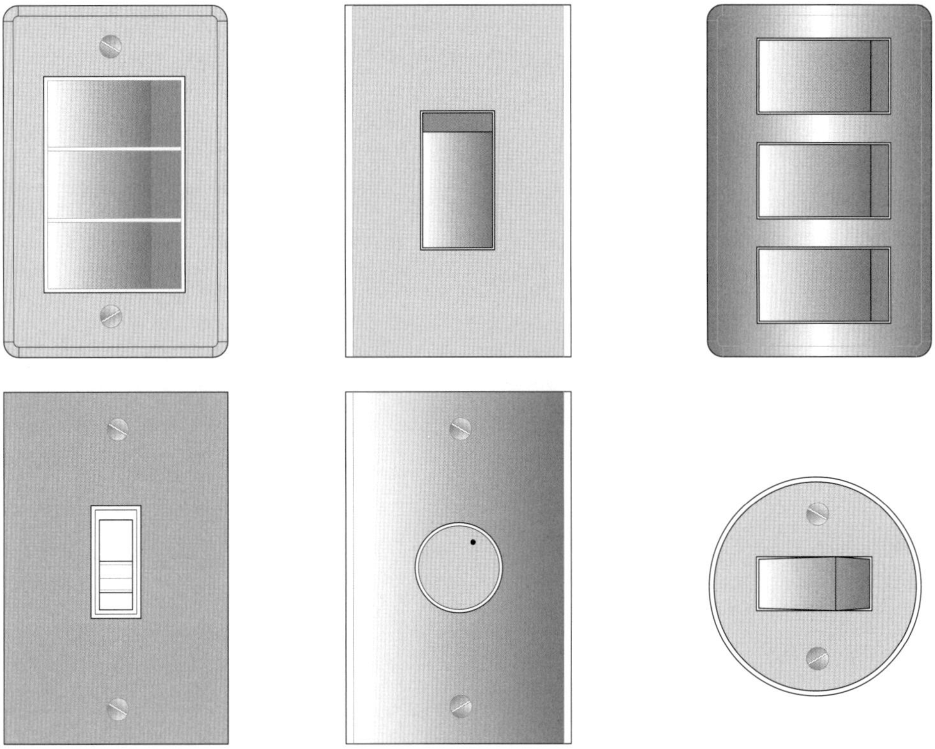

Figura 4.41 Tipos de interruptores.

CAPÍTULO 5

Interfaces dos sistemas prediais de telefonia

5.1 CONSIDERAÇÕES GERAIS

Este capítulo tem como objetivo estabelecer alguns parâmetros que devem ser observados na compatibilização do projeto arquitetônico com os projetos de telecomunicações.

Com a proliferação dos ramais, das extensões, das ligações para computadores, internet e dos pontos de TV a cabo, a telefonia ganhou destaque nas obras, tornando-se um item indispensável em qualquer projeto.

Um projeto de instalação telefônica tem por objetivo dimensionar os cabos, bem como as caixas de distribuiçãoassociadas ao distribuidor geral. Deve ser baseado nas normas Telebrás, onde são definidas as quantidades de pontos de acordo com o fim a que se destina: se predial, comercial ou industrial.

Todos os projetos de tubulações telefônicas, referentes a edificações com três ou mais pavimentos e/ou seis ou mais pontos telefônicos, deverão ser submetidos à aprovação da concessionária. Em tais casos, nenhuma tubulação telefônica deverá ser executada sem que seu projeto tenha sido aprovado. O pedido de aprovação deve ser elaborado conforme o padrão determinado pela concessionária de telefonia. Tal documento identifica a obra e os responsáveis técnicos pelo projeto.

É importante ressaltar, porém, que a entrada e as tubulações de telefonia devem ser exclusivas, ou seja, independentes de outras instalações. Além disso, os fios telefônicos devem ser sempre tubulados e embutidos.

Os materiais a serem utilizados na instalação devem ser rigorosamente adequados às finalidades a que se destinam e devem satisfazer as normas aplicáveis da ABNT. Devem ser adquiridos em lojas especializadas, e a execução dos serviços, feita, preferencialmente, por profissionais habilitados. Todas as modificações que o construtor precisar introduzir em um projeto de tubulação deverão ser analisadas e aprovadas previamente pela concessionária.

Além das instalações elétricas e de telefonia, complementarmente, uma edificação necessita de uma série de sistemas adicionais: interfone, antena coletiva, TV por assinatura, internet, alarme patrimonial, circuito fechado de televisão (CFTV), alarme de incêndio e sonorização etc, e com o avanço tecnológico outros sistemas ainda surgirão.

Portanto, caberá ao projetista de instalações a elaboração de projetos específicos, os quais podem ser considerados como projetos independentes aos projetos principais e serem feitos separadamente.

5.2 INTERFACES DE ENTRADA DE TELEFONIA E INTERNET

As interfaces de entrada de telefonia e internet são elementos importantes na concepção do projeto de arquitetura de um edifício. Essas interfaces permitem a conexão dos moradores com os serviços de telecomunicação e internet, garantindo a comunicação e o acesso à informação.

A entrada de telefonia geralmente é composta por uma caixa externa, que abriga a fiação de telefone da rua, e uma caixa interna, que conecta a fiação da rua com a fiação interna do edifício. Essa caixa interna pode estar localizada no *hall* de entrada ou em uma sala de equipamentos específicos, dependendo do tamanho do edifício. Além disso, é importante que haja espaço suficiente para a instalação de equipamentos como centrais elétricas e roteadores.

Já a entrada de internet pode ser feita por meio de cabos de fibra óptica ou por meio de linhas de telefone comuns. É importante que a arquitetura preveja a passagem desses cabos para dentro do edifício, bem como a distribuição de sinal para os apartamentos. Em edifícios maiores, pode ser necessário contar com salas de equipamentos específicos para acomodar roteadores e outros dispositivos de rede.

No geral, é fundamental que a arquitetura do edifício preveja espaço suficiente para a instalação de equipamentos e infraestrutura de telecomunicação e internet. Além disso, a instalação deve seguir as normas e padrões técnicos vigentes, para garantir a qualidade e segurança das conexões.

Geralmente, a entrada telefônica segue praticamente o mesmo critério de entrada de energia elétrica. Deve ser preservada uma distância mínima de 20 cm entre o eletroduto de telefonia, os da eletricidade e os destinados a outros usos, como os computadores, antena de TV, interfone e energia elétrica, para evitar interferências.

Para a entrada telefônica de uma residência, é utilizado o mesmo poste particular previsto para a entrada de energia elétrica, seguindo praticamente o mesmo critério. Esse poste será de concreto armado, conforme norma da concessionaria de energia local, com eletroduto de entrada de 19 mm de diâmetro.

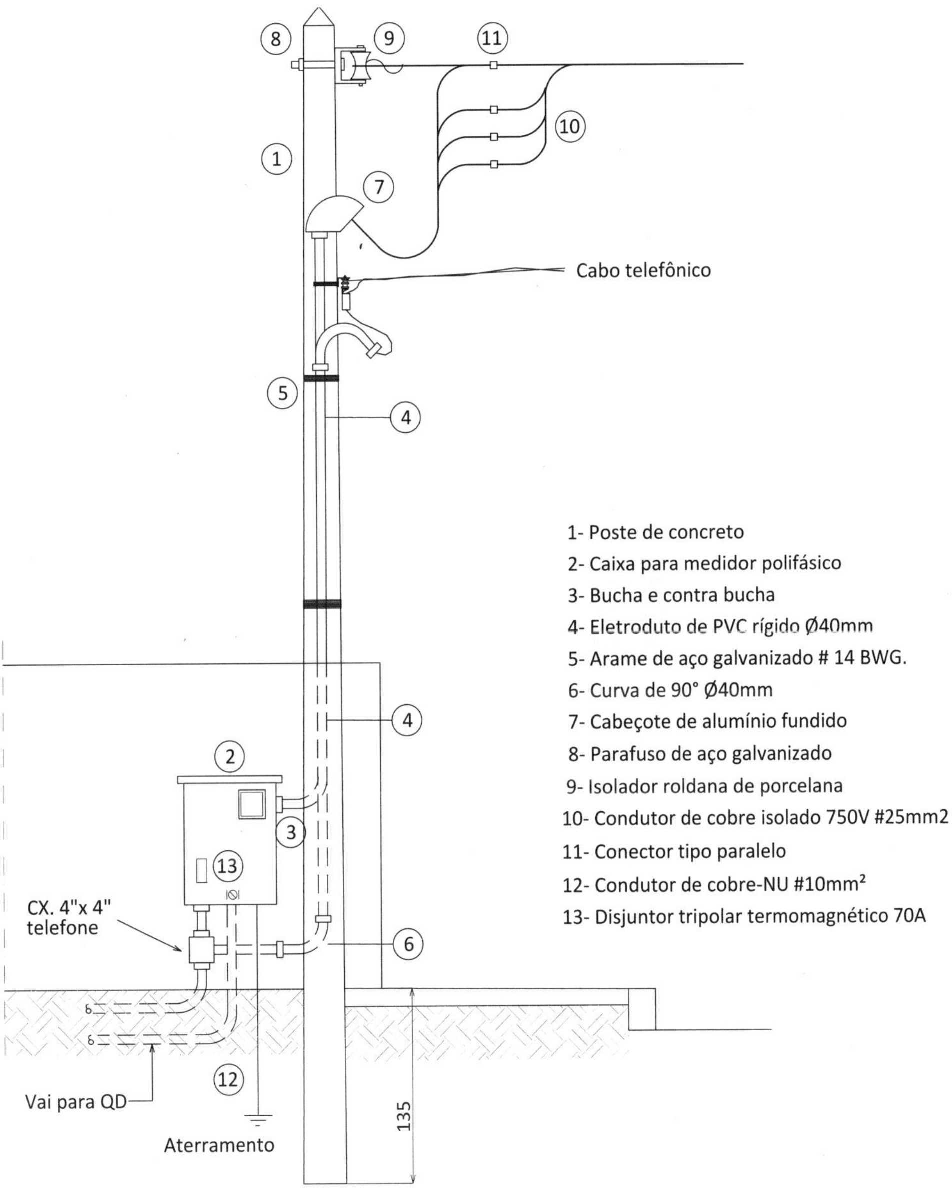

Figura 5.1 Entrada telefônica pelo piso.

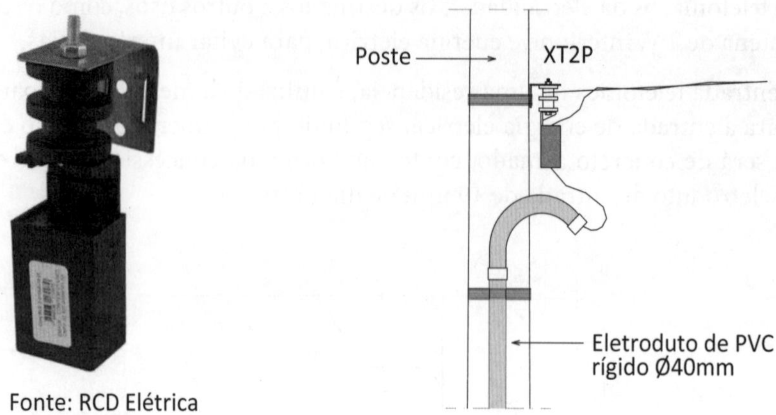

Figura 5.2 Detalhe da entrada.

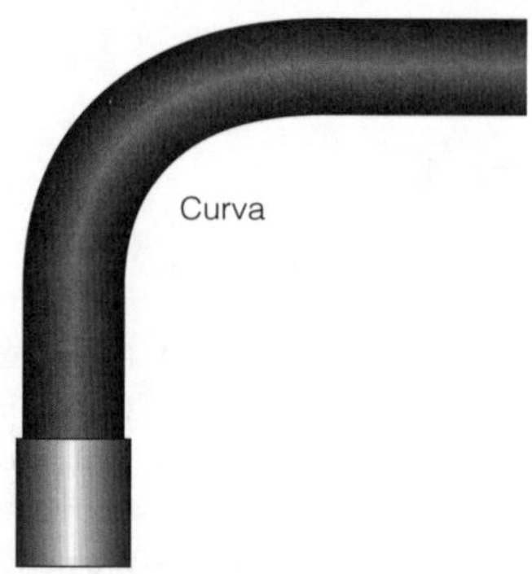

Figura 5.3 Curva 90°.

5.2.1 POSTE PARTICULAR PARA ENTRADA TELEFÔNICA

Como mencionado, para a entrada telefônica de uma residência, pode ser utilizado o mesmo poste particular previsto para a entrada de energia elétrica, que pode ser de concreto armado com eletroduto de 19 mm (3/4") de diâmetro.

O poste particular de entrada telefônica é um elemento importante a ser considerado no projeto de arquitetura de uma residência ou edifício. Esse poste é responsável por receber a fiação telefônica proveniente da rua e distribuí-la para o interior da edificação.

A escolha da localização do poste particular deve ser feita com cuidado, de forma a garantir que ele esteja acessível para manutenção e reparos, mas também que não interfira na estética do imóvel. O ideal é que ele seja instalado próximo à entrada principal do edifício, de preferência em uma área externa ou em uma caixa protegida, para evitar danos em caso de intempéries.

O poste particular deve ser projetado de acordo com as normas e padrões técnicos da concessionária, que determinam as características da fiação e as especificações dos equipamentos de consumo. É importante lembrar que, em alguns casos, a instalação do poste particular pode estar sujeita à autorização da prefeitura ou de outros órgãos reguladores.

Em resumo, o projeto de arquitetura deve contemplar a instalação do poste particular de entrada telefônica em uma localização adequada e segura, seguindo as normas e padrões técnicos dos órgãos reguladores.

Tabela 5.1 Alturas mínimas para a entrada de cabos aéreos

Situações típicas de entradas aéreas	Altura mínima da ferragem com relação ao passeio (m)	Altura mínima do eletroduto de entrada com relação ao passeio (m)
Cabo aéreo do mesmo lado do edifício	3,5	3
Cabo aéreo do outro lado da rua	6	3
Edifício em nível inferior ao do passeio	Estudo conjunto com a concessionária	

Os seguintes afastamentos mínimos devem ser observados entre o cabo telefônico de entrada e os cabos de energia elétrica, que alimentam o edifício:

- cabos de baixa tensão: 0,6 m;
- cabos de alta tensão: 2 m.

O poste particular para a entrada telefônica deve ser usado sempre que houver recuo da edificação superior a 5 m, ou quando não for possível assegurar as alturas mínimas do fio telefônico em relação ao piso acabado da rua.

Em edificações sem recuo, é permitida a entrada telefônica direta pela fachada. Para imóveis com recuo, é necessário o poste particular de acesso.

No caso de edificações já existentes, se o poste de entrada não permitir as alturas mínimas preestabelecidas pela empresa fornecedora de telefonia, será necessário que se substitua o existente ou que se instale outro poste auxiliar para que o telefone possa ser ligado dentro dos padrões exigidos.

A distância mínima entre o fio de entrada de energia e o fio de entrada telefônica, no poste particular, deve ser de 60 cm, e o fio telefônico deve ficar sempre abaixo do fio de energia.

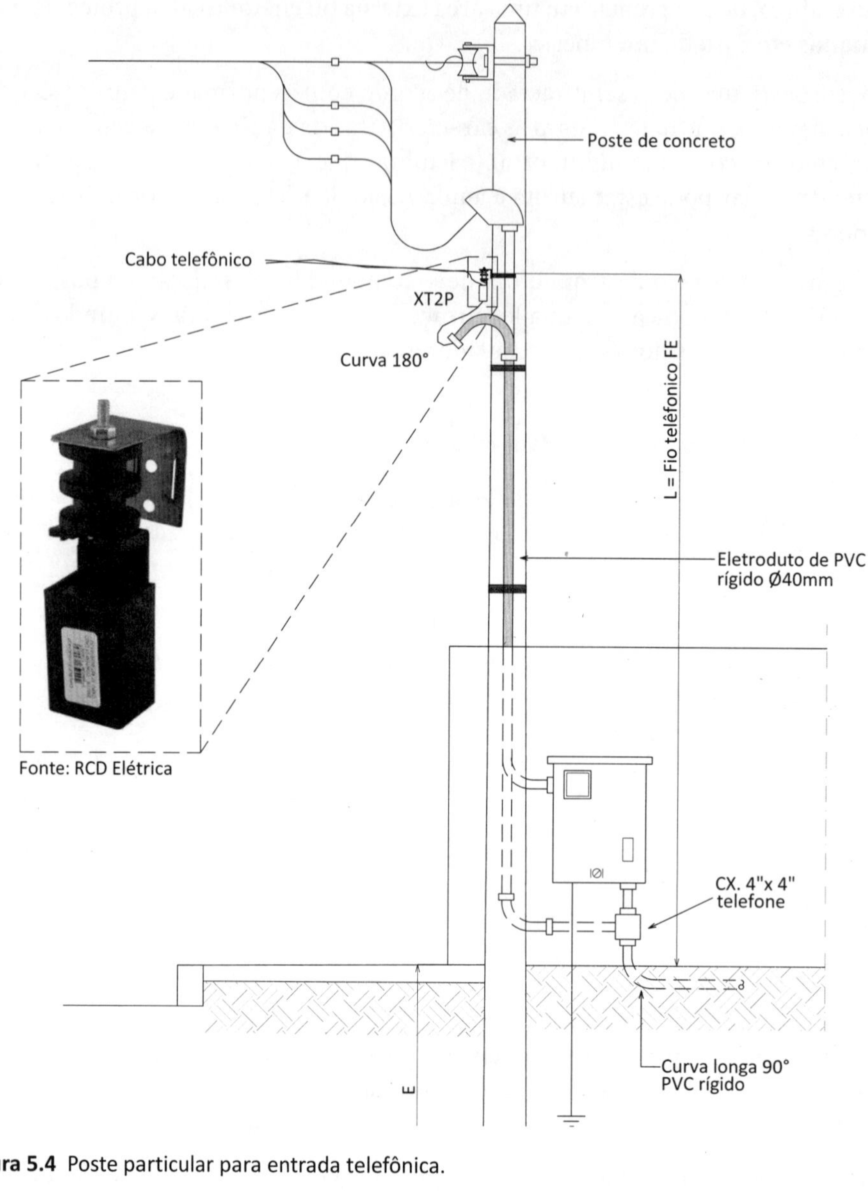

Figura 5.4 Poste particular para entrada telefônica.

5.2.2 CAIXA EXTERNA PARA ENTRADA TELEFÔNICA

A caixa externa utilizada para entrada telefônica deve ser de chapa de ferro estampada, de 25 cm × 15 cm × 10 cm, própria para embutir em paredes, provida de fundo de madeira de 15 mm de espessura e porta com ventilação, tipo veneziana, a ser instalada próxima à base do poste.

Se a tubulação de entrada do edifício for subterrânea, deverá terminar em uma caixa subterrânea, que é dimensionada em função do número total de pontos da edificação, conforme tabela:

Tabela 5.2 Dimensionamento da caixa de entrada do edifício

Número total de pontos do edifício	Tipo de caixa	Dimensões internas		
		Comprimento (cm)	Largura (cm)	Altura (cm)
Até 35	R1	65	35	50
De 36 a 140	R2	107	52	50
De 141 a 420	R3	120	120	130
Acima de 420	1	215	130	180

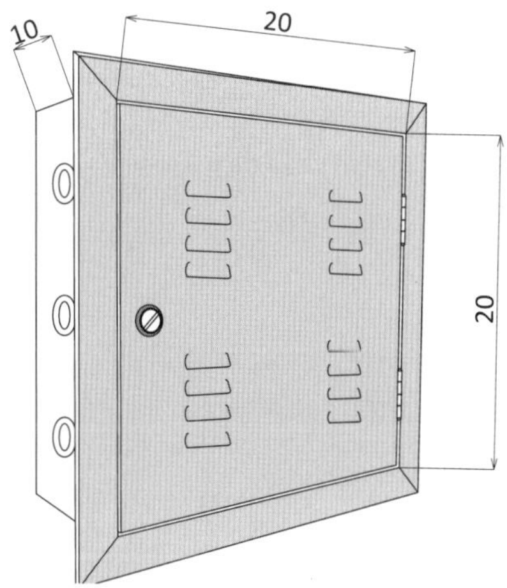

Figura 5.5 Caixa externa para entrada telefônica.

Observação: Objetivando aumentar a segurança do usuário e de seus equipamentos telefônicos contra possíveis descargas atmosféricas, as empresas concessionárias de telefonia exigem o aterramento independente do sistema telefônico na caixa do DG (distribuidor geral).

5.2.3 RAMAL DE ENTRADA TELEFÔNICA

O ramal de entrada telefônica de uma edificação pode ser aéreo ou subterrâneo, sendo:

- Aéreo quando a edificação possuir poste de concreto particular na divisa do terreno com o passeio público e a edificação possuir até 21 pontos telefônicos;

- Subterrâneo quando a rede da concessionária de telefonia for interligada ao poste localizado no passeio público e o número de pontos telefônicos previsto para a edificação for superior a 21.

Se, por razões estéticas, o construtor optar pela entrada subterrânea, deverá ser apresentado a concessionária um projeto de tubulação para ser analisado e previamente aprovado.

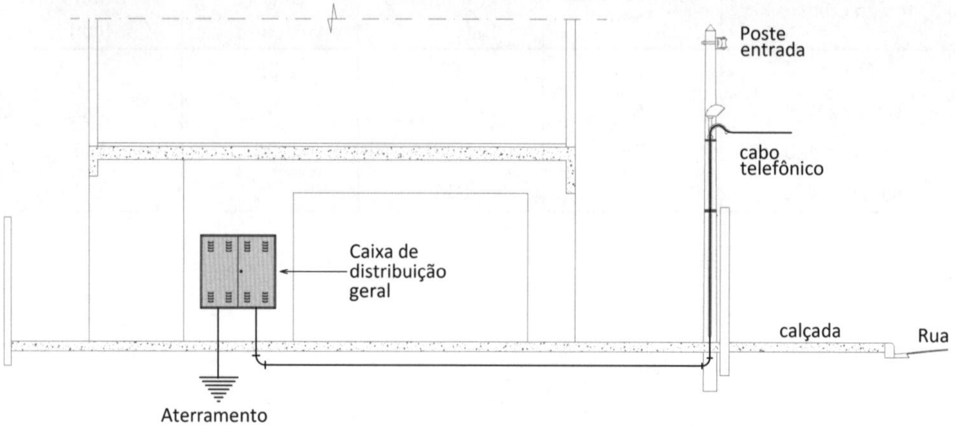

Figura 5.6 Tubulação de entrada aérea sem caixa de passagem.

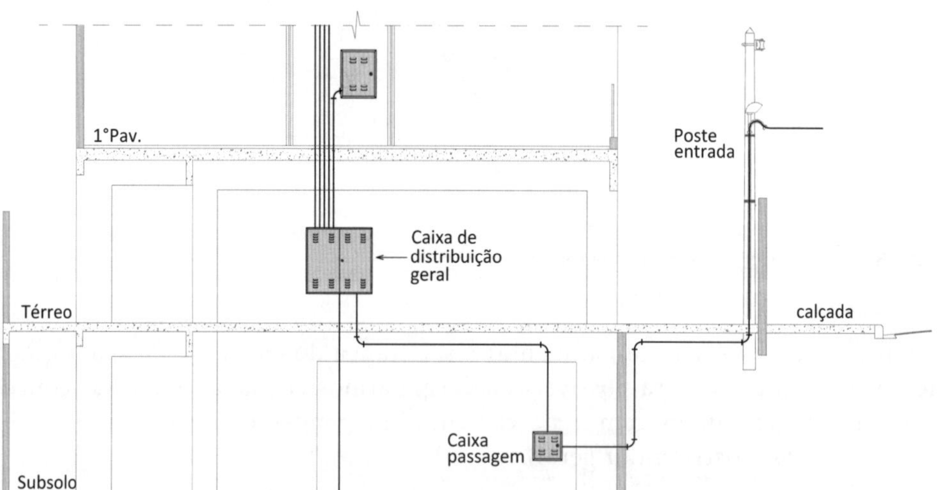

Figura 5.7 Tubulação de entrada aérea com caixa de passagem.

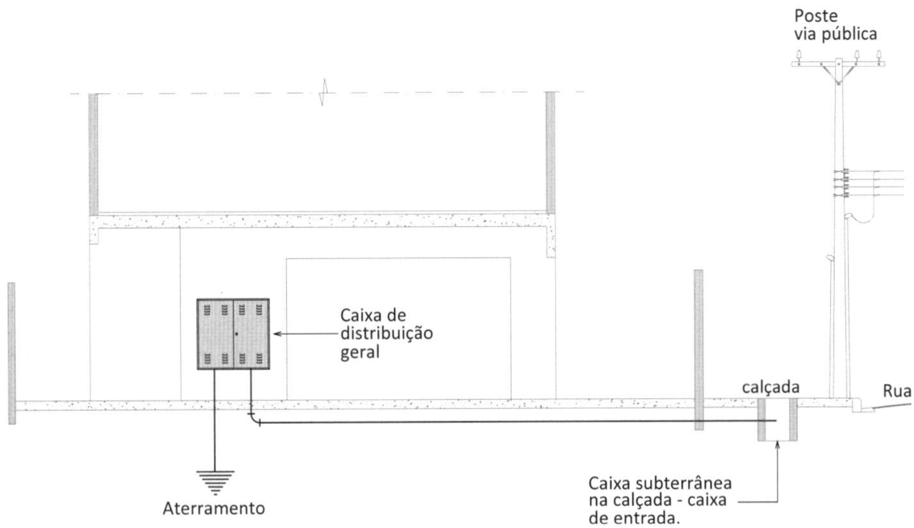

Figura 5.8 Tubulação de entrada subterrânea.

5.3 PRUMADA TELEFÔNICA

A prumada telefônica de um prédio corresponde a um conjunto de meios físicos dispostos verticalmente, destinado à instalação de blocos e cabos telefônicos para atendimento dos pavimentos. Geralmente, é localizada em áreas comuns do prédio que apresentem a maior continuidade vertical, do último andar até o andar térreo, onde quase sempre está situada a caixa de distribuição geral.

Um prédio pode possuir mais de uma prumada, em razão da existência de obstáculos intransponíveis no trajeto da tubulação vertical, gerando desvio(s) na prumada, de a arquitetura da edificação ser constituída por vários blocos separados sobre uma mesma base ou nos casos de edifícios que possuem várias entradas com áreas de circulação independentes. As prumadas telefônicas podem variar de acordo com as características, finalidades do prédio e o número de pontos telefônicos acumulados.

As interfaces das prumadas de telefonia com o projeto de arquitetura são fundamentais para garantir a qualidade da comunicação dentro do edifício.

A primeira interface a ser considerada é a caixa de distribuição, que é responsável por distribuir os cabos telefônicos para cada pavimento do edifício. Ela deve ser posicionada em um local de fácil acesso e protegida contra intempéries e vandalismo. Outra interface importante é o cabeamento interno do edifício, que deve ser planejado de acordo com as normas técnicas de distribuição de telefonia.

O ideal é que a prumada de telefonia seja separada das demais prumadas, como a elétrica e hidráulica, para evitar interferências eletromagnéticas.

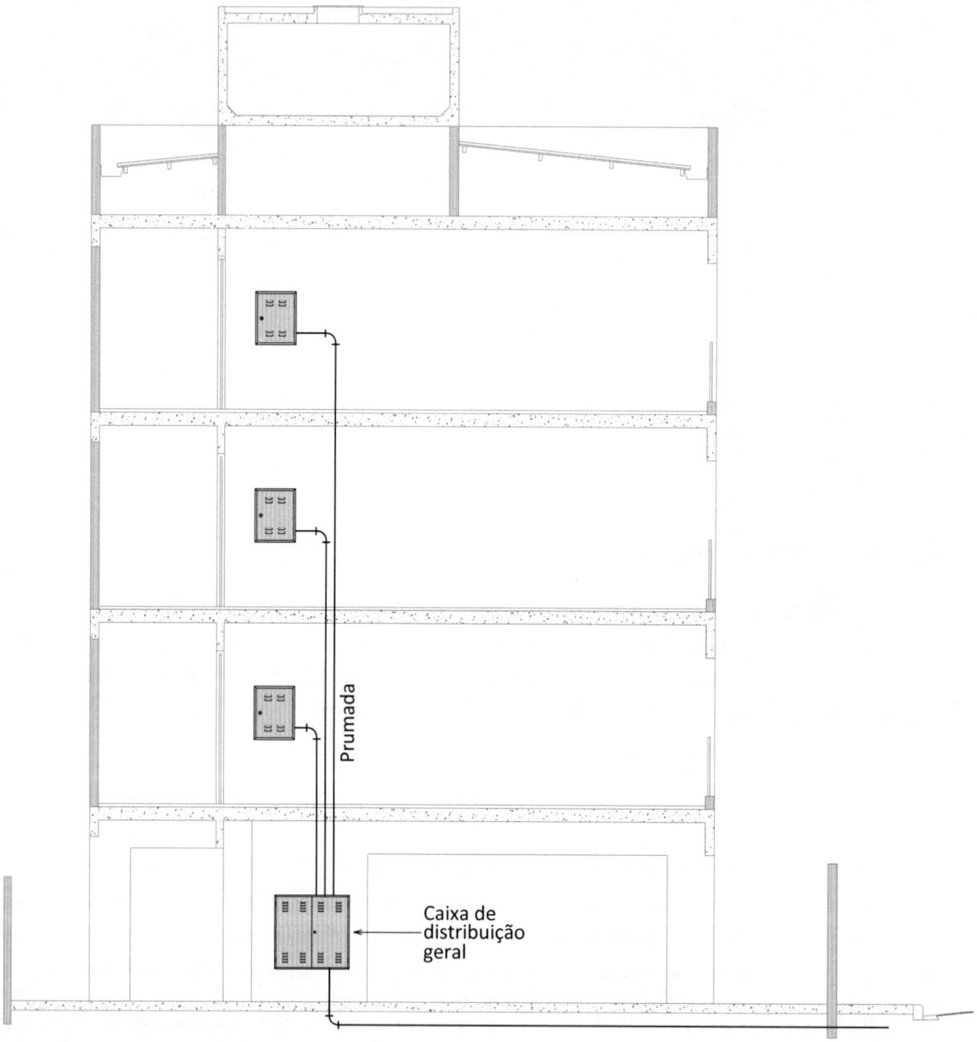

Figura 5.9 Prumada convencional.

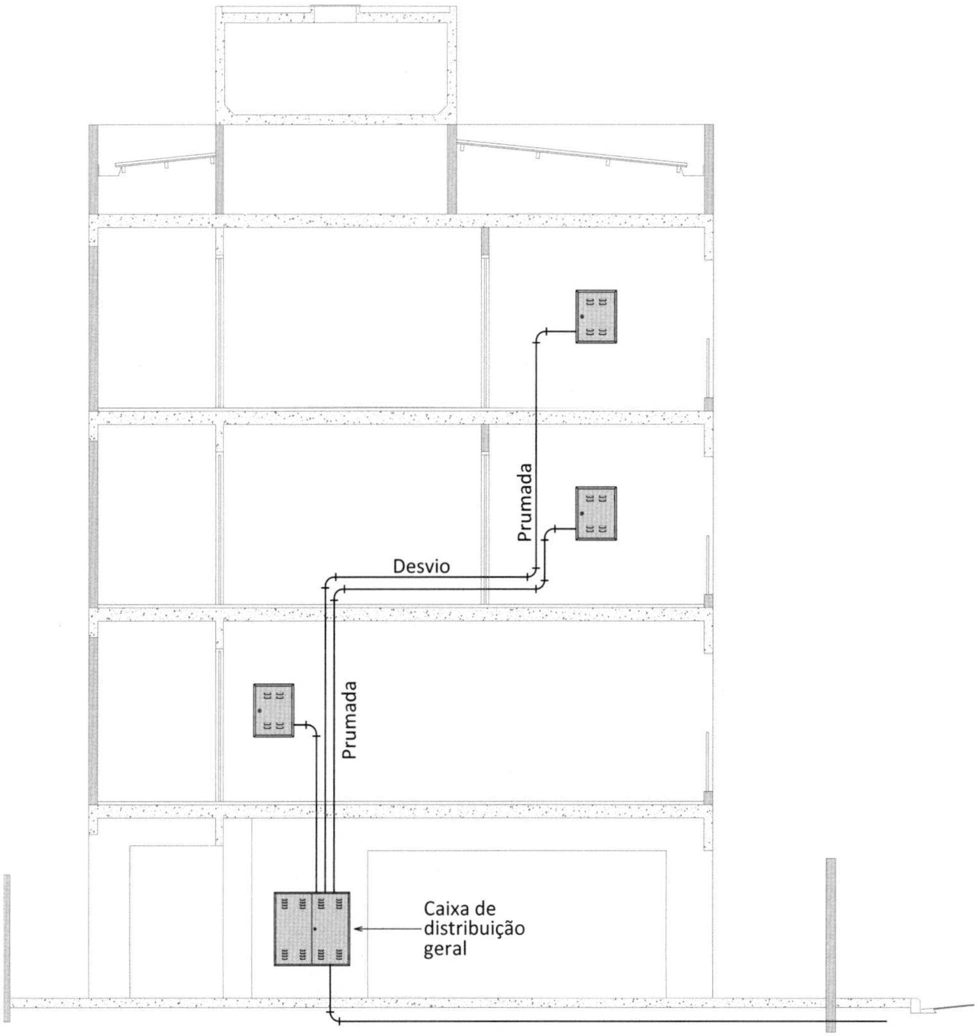

Figura 5.10 Desvio de prumada.

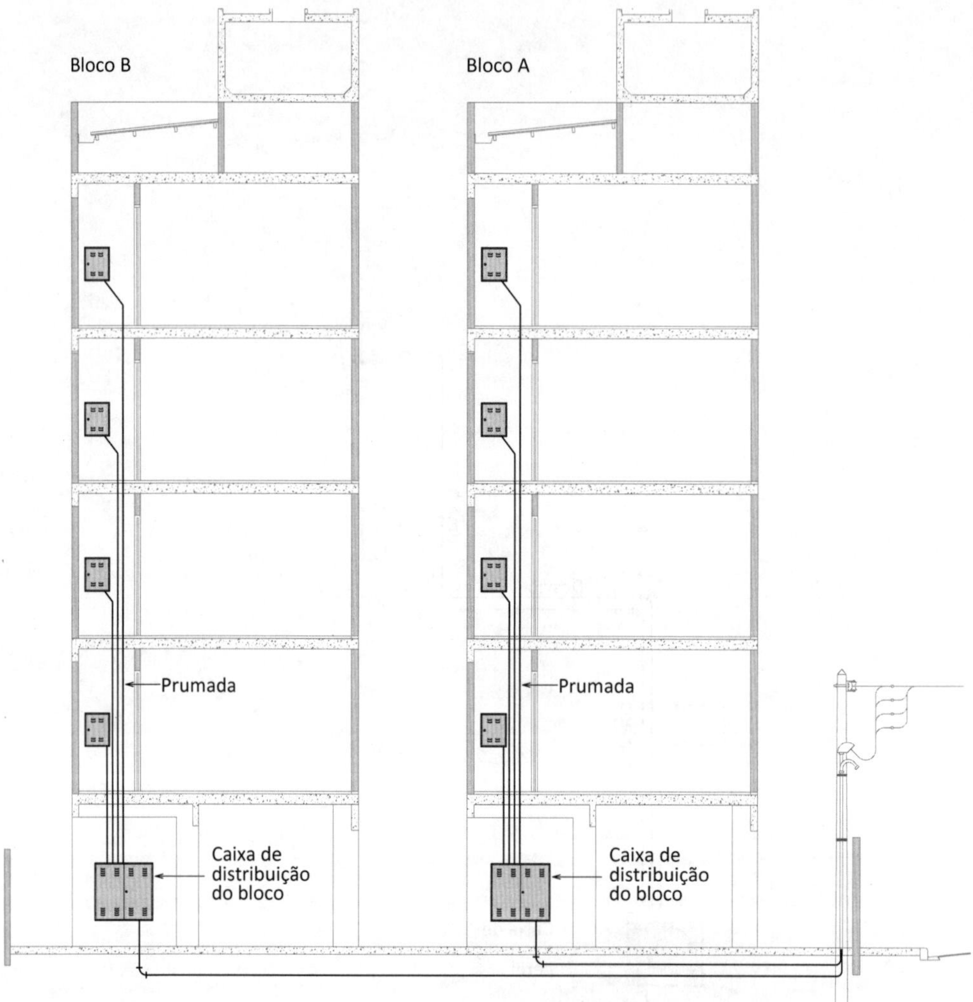

Figura 5.11 Blocos de edifícios com prumadas independentes.

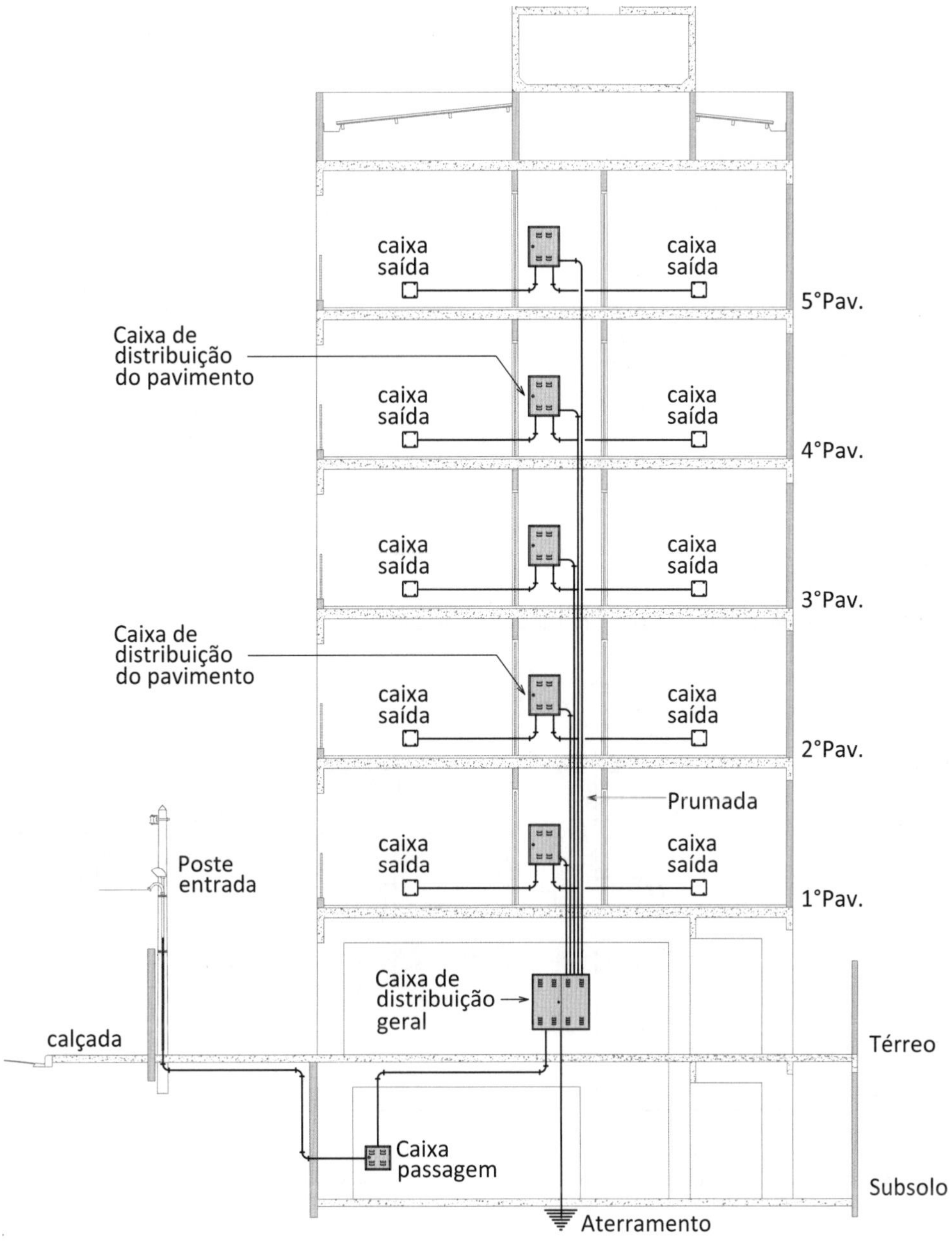

Figura 5.12 Esquema geral da tubulação telefônica de um edifício.

5.4 CAIXAS DE DISTRIBUIÇÃO

As caixas de distribuição (geral ou de passagem) são caixas providas de uma ou duas portas com dobradiças, fechadura(s) padronizada(s) e fundo de madeira compensada, pintada na cor cinza chumbo, com espessura de 16 mm ou 19 mm. São próprias para instalações em paredes, sendo encontradas no comércio em dois modelos: de embutir e de sobrepor.

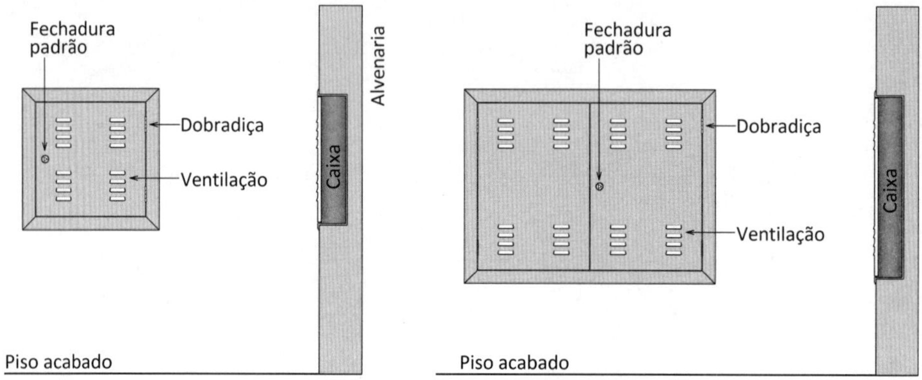

Figura 5.13 Caixas de distribuição geral, distribuição e de passagem (de embutir).

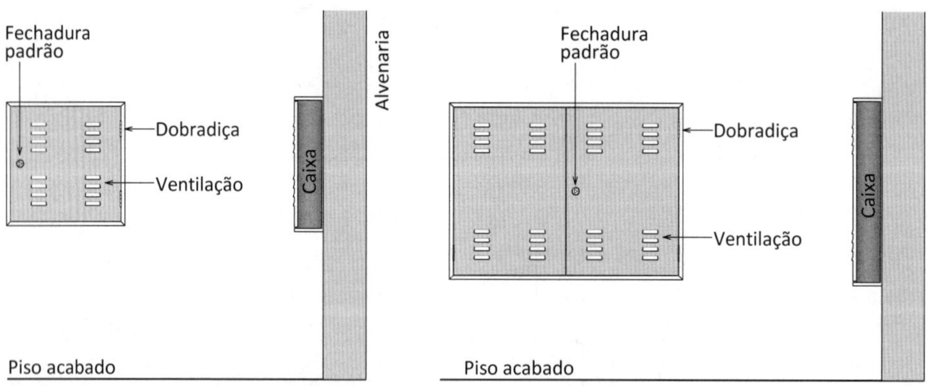

Figura 5.14 Caixas de distribuição geral, distribuição e de passagem (de sobrepor).

As caixas de distribuição geral, de distribuição e de passagem devem ser instaladas a 130 cm do seu centro ao piso acabado e devem ser devidamente niveladas, podendo variar de 90 cm a 130 cm quando houver algum impedimento técnico, decorrente das características de construção do prédio.

As caixas de distribuição devem ser localizadas em áreas comuns, obrigatoriamente em áreas internas e cobertas da edificação ou em *halls* de serviços, se houver.

Não devem ser localizadas: em *halls* sociais, áreas que dificultam o acesso a elas, no interior de salão de festas, embutidas em paredes à prova de fogo e atrás de portas.

As caixas de passagem, de distribuição e distribuição geral, instaladas dentro do edifício, são dimensionadas em função do número de pontos telefônicos acumulados em cada trecho da tubulação.

Quando o porte do edifício exigir uma caixa de distribuição geral de grandes dimensões, será necessário projetar uma sala especial para o distribuidor geral.

As dimensões da sala do distribuidor geral devem ser determinadas em conjunto entre a concessionária e o construtor, e sua altura deve corresponder à altura do pavimento onde estiver localizada.

A área necessária para a sala do distribuidor geral pode ser determinada em função do número de pontos telefônicos. Estes critérios não são rígidos e servem apenas como orientação:

- edifícios com até 1.000 pontos: 6 m^2;
- edifícios com mais de 1.000 pontos: 1 m^2 adicional para cada 500 pontos ou fração que ultrapassar os 1.000 pontos iniciais.

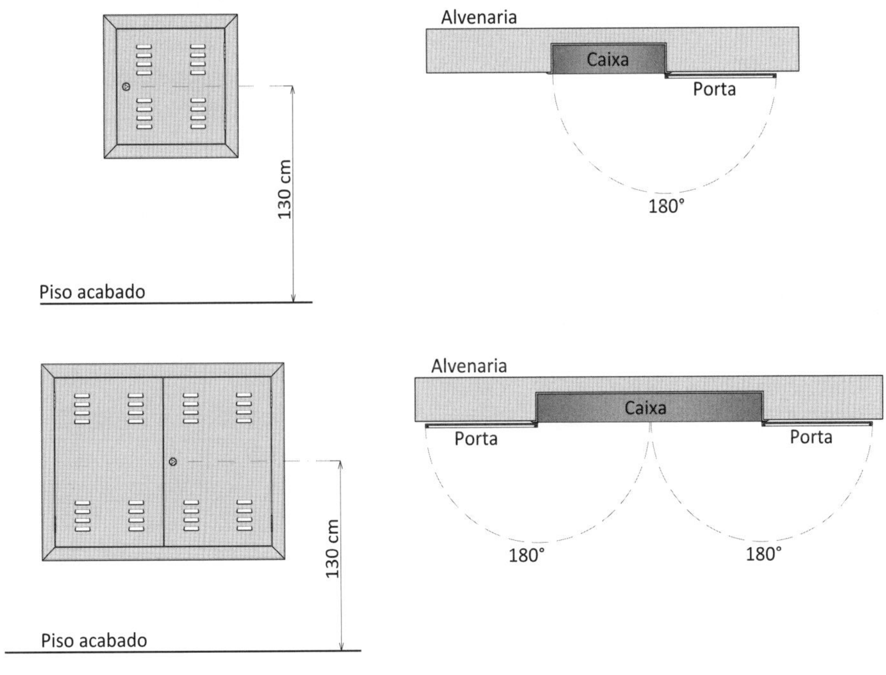

Figura 5.15 Detalhes de instalação de caixas de distribuição geral, de distribuição e de passagem.

As caixas de distribuição geral (DG), de distribuição parcial (CD) e de passagem (CP) são dimensionadas em função do número de pontos telefônicos nelas acumulados, que determinam a capacidade do cabo telefônico a ser utilizado.

Tabela 5.3 Dimensionamento de caixas telefônicas internas*

Nº de pontos telefônicos acumulados na caixa	Caixa de distribuição		Caixa de distribuição geral		Caixa de passagem			
					Direta		Com derivação	
	Nº	Dimensões	Nº	Dimensões	Nº	Dimensões	Nº	Dimensões
1 a 5	–	–	–	–	1	10 x 10 x 5	2	20 x 20 x 12
6 e 7	3	40 x 40 x 12	4	60 x 60 x 12	2	20 x 20 x 12	3	40 x 40 x 12
8 a 14	3	40 x 40 x 12	4	60 x 60 x 12	2	20 x 20 x 12	3	40 x 40 x 12
15 a 21	3	40 x 40 x 12	5	80 x 80 x 12	3	40 x 40 x 12	4	60 x 60 x 12
22 a 35	4	60 x 60 x 12	5	80 x 80 x 12	3	40 x 40 x 12	4	60 x 60 x 12
36 a 70			6	120 x 120 x 12	4	60 x 60 x 12	5	80 x 80 x 12
71 a 140			6	120 x 120 x 12	5	80 x 80 x 12	5	80 x 80 x 12
141 a 210			7	150 x 150 x 15	5	80 x 80 x 12		
211 a 280			8	200 x 200 x 20	5	80 x 80 x 12		
281 a 420			Sala de DG		Consulta à concessionária			
421 a 560								
561 a 630								
631 a 840								

* Dimensões em cm.

Tabela 5.4 Dimensões padronizadas para as caixas internas

Caixas	Dimensões internas		
	Altura (cm)	Largura (cm)	Profundidade (cm)
N. 1	10	10	5
N. 2	20	20	12
N. 3	40	40	12
N. 4	60	60	12
N. 5	80	80	12
N. 6	120	120	12
N. 7	150	150	15
N. 8	200	200	20

5.5 CAIXAS DE SAÍDA

As caixas de saída de telefonia são elementos importantes no projeto de arquitetura de uma residência ou edifício, pois são responsáveis por permitir a conexão dos aparelhos telefônicos à rede externa. O posicionamento adequado dessas caixas é fundamental para garantir a qualidade da comunicação telefônica no interior do imóvel.

O posicionamento ideal das caixas de saída é próximo aos locais onde serão instalados os aparelhos telefônicos, como na sala de estar, nos quartos e na cozinha, por exemplo. É importante levar em consideração o uso que será feito de cada espaço e qual será a demanda de aparelhos telefônicos em cada um.

É importante verificar as normas e os padrões usados pelas empresas de telefonia, que podem estabelecer requisitos específicos para o posicionamento das caixas de saída.

As caixas de saída podem ser de dois tipos: de parede ou de piso. A caixa de saída de parede é de chapa metálica estampada, com furações para eletrodutos, própria para instalações embutidas em paredes. Essa caixa mede 10 cm × 10 cm × 5 cm. A caixa de saída de piso é metálica, e própria para instalações embutidas no piso, provida de tampa removível, medindo 10 cm × 10 cm × 6,5 cm. Ambas as caixas são utilizadas para passagem de fio(s) telefônico(s) ou para instalação de tomada telefônica.

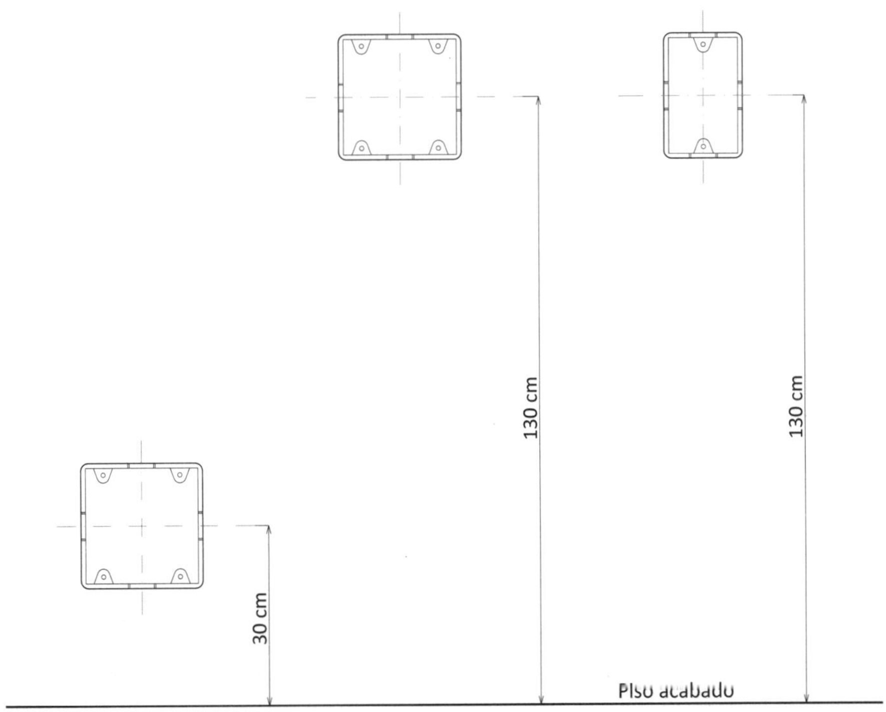

Figura 5.16 Detalhes de instalação de caixas de saída de parede.

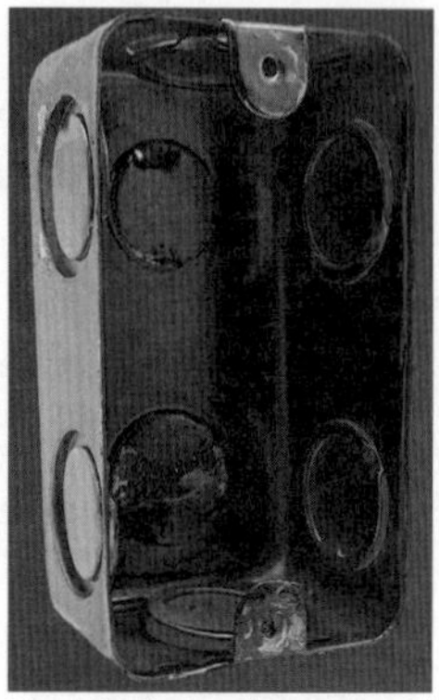

Modelo 2x4 - chapa esmaltada

Modelo 4x4 - chapa esmaltada

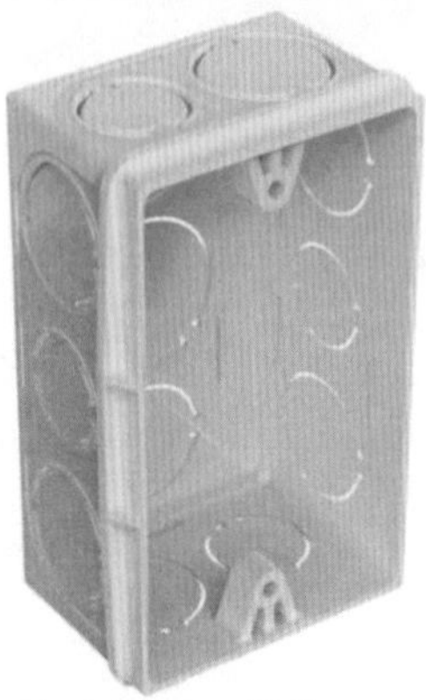

Modelo 2x4 - plástica

Modelo 4x4 - plástica

Figura 5.17 Caixas internas de passagem ou saída de parede.

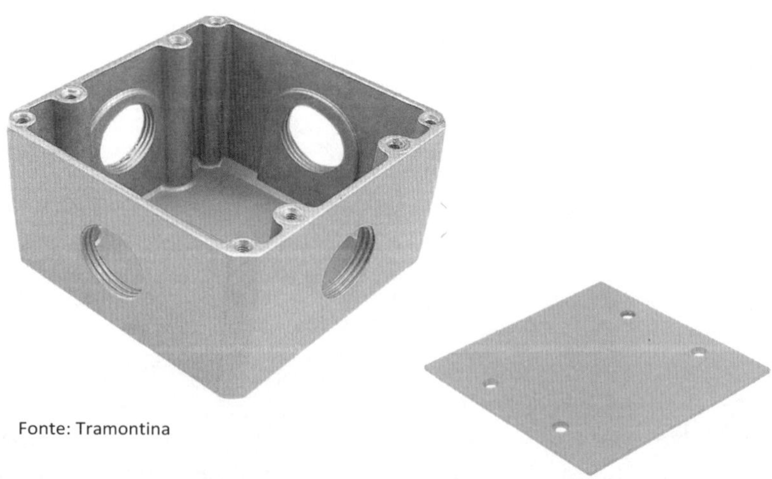

Fonte: Tramontina

Figura 5.18 Caixa de saída de piso.

5.6 TOMADAS DE TELEFONIA

Embora ainda se encontrem as antigas tomadas de quatro pinos chatos em um plugue quadrado, o mercado atual apresenta modelos mais recentes de tomadas de telefonia, os RJ11. Esses modelos obedecem ao padrão norte-americano, composto por um pequeno terminal de plástico transparente. Além de mais discreto, ele é o de uso mais comum para aparelhos importados.

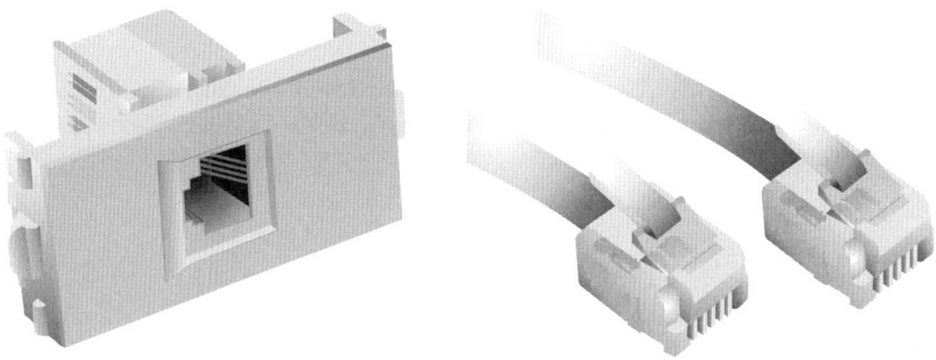

Figura 5.19 Tomadas de telefonia (RJ11).

5.7 CRITÉRIO PARA PREVISÃO DE PONTOS TELEFÔNICOS

As tubulações telefônicas são dimensionadas em função do número de pontos telefônicos previstos para o edifício, acumulados em cada uma de suas partes. Cada ponto telefônico corresponde à demanda de um telefone principal ou qualquer outro serviço que utilize pares físicos e que deva ser conectado à rede pública, não estando incluídas nessa previsão as extensões dos telefones ou serviços principais.

Os critérios para a previsão do número de pontos telefônicos são fixados em função do tipo de edificação e do uso a que se destinam, ou seja:

- Residências ou apartamentos:
  - de até dois quartos: um ponto telefônico;
  - de três quartos: dois pontos telefônicos;
  - de quatro ou mais quartos: três pontos telefônicos.
- Lojas: um ponto telefônico para cada 50 m^2.
- Escritórios: um ponto telefônico para cada 10 m^2.
- Indústrias:
  - área de escritórios: um ponto telefônico a cada 10 m^2;
  - área de produção: estudos especiais, a critério do proprietário.

- Cinemas, teatros, supermercados, depósitos, armazéns, hotéis e outros estudos especiais: em conjunto com a concessionária, respeitando os limites estabelecidos nos critérios anteriores.

5.8 CRITÉRIO PARA PREVISÃO DE CAIXAS DE SAÍDA

O número de caixas de saída previsto para uma determinada parte de um edifício deve corresponder ao número de pontos telefônicos mais as extensões necessárias para aquela parte do prédio.

O número de caixas de saída e sua localização devem ser determinados de acordo com os critérios a seguir, respeitando-se sempre os valores estabelecidos na previsão de pontos telefônicos.

5.8.1 RESIDÊNCIAS OU APARTAMENTOS

Prever, no mínimo, uma caixa de saída na sala, na copa ou cozinha e nos quartos. As seguintes regras gerais devem ser observadas na localização dessas caixas de saída:

- sala: a caixa de saída deve ficar, de preferência, no *hall* de entrada, se houver, e, sempre que possível, próximo à cozinha. As caixas previstas devem ser localizadas na parede, a 30 cm do piso;
- quartos: se for conhecida a provável posição das cabeceiras das camas, as caixas de saída devem ser localizadas ao lado dessa posição, na parede, a 30 cm do piso;
- cozinha: a caixa de saída deve ser localizada a 1,5 m do piso (caixa para telefone de parede) e não deverá ficar nos locais onde provavelmente serão instalados o fogão, a geladeira, a pia ou os armários.

5.8.2 LOJAS

As caixas de saída devem ser projetadas nos locais onde estiverem previstos os balcões, as caixas registradoras, as empacotadeiras e mesas de trabalho, evitando-se as paredes nas quais estiverem previstas prateleiras ou vitrines.

5.8.3 ESCRITÓRIOS

Em áreas onde estiverem previstas até dez caixas de saída, estas devem ser distribuídas equidistantemente ao longo das paredes, a 30 cm do piso.

Em áreas onde estiverem previstas mais de dez caixas de saída, deverão ser projetadas caixas de saída no piso, de modo a distribuir uniformemente as caixas previstas dentro da área a ser atendida. Nesse caso, é necessário projetar uma malha de piso, com tubulação convencional ou canaletas.

CAPÍTULO 6

Interfaces de sanitários acessíveis

6.1 CONSIDERAÇÕES GERAIS

A sociedade em geral, hoje, está mais conscientizada da necessidade de proporcionar uma vida digna, confortável e independente às pessoas que necessitam de acessibilidade. Assim, o arquiteto não pode ignorar essa realidade e deve prever, em seu projeto, as providências a serem tomadas para garantir o conforto e a segurança a essas pessoas.

A norma NBR 9050:2020 - Acessibilidade a edificações, mobiliário, espaços e equipamentos urbanos (ABNT, 2020), estabelece critérios e parâmetros técnicos a serem observados quanto ao projeto, construção, instalação e adaptação do meio urbano e rural, e de edificações às condições de acessibilidade. Quem assina o projeto arquitetônico é considerado o responsável por cumprir o que regulamenta a norma. Embora ela seja de extrema importância, pode ser que algumas obras acabem não cumprindo suas regulações, seja por desconhecimento da norma, ou ainda por descaso com esse público.

Para a elaboração de qualquer projeto com compartimentos que necessitem de acessibilidade, em virtude da complexidade e do detalhamento do assunto, é recomendável a observação global das leis e normas existentes.

Esse assunto é de fundamental importância, não apenas no aspecto arquitetônico da edificação, mas também no projeto hidrossanitário, pois exige adaptações significativas, principalmente no caso de reformas.

Em se tratando de sanitários, deve-se ter como base a medida-padrão de uma cadeira de rodas. Considera-se o módulo de referência a projeção de 0,80 m × 1,20 m no piso, ocupada por uma pessoa que utiliza cadeira de rodas, sendo que o espaço necessário para a rotação de 360° é de, no mínimo, 1,50 m.

Os aparelhos telefônicos devem ter sua parte superior a 1,20 m do piso. Para maior segurança e comodidade, deve-se instalar sensor de presença para acionamento da iluminação.

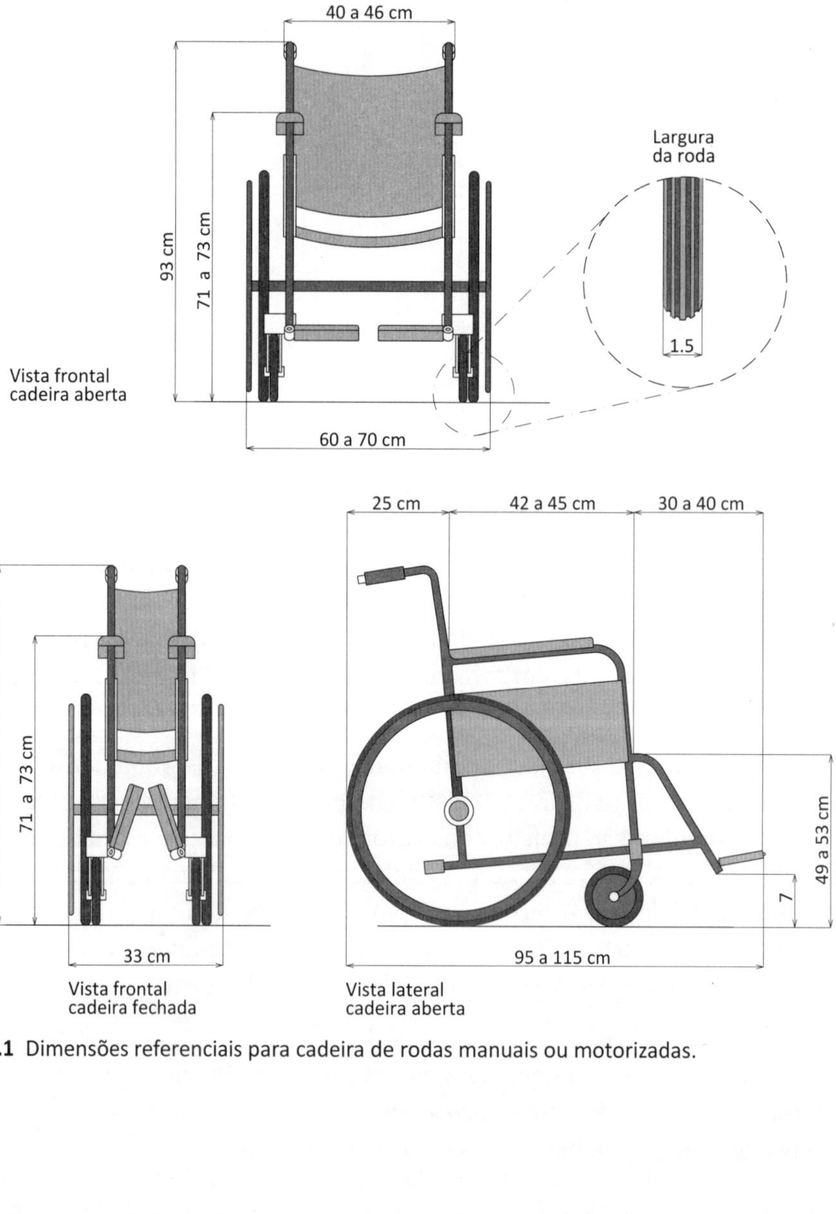

Figura 6.1 Dimensões referenciais para cadeira de rodas manuais ou motorizadas.

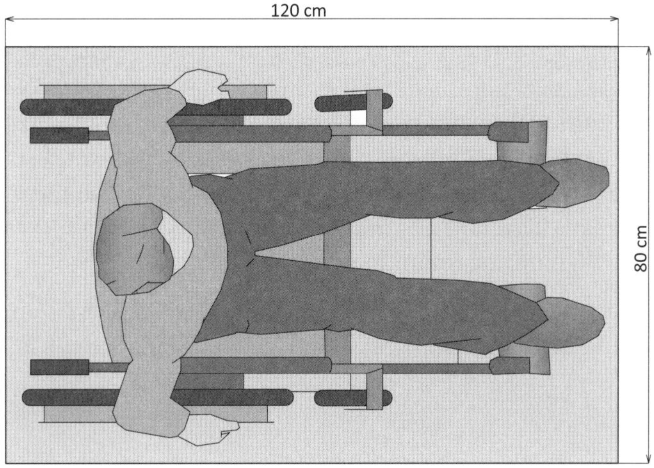

Figura 6.2 Dimensões do módulo de referência (M.R.).

6.2 SANITÁRIOS

É importante destacar que, normalmente, só se pensa em áreas que necessitam de acessibilidade quando se projetam ambientes públicos ou específicos. Cada dia mais, principalmente no que tange aos ambientes de sanitários, os espaços físicos estão abaixo do confortável – as dimensões mínimas e ergonômicas dos aparelhos que foram mostradas neste trabalho tornam praticamente impossível sua utilização por pessoas com necessidades especiais.

Os sanitários acessíveis devem obedecer aos parâmetros da NBR 9050:2020 no que diz respeito à instalação de aparelhos sanitários, acessórios e barras de apoio, além das áreas de circulação, transferência, aproximação e alcance. Tanto o sanitário como o boxe sanitário acessíveis devem garantir espaço suficiente para a circulação com giro de 360° e realização de manobras no ambiente, assim como a transferência lateral, perpendicular e diagonal para a bacia sanitária, a fim de garantir conforto e segurança ao usuário.

Os banheiros devem ser localizados em rotas acessíveis, próximos ou integrados às demais instalações sanitárias, e devidamente sinalizados. Quando forem isolados, será necessária a instalação de dispositivo de sinalização de emergência ao lado da bacia e do *box* do chuveiro, a uma altura de 40 cm do piso acabado, para posicionamento em caso de queda.

Para um projeto correto de sanitário acessível, é necessário não apenas dispor de um espaço maior e de instalações adequadas, mas também saber aproveitá-lo de maneira diferente, adaptando o que for necessário. Um corrimão localizado a 83 cm do chão, na parte interna da porta (que deve ter um vão mínimo de 85 cm), por exemplo, facilitará em muito sua abertura. Já o corrimão horizontal chumbado na parede do sanitário tem a finalidade de apoio e segurança do usuário, e deve ser instalado ao lado oposto da porta, pois, dessa maneira, proporciona maior espaço para a rotação da cadeira de rodas.

Além do espaço físico, alguns detalhes importantes devem ser observados, como: chuveiro manual com base ajustável; *box* totalmente revestido com azulejos; piso com revestimento antiderrapante; controle único de água, de modo que esta possa ser acionada e regulada pelo lado de fora do *box*; assento dobrável no chuveiro (se for o caso); corrimão ligando a pia à bacia sanitária; espaço livre sob a bancada; armários superiores a 30 cm acima da bancada (quando existirem).

Os pisos dos sanitários devem ser antiderrapantes, sem desníveis junto à entrada ou soleira e ter grelhas e ralos posicionados fora das áreas de manobra e de transferência.

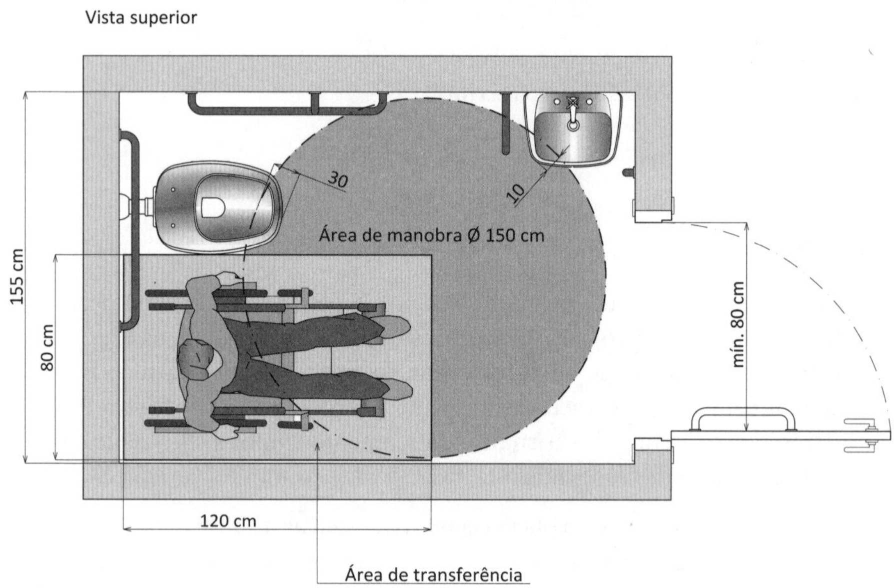

Figura 6.3 *Box* para bacia sanitária (transmissão lateral).

6.2.1 INSTALAÇÃO DE APARELHOS

Para mostrar algumas adequações obrigatórias e características, especificações e medidas referentes à adequação das instalações em sanitários acessíveis, como bacia sanitária, chuveiro e lavatório, apresentamos, nos itens seguintes, alguns desenhos e anotações da NBR 9050:2020. Para a instalação de outros aparelhos (mictório e banheira) menos utilizados em sanitários de residências unifamiliares, deve-se consultar a referida norma. De acordo com a NBR 15575:2021 (Edificações habitacionais - Desempenho - Parte 6: Requisitos para sistemas hidrossanitários), "as peças de utilização, inclusive registros de manobra, devem possuir volantes ou dispositivos com formato e dimensões que proporcionem torque ou força de acionamento de acordo com as normas de especificação de cada produto, além de serem isentos de rebarbas ou ressaltos que possam causar ferimentos".

6.2.1.1 Bacia sanitária

As bacias devem ser instaladas e preparadas de modo que o usuário possa realizar a transferência da cadeira de rodas para o assento de maneira confortável e segura. Esse processo é garantido principalmente pela instalação correta das barras de apoio e das próprias bacias sanitárias. No caso de bacias com caixa acoplada, deve-se garantir a instalação da barra na parede do fundo, de modo a evitar que a caixa seja utilizada como apoio. A distância mínima entre a face inferior da barra e a tampa da caixa acoplada deve ser de 15 cm.

As bacias sanitárias devem estar a uma altura entre 43 cm e 45 cm do piso acabado, medidas a partir da borda superior, sem o assento. Com o assento, essa altura deve ser de, no máximo, 46 cm. Portanto, não há necessidade de comprar uma bacia de determinado modelo. Qualquer bacia que com a tampa fique com 46 cm de altura está correta. Se a bacia é mais baixa, é necessário fazer uma base de concreto, o "sóculo", para elevar.

A norma não exige um tipo específico de aparelho de descarga, podendo ser caixas acopladas ou válvulas de descarga. Independentemente do modelo, o acionamento deverá estar dentro do alcance da pessoa em cadeira de rodas, geralmente em torno de 1,00 m.

Além disso, deve-se facilitar o alcance manual para acionamento da válvula sanitária, da torneira, da ducha higiênica, dos puxadores e trincos, barras e demais acessórios.

Os *boxes* para bacia sanitária devem garantir as áreas para transferência diagonal, lateral e perpendicular, bem como área de manobra para rotação de 180°.

Em caso de reformas, quando não for possível atender às condições especificadas, são admissíveis *boxes* com dimensões mínimas, mas que permitam, pelo menos, uma maneira de transferência (diagonal, lateral ou perpendicular), ou se considere área de manobra externamente ao *box*. Nesse caso, as portas devem ter 1 m de largura.

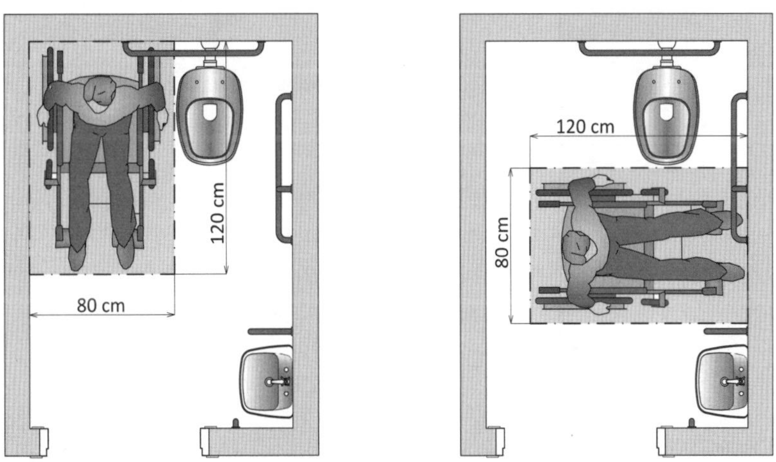

Transferência lateral   Transferência perpendicular

Figura 6.4 Áreas de transferência para bacias sanitárias (*continua*).

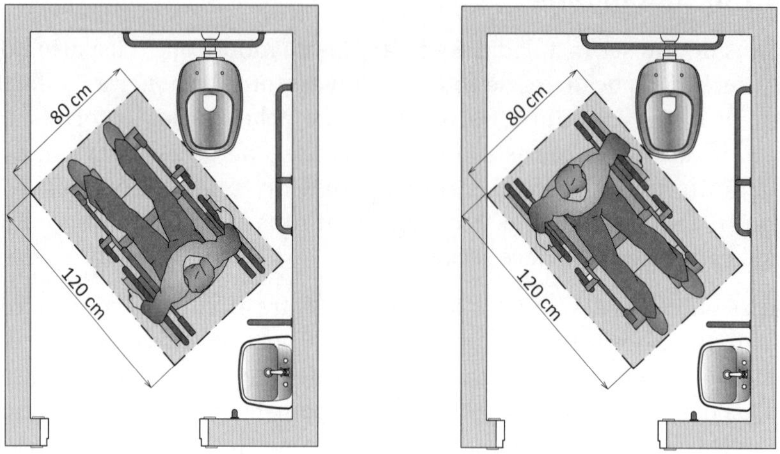

Transferência diagonal Transferência diagonal

Figura 6.4 Áreas de transferência para bacias sanitárias (*continuação*).

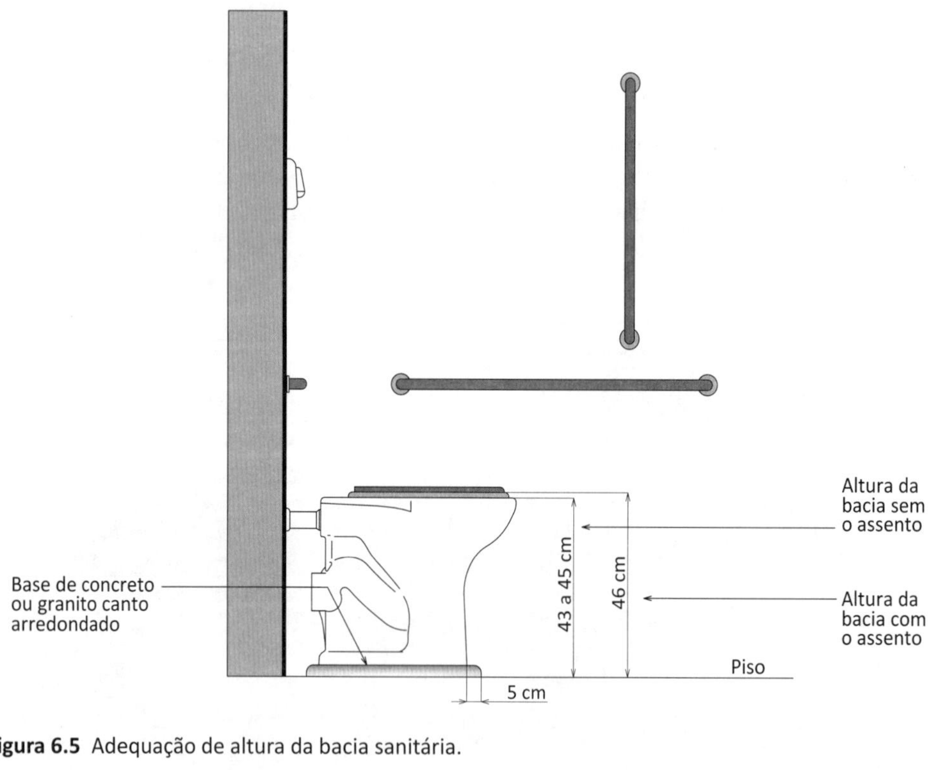

Figura 6.5 Adequação de altura da bacia sanitária.

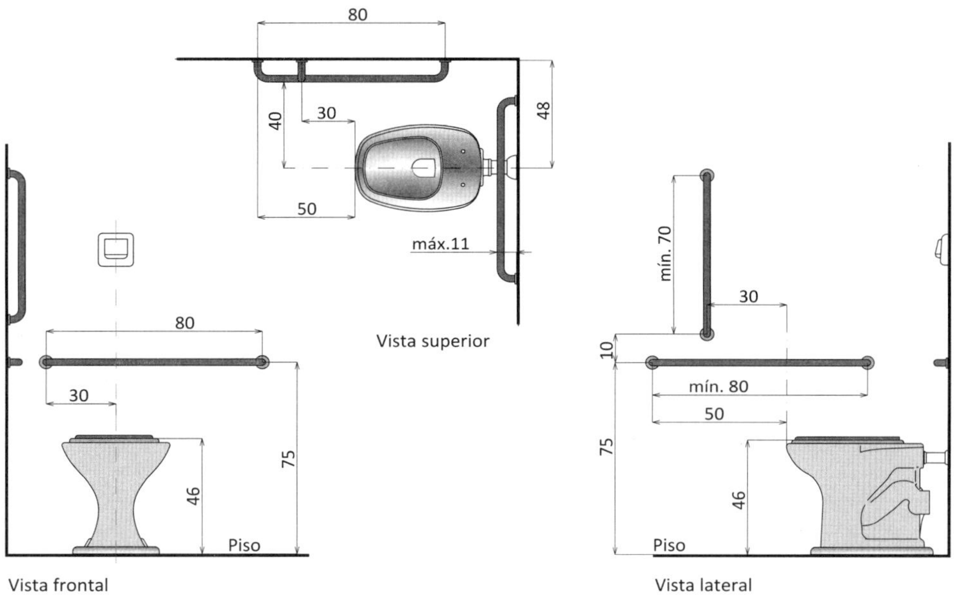

Figura 6.6 Barras de apoio lateral e de fundo (bacia sanitária).

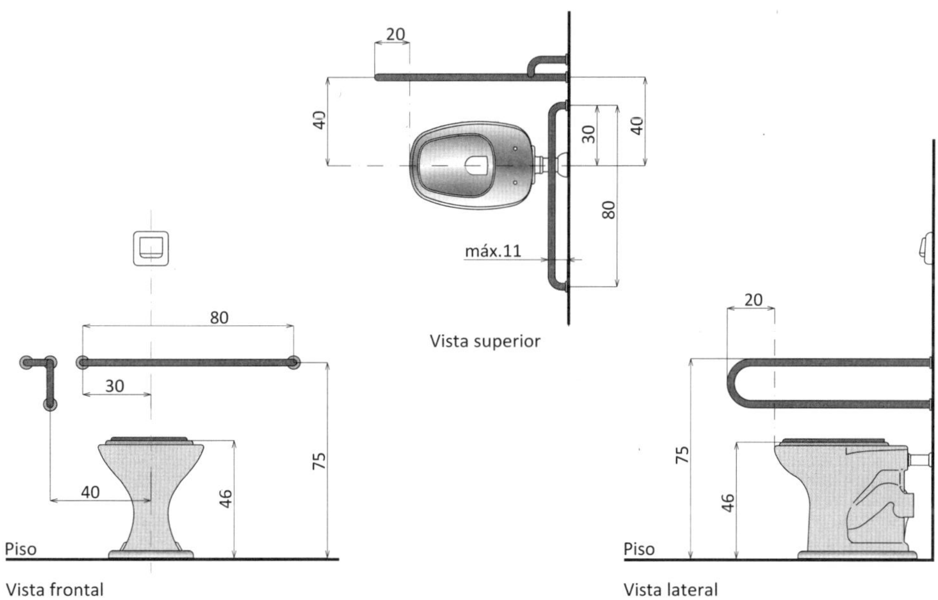

Figura 6.7 Barras de apoio lateral com fixação na parede de fundo (bacia sanitária).

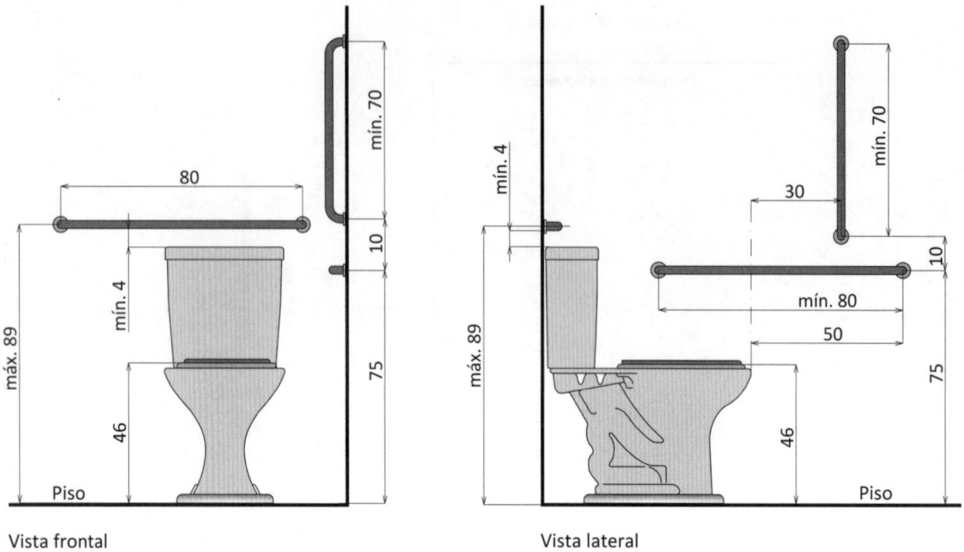

Figura 6.8 Bacia sanitária com caixa acoplada.

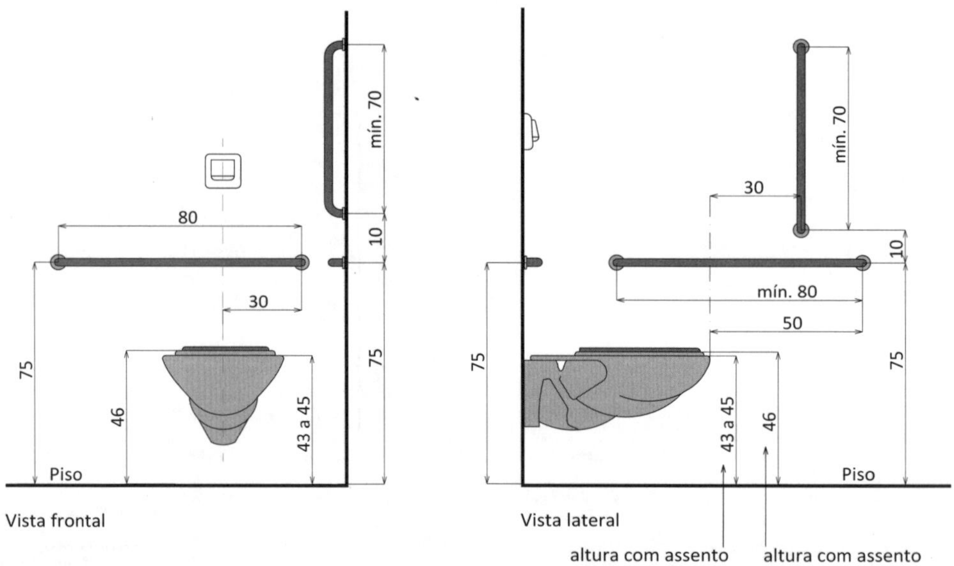

Figura 6.9 Adequação de altura da bacia sanitária suspensa.

6.2.1.2 *Boxes* para chuveiro ou ducha

Os *boxes* para chuveiro ou ducha devem ser providos de banco articulado ou removível, com cantos arredondados e superfície antiderrapante impermeável, e devem ter profundidade mínima de 45 cm, altura de 46 cm a partir do piso acabado e comprimento mínimo de 70 cm. Deve ser prevista área de transferência externa ao *box*, de modo a permitir a aproximação paralela, devendo estender-se, no mínimo, 30 cm além da parede onde o banco está fixado, sendo que o local de transposição da cadeira de rodas para o banco deve estar livre de barreiras ou obstáculos. Quando houver porta no *box*, ela não deverá interferir na transferência da cadeira de rodas para o banco, e deverá ser de material resistente a impacto.

O chuveiro ou a ducha devem estar equipados com desviador para ducha manual e o controle de fluxo deve ser nessa ducha. Os registros ou misturadores devem ser do tipo alavanca, preferencialmente, de monocomandos, instalados a 45 cm da parede de fixação do banco e a uma altura de 1 m a partir do piso acabado. A ducha manual deve estar a 30 cm da parede de fixação do banco e a uma altura de 1 m a partir do piso acabado.

Na parede de fixação do banco, deve ser instalada uma barra vertical com altura de 75 cm a partir do piso acabado e comprimento mínimo de 70 cm, a uma distância de 85 cm da parede lateral ao banco. Devem ser instaladas duas barras de apoio, uma vertical e outra horizontal, ou uma única barra em "L", obedecendo a parâmetros da norma.

O desnível máximo do *box* em relação ao restante do sanitário é de 1,5 cm. Quando superiores a 0,5 cm, até 1,5 cm, os desníveis devem ser tratados como rampa, com inclinação máxima de 50%.

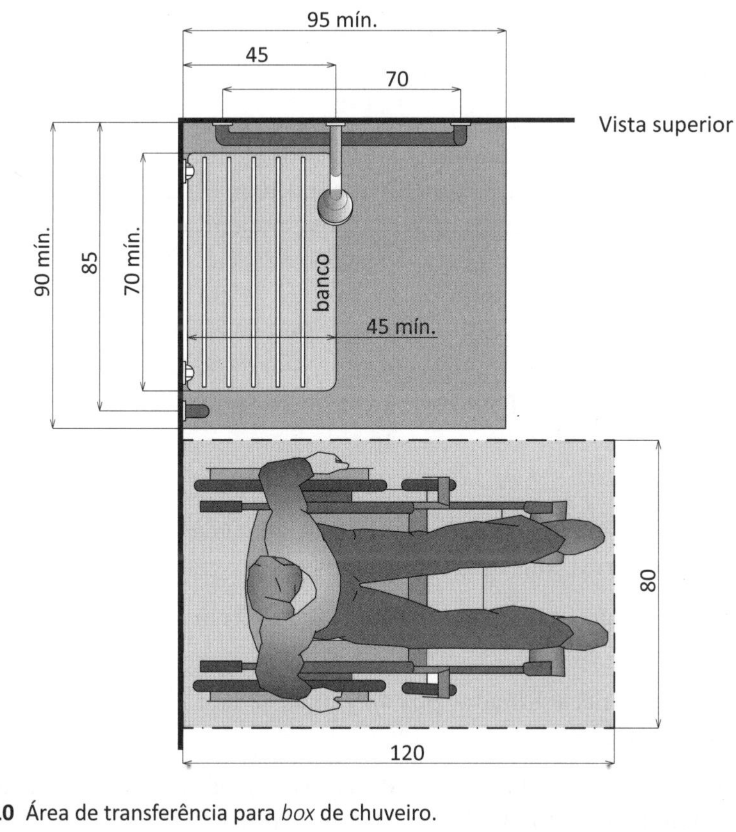

Figura 6.10 Área de transferência para *box* de chuveiro.

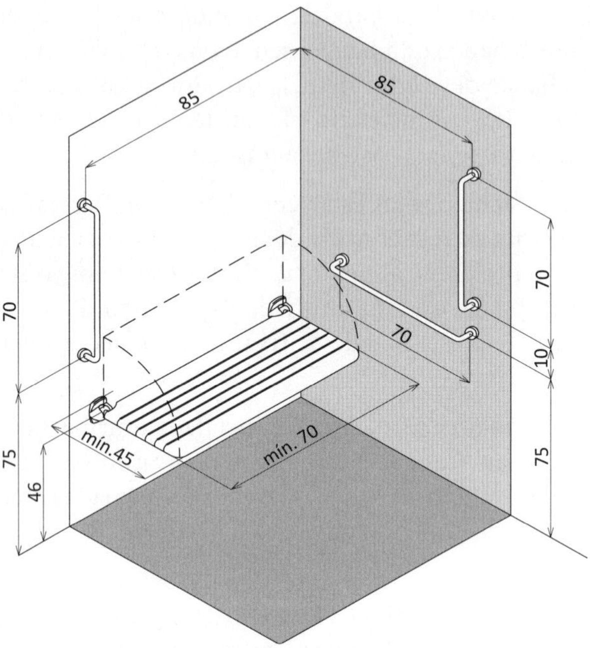

Figura 6.11 Box com barras de apoio.

6.2.1.3 Lavatório

De acordo com a NBR 9050:2020, deve-se atentar na instalação de um lavatório (para não interferir na área de transferência), nas portas de eixo vertical e de correr (a fim de obedecer o vão livre mínimo de 0,80 m por 2,10 m e deixar o banheiro desobstruído) e no sistema de travamentos de portas, que podem ser, preferencialmente, do tipo alavanca ou do modelo tranqueta de fácil manuseio. Os lavatórios devem ser suspensos, com sua borda superior a uma altura de 78 cm a 80 cm a partir do piso acabado, e devem respeitar uma altura livre mínima de 73 cm em sua parte inferior frontal. Deve ser prevista área de aproximação frontal de 60 cm para pessoa com mobilidade reduzida, e de 1,20 m, para pessoa em cadeira de rodas, estendendo-se até o mínimo de 25 cm sob o lavatório.

Deve-se, ainda:

- colocar o sifão tapado ou isolado, por causa do risco de queimadura das pernas, nos lavatórios com água fria e quente;
- prever um espaço embaixo do lavatório, de 70 cm a 75 cm, para colocação das pernas;
- utilizar torneiras acionadas por alavanca, sensor eletrônico ou dispositivo equivalente.

Se forem utilizados misturadores, eles deverão ser preferencialmente de monocomando, com acionamento, no máximo, a 50 cm da face externa frontal do lavatório. Devem ser instaladas barras de apoio junto ao lavatório, na altura dele, conforme parâmetros da norma. No caso de lavatórios embutidos em bancadas, devem ser instaladas barras de apoio nas paredes laterais aos lavatórios das extremidades.

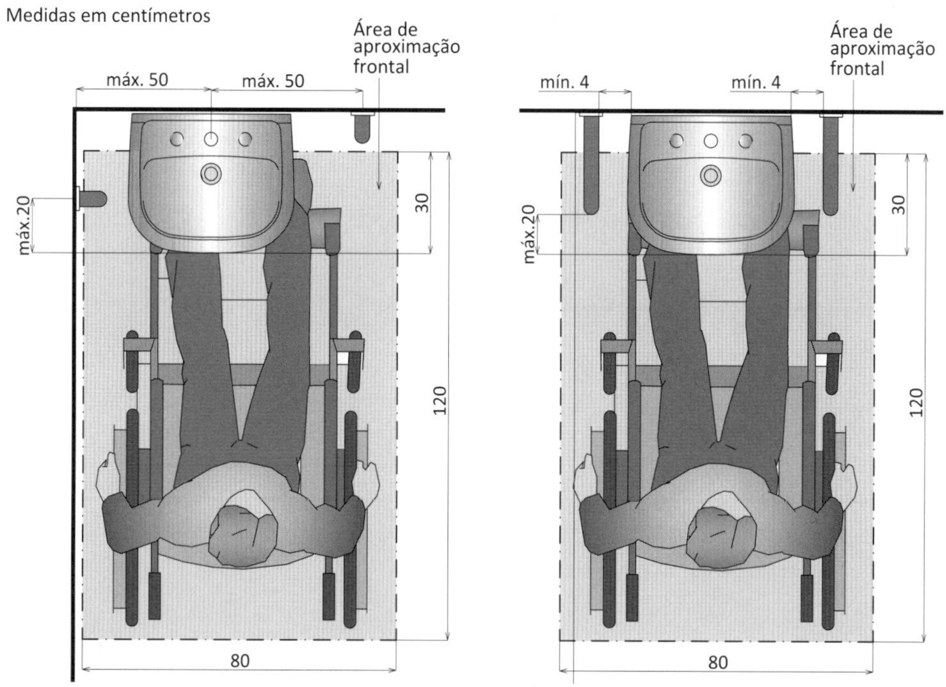

Figura 6.12 Área de aproximação para utilização do lavatório.

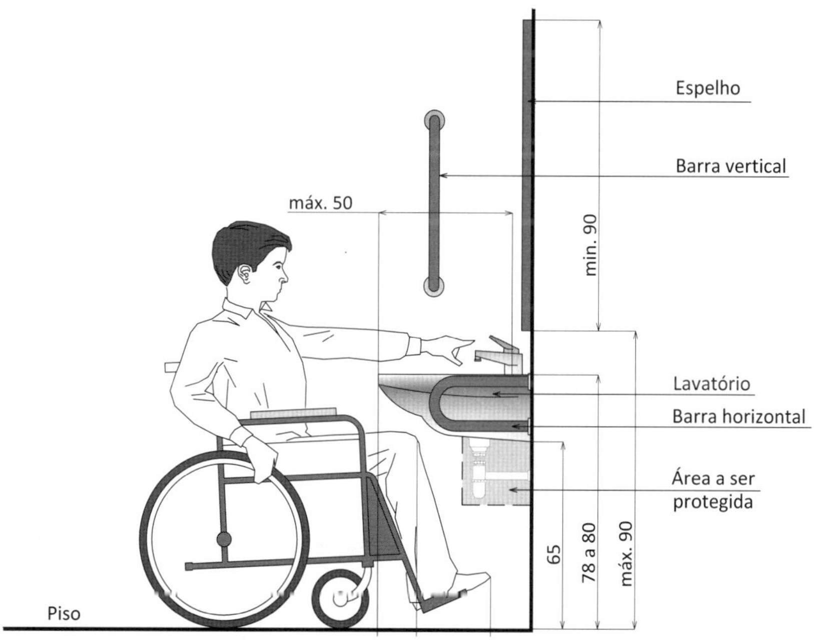

Figura 6.13 Utilização do lavatório.

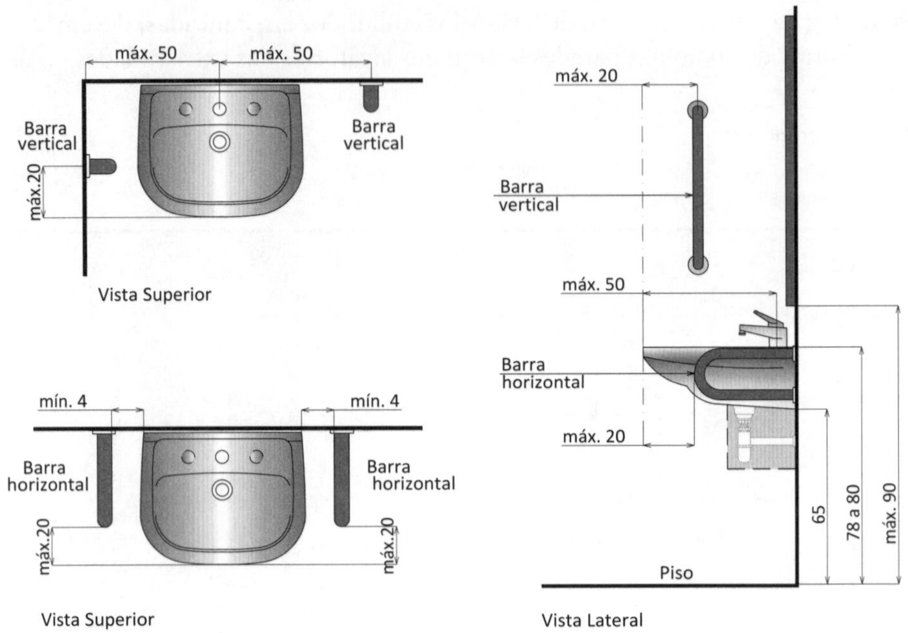

Figura 6.14 Instalação de barras junto ao lavatório.

6.2.2 INSTALAÇÃO DE ACESSÓRIOS

Os acessórios de cabides, toalheiros e saboneteiras para sanitários acessíveis são importantes para garantir a praticidade e a autonomia dos usuários com mobilidade reduzida ou deficiência. As interfaces deles com o projeto de arquitetura devem levar em consideração a sua instalação correta e adequada às necessidades dos usuários.

Esses acessórios devem ter sua área de utilização dentro de uma faixa de alcance confortável. A Figura 6.15 apresenta um desenho esquemático da instalação desses acessórios. Os espelhos podem ser instalados em paredes com ou sem pias, seguindo as recomendações da norma. As papeleiras, por sua vez, podem ser embutidas ou de sobrepor de modo a garantir o acesso ao papel de forma livre e fácil. Quanto ao cabide, este deve ser instalado junto a lavatórios, boxes de chuveiro, bancos de vestiários, trocadores e boxes de bacia sanitária, a uma altura entre 0,80 m a 1,20 m do piso acabado. A NBR 9050:2020 apresenta ainda muitos detalhes obrigatórios ao projeto.

O cumprimento das normas técnicas e legislações específicas é fundamental para garantir a acessibilidade e segurança dos usuários.

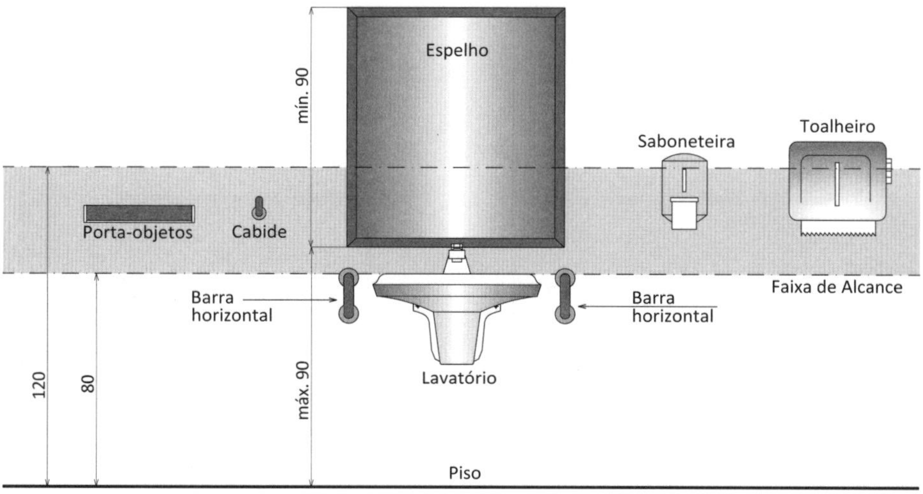

Figura 6.15 Acessórios sanitários.

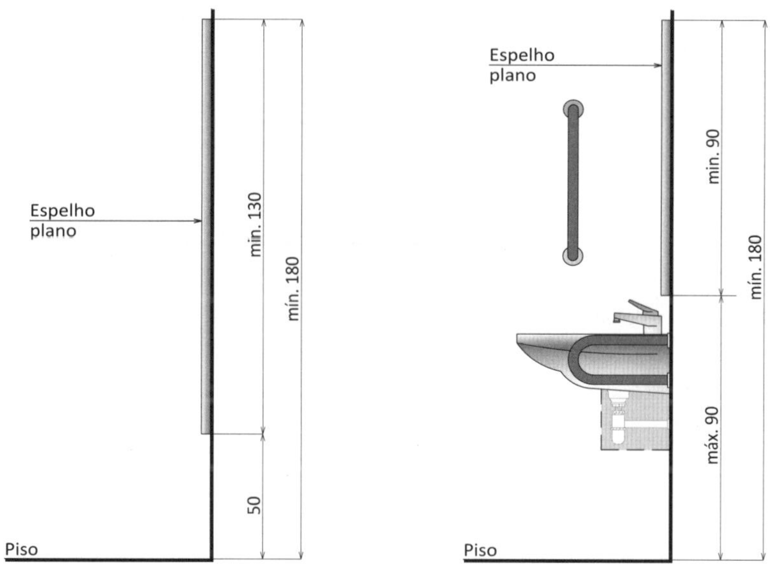

Figura 6.16 Instalação de espelhos.

Fonte: https://canteirodeengenharia.com.br/2019/09/04/nbr-9050-acessibilidade-em-banheiros/. Acesso em 23/9/2020.

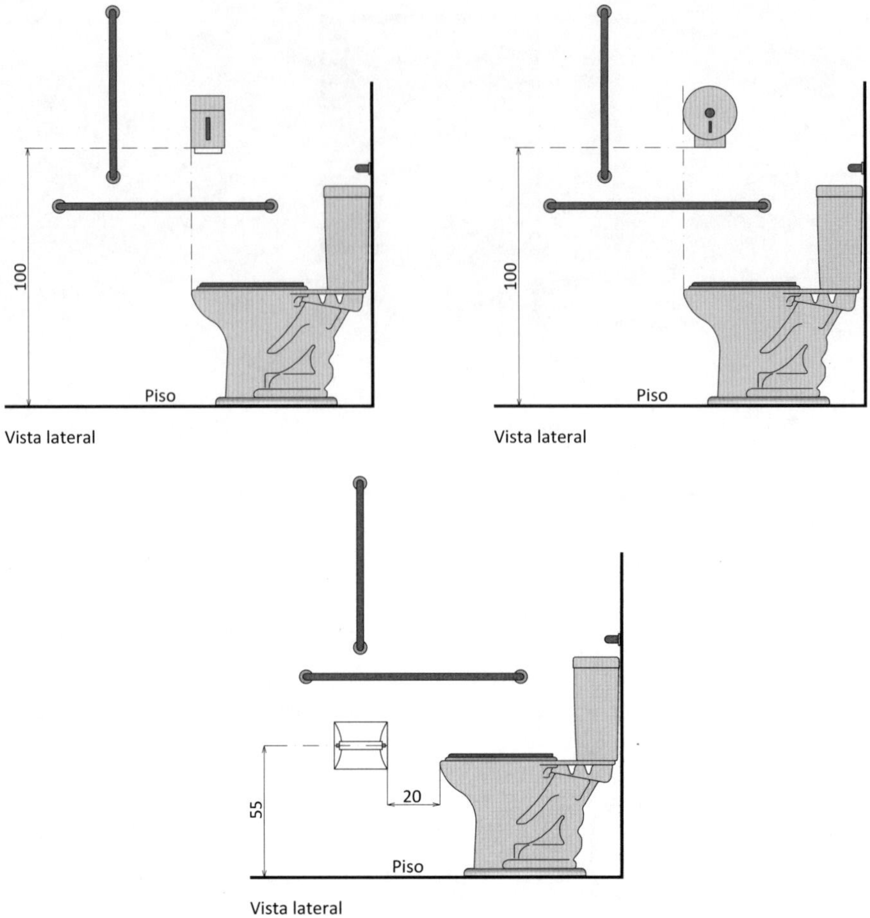

Figura 6.17 Instalação de papeleiras.

CAPÍTULO 7

Interfaces dos sistemas prediais com a norma de desempenho (NBR 15575)

Marcelo Fabiano Costella

Gabriela Schneider de Sousa Bottega

7.1 A NORMA DE DESEMPENHO

O conjunto de normas denominado NBR 15575 foi desenvolvido com a finalidade de estabelecer um padrão de desempenho mínimo nas edificações habitacionais, visando à qualidade e à inovação tecnológica na construção. Assim, o desempenho está relacionado às exigências dos usuários de edifícios habitacionais e seus sistemas quanto ao seu comportamento em uso, sendo uma consequência da forma como são construídos.

Este capítulo é baseado na ABNT NBR 15575:2013: Edificações Habitacionais – Desempenho, a qual será denominada como Norma de Desempenho ao longo do texto. Esta norma está em vigor desde o ano de 2013, cuja versão foi cancelada e atualizada em 2021, e é dividida em seis partes:

- Parte 1: Requisitos gerais;
- Parte 2: Requisitos para os sistemas estruturais;
- Parte 3: Requisitos para os sistemas de pisos;

- Parte 4: Requisitos para os sistemas de vedações verticais internas e externas;
- Parte 5: Requisitos para os sistemas de cobertura;
- Parte 6: Requisitos para os sistemas hidrossanitários.

A NBR 15575 representa um avanço para a construção no Brasil, sendo que a partir do conceito de comportamento em uso, inicia-se um pensamento em relação ao desempenho desde a concepção do projeto (LORENZI, 2013).

No caso deste livro, que apresenta as interfaces prediais dos projetos de hidráulica, gás, segurança contra incêndio, elétrica e telefonia, o principal interesse está relacionado com a Parte 6, a qual, oficialmente, é designada:

ASSOCIAÇÃO BRASILEIRA DE NORMAS TÉCNICAS. *NBR 15575-6*: Edificações habitacionais - Desempenho - Parte 6: Requisitos para os sistemas hidrossanitários. Rio de Janeiro, 2020.

Entretanto, o livro também possui relação com as demais partes da norma, nas quais as exigências do usuário são derivadas da ISO 6241 e utilizadas como parâmetros para o estabelecimento dos requisitos e critérios. Os requisitos do usuário estão presentes em cada uma das partes da norma, sendo doze no total:

1) segurança estrutural;
2) segurança contra o fogo;
3) segurança no uso e na operação;
4) estanqueidade;
5) desempenho térmico;
6) desempenho acústico;
7) desempenho lumínico;
8) saúde, higiene e qualidade do ar;
9) funcionalidade e acessibilidade;
10) conforto tátil e antropodinâmico;
11) durabilidade e manutenibilidade;
12) impacto ambiental.

Para cada requisito, a NBR 15575 estabelece um nível de desempenho: mínimo (M), intermediário (I) e superior (S). Enquanto o nível mínimo de desempenho é obrigatório, os demais consideram a possibilidade de melhoria da qualidade da edificação, por isso, quando da utilização dos níveis intermediário e superior de desempenho, esses devem ser informados e destacados em projeto.

Todavia, são poucos os requisitos que possuem indicação de níveis de desempenho intermediário e superior, somente os indicados em itens específicos, os quais, por exemplo, na Parte 6, se referem somente ao desempenho acústico relacionado aos ruídos gerados na operação de equipamentos hidrossanitários prediais, o qual não é requisito obrigatório na versão da norma do ano de 2021.

7.2 INCUMBÊNCIAS DOS INTERVENIENTES

Outro ponto de destaque são as incumbências dos intervenientes, as quais definem o papel de cada ente do processo de construção: fornecedor de materiais, projetista, construtor/incorporador e usuário.

O fornecedor de insumo, material, componente e/ou sistema deve caracterizar o desempenho de acordo com a norma, o que deveria incluir o prazo de vida útil do produto e os cuidados na operação e manutenção. Porém, esse tem sido um dos gargalos da aplicação da norma, tendo em vista que a maioria dos fabricantes tem dificuldade de atender a esse requisito.

O projetista deve estabelecer a vida útil de projeto (VUP) de cada sistema, especificando cada produto, material e processo, sendo que esses devem atender ao nível mínimo de desempenho. Nesse caso, recai uma grande responsabilidade sobre o projetista, pois a especificação é complexa e inclui a durabilidade, tendo em vista a necessidade de estabelecer a VUP.

O construtor e o incorporador devem identificar os riscos previsíveis na época do projeto e, junto com a equipe de projeto, definir os níveis de desempenho para cada elemento da construção. Ainda, devem elaborar o manual de operação, uso e manutenção com os prazos de vida útil (VUP) e de garantia superiores ou iguais aos citados na norma. Cabe destacar a necessidade de elaborar um plano detalhado e exequível de manutenção.

Já o usuário deve utilizar de forma correta a edificação, sem alterar nenhuma das características de projeto iniciais. Deve, principalmente, realizar a manutenção de acordo com o manual de uso, operação e manutenção.

7.3 AVALIAÇÃO DE DESEMPENHO

A avaliação de desempenho está resumida na Figura 7.1.

Figura 7.1 Estrutura de abordagem da norma de desempenho.

Fonte: Costella (2018).

A partir das necessidades dos usuários e das respectivas condições de exposição, o edifício e suas partes são projetados. Para isso os requisitos de desempenho devem ser considerados, os quais são as exigências qualitativas dos usuários em relação ao desempenho da edificação. Em relação à Parte 6, um exemplo é o requisito 7.2, o qual trata das solicitações dinâmicas dos sistemas hidrossanitários, que não devem provocar golpes e vibrações que comprometam a estabilidade estrutural desses sistemas.

Já os critérios de desempenho são a forma quantitativa de expressar o requisito de desempenho. No mesmo exemplo, o critério 7.2.2 determina que o sistema hidrossanitário deve atender à pressão estática máxima estabelecida na NBR 5626:2020, que, por sua vez, estabelece o valor de 400 kPa.

Enfim, o método de avaliação de desempenho possui várias possibilidades, dentre as quais se destacam os ensaios laboratoriais, os ensaios de tipo, os ensaios em campo, as inspeções em protótipos ou em campo, as simulações e a análise de projetos. No exemplo em questão, o método de avaliação consiste em verificar em projeto o atendimento à NBR 5626:2020.

7.4 VIDA ÚTIL DE PROJETO

A vida útil é uma medida temporal de durabilidade de um edifício ou de suas partes. Assim, a vida útil é a quantificação da durabilidade. A NBR 15575-1:2021 determina o tempo em que um edifício mantém o desempenho esperado por meio dos conceitos de "vida útil", "vida útil de projeto" e "vida útil requerida". Ao associar desempenho a vida útil e durabilidade, a norma trata não apenas do nível de qualidade da edificação, mas também do período durante o qual a edificação será capaz de manter esse nível de qualidade.

A vida útil (*service life*) é o período de tempo em que o edifício (seus sistemas e elementos) se presta às atividades para as quais foi projetado com atendimento aos níveis de desempenho mínimos previstos, considerando a correta execução do plano de manutenção especificado no manual de uso, operação e manutenção. Vida útil estimada (*predicted service life*) é o termo usado para definir a durabilidade prevista da edificação, que pode ser estimada a partir de dados históricos de desempenho do produto ou de ensaios de envelhecimento acelerado.

Vida útil de projeto (*design life*) é uma estimativa teórica do tempo para o qual um edifício é projetado, considerando que nesse período o desempenho do empreendimento atenda aos requisitos mínimos normativos. Esse tempo é estimado considerando os materiais usados na construção, o local de construção e o total atendimento ao plano de manutenção previsto no manual de uso, operação e manutenção.

A vida útil de projeto (VUP) pode ser entendida como uma expressão de caráter econômico, em que o usuário tem a opção de escolher pela melhor relação entre custo e tempo de usufruto do bem (o benefício). A norma ainda comenta que se podem escolher entre uma infinidade de técnicas e materiais ao projetar um sistema ou elemento. Enquanto alguns desses materiais, em conjunto com as técnicas adequadas, podem ter vida útil de projeto de vinte anos, outros não passam de cinco anos.

Nesse aspecto, os fabricantes precisam informar as características de desempenho dos seus produtos de modo compatível com as exigências de desempenho da norma, principalmente em relação à durabilidade. Além disso, a Norma de Desempenho menciona que para a VUP mínima poder ser atingida é necessário que os fabricantes de materiais e componentes que serão utilizados nas construções informem em documentação técnica as recomendações necessárias para a manutenção corretiva e preventiva.

Enfim, para obter um material confiável e de qualidade, não basta garantir suas características técnicas iniciais, é necessário também que esse material se comporte de maneira satisfatória ao longo de sua vida útil, ou seja, que tenha durabilidade adequada à sua proposta. Para os sistemas hidrossanitários, a VUP mínima é de vinte anos. Essa VUP também é apresentada para todos os subsistemas hidrossanitários (Quadro 7.1).

Contudo, para que essa vida útil possa ser atingida é fundamental que, no manual de uso, operação e manutenção, sejam definidos os processos de manutenção, bem como sua periodicidade. Esse manual deve ser entregue ao usuário, que deve cumprir as manutenções previstas.

Quadro 7.1 Exemplos de VUP dos componentes do sistema hidrossanitário

Parte da edificação	Exemplos	VUP (anos)		
		Mínimo	Intermediário	Superior
Instalações prediais embutidas em vedações e manuteníveis somente por quebra das vedações ou revestimentos (inclusive forros falsos e pisos elevados não acessíveis)	Tubulações e demais componentes (inclui registros e válvulas) de instalações hidrossanitárias, de gás, de combate a incêndio, de águas pluviais, elétricos	≥ 20	≥ 25	≥ 30
	Reservatórios de água não facilmente substituíveis, redes alimentadoras e coletoras, fossas sépticas e negras, sistemas de drenagem não acessíveis e demais elementos e componentes de difícil manutenção e/ou substituição	≥ 13	≥ 17	≥ 20
	Componentes desgastáveis e de substituição periódica, como gaxetas, vedações, guarnições e outros	≥ 3	≥ 4	≥ 5
Instalações aparentes ou espaços de fácil acesso	Tubulações e demais componentes	≥ 4	≥ 5	≥ 6
	Aparelhos e componentes de instalações facilmente substituíveis, como louças, torneiras, sifões, engates flexíveis e demais metais sanitários, aspersores (*sprinklers*), mangueiras, interruptores, tomadas, disjuntores, luminárias, tampas de caixas, fiação e outros	≥ 3	≥ 4	≥ 5
	Reservatórios de água	≥ 8	≥ 10	≥ 12
Equipamentos funcionais manuteníveis e substituíveis (médio custo de manutenção)	Equipamentos de recalque, pressurização, aquecimento de água, condicionamento de ar, filtragem, combate a incêndio e outros	≥ 8	≥ 10	≥ 12

Fonte: adaptado de NBR 15575-1 (ABNT, 2013).

Nas seções a seguir são apresentados os requisitos, critérios e respectivos métodos de avaliação de desempenho descritos na Norma de Desempenho para as instalações elétricas, a gás, de proteção contra incêndio e hidrossanitárias.

7.5 NORMA DE DESEMPENHO EM INSTALAÇÕES HIDROSSANITÁRIAS

Na Parte 6 da Norma de Desempenho são apresentados os requisitos e critérios de desempenho para os sistemas hidrossanitários, compreendendo os Sistemas Prediais de Água Fria e Água Quente, de Esgoto Sanitário e Ventilação e de Águas Pluviais.

Em termos de referências normativas, as seis partes da NBR 15575 possuem mais de duzentas normas referenciadas, sendo a maioria de normas nacionais. Na parte 6 são mencionadas 62 normas, das quais 61 são nacionais e 1 é internacional.

Dentre os doze requisitos do usuário apresentados ao longo da norma, na Parte 6 não são estabelecidos critérios para os requisitos de desempenho térmico e desempenho lumínico, pois não se aplicam a sistemas hidrossanitários, enquanto o requisito de desempenho acústico é apresentado em caráter não obrigatório. Portanto, para sistemas hidrossanitários há nove requisitos a serem atendidos obrigatoriamente. Vale ainda ressaltar que nessa parte são estabelecidos apenas os níveis mínimos (M) de desempenho, e somente para o requisito de desempenho acústico há as opções de nível mínimo (M), intermediário (I) ou superior (S).

Para os nove requisitos a serem atendidos, existem, ao todo, 42 critérios de desempenho, dos quais alguns não são específicos de sistemas hidrossanitários, como é o caso do critério de extintores de incêndio. Portanto, serão apresentados a seguir os principais critérios específicos dos sistemas hidrossanitários.

7.5.1 SEGURANÇA ESTRUTURAL

- Requisito – Resistência mecânica dos sistemas hidrossanitários e das instalações

Tubulações suspensas: o sistema de fixação das tubulações suspensas, bem como as próprias tubulações, aparentes ou não, devem resistir a um peso cinco vezes maior que o peso próprio da tubulação cheia de água, além de não apresentar deformações maiores que 0,5% do vão. O método de avaliação indicado é um ensaio de tipo, conforme Figura 7.2, realizado em laboratório ou campo, aplicando-se as cargas mencionadas no ponto médio entre dois fixadores e/ou suportes ancorados conforme indicação em projeto e verificando se houve colapso ou deformação da tubulação após trinta minutos.

Esse critério é de responsabilidade do construtor, o qual deve realizar o ensaio de forma a validar o sistema de ancoragem utilizado. Porém, cabe ao projetista fazer a especificação do tipo de suportes e distâncias entre eles, respeitando ainda as indicações do fabricante para cada diâmetro de tubulação.

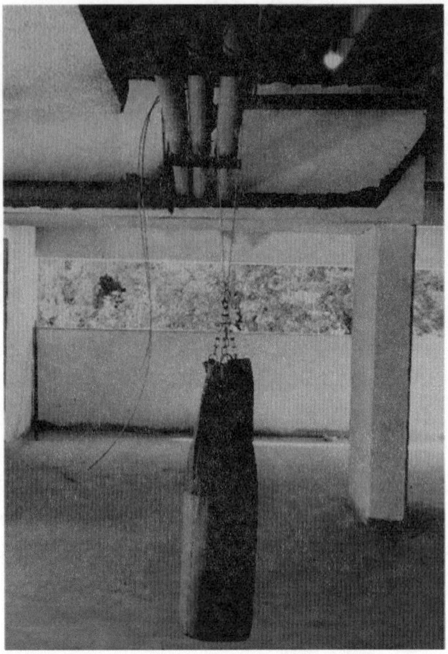

Figura 7.2 Ensaio de resistência mecânica de tubulações suspensas.

Tubulações enterradas: as tubulações enterradas devem manter sua integridade. A avaliação desse critério consiste em verificar a existência, no projeto hidrossanitário, de berços de envelopamento, cuja responsabilidade é do projetista de instalações.

Tubulações embutidas: as tubulações embutidas não devem sofrer esforços externos que venham a danificá-la ou comprometer a estanqueidade ou o fluxo. A avaliação desse critério consiste em verificar no projeto se existem, nos pontos de transição (parede × piso, parede × pilar, e outros), dispositivos que assegurem que os esforços não sejam transmitidos à tubulação. Portanto, a responsabilidade de apresentar essas soluções é do projetista.

- Requisito – Solicitações dinâmicas dos sistemas hidrossanitários

Sobrepressão máxima no fechamento de válvulas de descarga: as válvulas de descarga, metais de fechamento rápido e do tipo monocomando não podem provocar sobrepressões no fechamento superiores a 0,2 MPa (golpe de ariete). A avaliação é feita por meio do ensaio de válvulas de descargas conforme a NBR 15857, sendo sua realização de responsabilidade do fornecedor. O construtor, por sua vez, deve exigir o laudo do fornecedor.

Pressão estática máxima: o sistema hidrossanitário deve atender ao critério de pressão estática máxima estabelecida na NBR 5626, cujo valor é de 400 kPa (40 mca), sendo que a avaliação desse critério consiste na análise do projeto hidrossanitário. Nele, o projetista de instalações é responsável por atender à NBR 5626, declarando em projeto.

Sobrepressão máxima quando da parada de bombas de recalque: a velocidade do fluido deve ser inferior a 10 m/s. A avaliação compreende uma análise do projeto, sendo o projetista de instalações o responsável por prever velocidade compatível, devendo declarar em projeto.

Resistência a impactos de tubulações aparentes: as tubulações aparentes fixadas até 1,5 m acima do piso devem resistir a impactos que possam ocorrer durante a vida útil de projeto, sem sofrerem perda de funcionalidade ou ruína. A avaliação consiste na realização dos ensaios de impactos de corpo mole e corpo duro, conforme Figura 7.3, cujos valores de impacto são apresentados na NBR 15576-6:2015. Durante o ensaio, a tubulação deve estar cheia no caso de instalações de água potável e de reuso, ou vazias no caso de instalações de esgoto e águas pluviais.

Os impactos devem ser aplicados nas regiões mais críticas da tubulação, e após cada impacto deve-se verificar a ocorrência de fissuras ou danos superficiais. Além disso, ao final do ensaio deve ser realizado o ensaio de estanqueidade dessas tubulações, seja de água fria, seja de esgoto e águas pluviais, conforme descrito na própria Norma de Desempenho nos itens 10.1.1 e 10.1.3 da Parte 6, respectivamente.

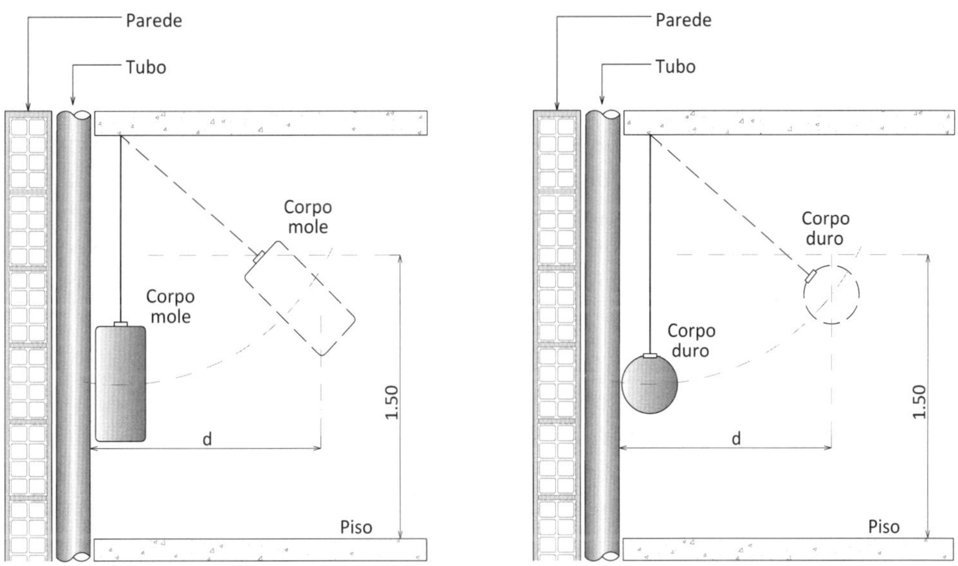

Figura 7.3 Exemplo ilustrativo da montagem do dispositivo de ensaio – corpo mole e corpo duro.

Fonte: NBR 15575-6 (ABNT, 2021).

7.5.2 ESTANQUEIDADE

- Requisito – Estanqueidade das instalações dos sistemas hidrossanitários de água fria e água quente

Estanqueidade à água do sistema de distribuição de água: as tubulações do sistema predial de água não podem apresentar vazamento quando submetidas, durante uma hora, à pressão hidrostática de 1,5 vez o valor da pressão prevista em projeto, na mesma seção, não podendo ser inferior a 100 kPa. As tubulações de água quente devem ser ensaiadas com água à temperatura de 70 °C. A avaliação consiste em realizar o ensaio de estanqueidade conforme NBR 5626.

A NBR 5626, no item 7.3.1, indica que o ensaio deve ser realizado de modo a submeter cada seção da tubulação a uma pressão mínima equivalente ao menor valor entre 1,5 vez a máxima pressão de trabalho e 600 kPa (60 mca). No ensaio em tubulações de água quente, a temperatura mínima da água é 80 °C, devendo ser realizado antes da aplicação de isolamento térmico, acústico ou recobrimento.

Estanqueidade à água de peças de utilização: as peças de utilização, quando submetidas a pressão hidrostática máxima prevista na NBR 5626, não podem apresentar vazamentos. Para tanto, as peças devem ser submetidas a ensaios de estanqueidade, a serem realizados pelos fornecedores, cujos laudos devem ser exigidos pelo construtor.

- Requisito – Estanqueidade das instalações dos sistemas hidrossanitários de esgoto e de águas pluviais

Estanqueidade das instalações de esgoto e de águas pluviais: as tubulações dos sistemas de esgoto sanitário e de águas pluviais não podem apresentar vazamento quando realizado o ensaio de estanqueidade, conforme descrito no Anexo G da NBR 8160, cuja rede deve ser submetida durante 15 minutos à pressão estática de 60 kPa, se o ensaio for feito com água, ou de 35 kPa, se feito com ar. Portanto, a avaliação consiste em realizar o ensaio, cuja responsabilidade é do construtor. O resultado deve ser comprovado por laudo.

Estanqueidade à água das calhas: as calhas e seus componentes do sistema predial de águas pluviais, devem ser estanques. A avaliação consiste em executar um ensaio nas calhas, obstruindo as saídas e enchendo as calhas com água até no nível de transbordamento, a fim de verificar se existem vazamentos. A responsabilidade do ensaio é do construtor, que deve comprovar o resultado por intermédio de laudo do ensaio.

A norma não especifica por quanto tempo a calha deve ser mantida cheia e como fazer a verificação dos vazamentos. Sugere-se aferir a altura da lâmina de água em um ponto padrão no início do ensaio e ao final dele, decorridos trinta minutos, tempo no qual a calha deve ser inspecionada visualmente, a fim de identificar possíveis vazamentos.

7.5.3 DESEMPENHO ACÚSTICO

A norma prevê dois métodos, de caráter não obrigatório, no Anexo B da Parte 6, os quais objetivam medir o nível de pressão sonora durante um ciclo de operação do aparelho hidrossanitário. A avaliação é destinada apenas a equipamentos de uso coletivo ou acionados por terceiros que não o próprio usuário da unidade habitacional a ser avaliada.

Um dos métodos propostos é o de engenharia em campo, conforme a ABNT NBR ISO 16032, que determina de forma rigorosa os níveis de pressão sonora do equipamento em operação. Já o método simplificado em campo, conforme a ABNT NBR ISO 10052, permite obter uma estimativa dos níveis de pressão sonora do equipamento em operação, e é recomendado quando não se dispõe da instrumentação necessária para medir o tempo de reverberação no ambiente de medição, ou quando as condições de ruído ambiente não permitem obter esse parâmetro.

A avaliação deve ser realizada no dormitório da unidade habitacional ao lado, acima ou abaixo do local em que o equipamento (vaso sanitário, por exemplo) será acionado, com todas as portas dos banheiros, dos dormitórios e de entrada, e com todas as janelas das duas unidades habitacionais fechadas, a fim de se evitar a interferência de ruídos de fundo.

7.5.4 DURABILIDADE E MANUTENIBILIDADE

- Requisito – Vida útil de projeto das instalações hidrossanitárias

Vida útil de projeto: as instalações hidrossanitárias devem manter a capacidade funcional durante a vida útil de projeto, considerando intervenções periódicas de manutenção e conservação. Os valores de vida útil de projeto (VUP) são previstos na Tabela C.5 da Parte 1 da Norma, sendo que para o sistema hidrossanitário esse valor é de no mínimo 20 anos, atendendo ao desempenho mínimo (M), 25 anos para atender ao nível de desempenho intermediário (I), e 30 anos para o nível superior (S). A responsabilidade de especificar a VUP é do projetista, bem como a periodicidade de manutenções e substituições a fim de atingir os valores da VUP. Porém, a decisão da VUP deve ser tomada em conjunto com o construtor.

Destaca-se que, para atender os valores previstos, é imprescindível o emprego de componentes e materiais de qualidade compatível com a VUP estabelecida, a execução de técnicas e métodos que possibilitem a obtenção da VUP, o atendimento aos programas de manutenção e aos cuidados preestabelecidos para o correto uso da edificação, e o uso conforme as condições previstas no projeto.

Conforme descrito no item 14.1.1.2 da Parte 6, em virtude da complexidade e variedade dos componentes do sistema hidrossanitário, considerando ainda que a vida útil também é função da agressividade do meio ambiente, das características intrínsecas dos materiais e dos solos, os componentes podem apresentar vida útil menor do que as estabelecidas para o sistema hidrossanitário como VUP. Assim, no projeto deve constar o prazo de substituição e manutenções periódicas pertinentes. A Tabela C.6 da Parte 1 da norma apresenta alguns exemplos de VUP dos componentes da edificação a fim de atender aos níveis de desempenho, sendo alguns referentes aos sistemas hidrossanitários.

Projeto e execução das instalações hidrossanitárias: a qualidade do projeto e da execução dos sistemas hidrossanitários deve atender às Normas Brasileiras vigentes. A norma sugere a aplicação da lista de verificações do Anexo A, segundo a qual o projetista deve atender de forma objetiva aos conteúdos e produtos gerados em cada fase de projeto. A lista é dividida em seis fases do projeto:

- Fase A: concepção do produto;
- Fase B: definição do produto;
- Fase C: identificação e solução de interfaces;
- Fase D: projeto de detalhamento de especialidades;
- Fase E: pós-entrega dos projetos;
- Fase F: pós-entrega da obra.

A responsabilidade pelo atendimento a esse critério é do projetista, que deve apresentar em projeto a declaração do atendimento às normas vigentes para cada sistema considerado.

Durabilidade dos sistemas, elementos, componentes e instalações: os elementos, componentes e instalações dos sistemas hidrossanitários devem possuir durabilidade compatível com a VUP. É responsabilidade do projetista de instalações especificar em projeto a durabilidade dos componentes, assim como é de responsabilidade do construtor exigir do fornecedor laudo que comprove a durabilidade de seu produto.

- Requisito – Manutenibilidade das instalações hidráulicas, de esgoto e de águas pluviais

Inspeções em tubulações de esgoto e águas pluviais: devem ser previstos dispositivos de inspeção, como caixas e peças de inspeção, nas tubulações de esgoto e de águas pluviais (Figura 7.4), conforme descrito na NBR 8160 e NBR 10844, respectivamente. É de responsabilidade do projetista especificar esses dispositivos no projeto hidrossanitário.

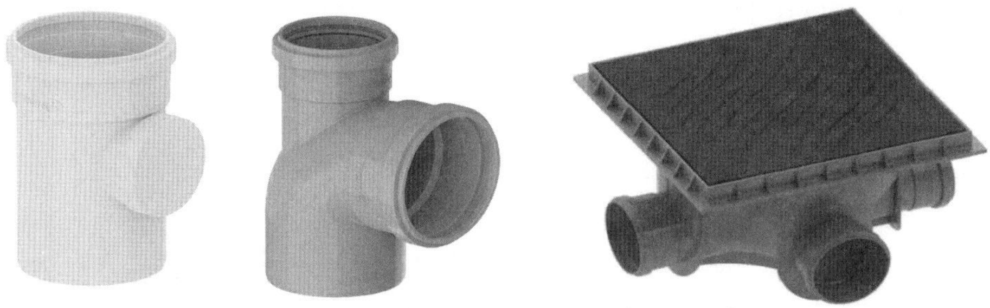

Tê com inspeção — Joelho 90° série R com visita — Caixa de inspeção

Fonte: Tigre

Figura 7.4 Dispositivos de inspeção.

Fonte: catálogo Amanco.

Manual de operação, uso e manutenção das instalações hidrossanitárias: o fornecedor do sistema hidrossanitário, de seus elementos ou componentes, deve especificar todas as suas condições de uso, operação e manutenção, incluindo o projeto "como construído" (*as built*). A avaliação desse critério consiste em verificar essas especificações no manual de uso, operação e manutenção, também denominado manual do usuário, que deve atender à NBR 5674 e NBR 14037, cuja responsabilidade de elaboração é do construtor. Porém, é de responsabilidade dos projetistas fornecer todas as informações e especificações necessárias para sua elaboração.

O manual, de acordo com a NBR 14037, deve "informar os prazos de garantias, apresentar sugestão para o sistema de gestão de manutenção, informar como será realizado o atendimento ao cliente e prestar o serviço de assistência técnica aos usuários e síndicos de edificações" (ABNT, 2011).

7.5.5 SAÚDE, HIGIENE E QUALIDADE DO AR

- Requisito – Contaminação biológica da água na instalação de água potável

Risco de contaminação biológica das tubulações: a superfície interna de todos os componentes que ficam em contato com a água potável deve ser lisa e fabricada de material lavável para evitar a formação de aderência de biofilme. É de responsabilidade do fornecedor atender a esse critério e comprovar o atendimento por meio de laudo, o qual deve ser exigido pelo construtor.

- Requisito – Contaminação da água potável do sistema predial

Tubulações e componentes de água potável enterrados: os componentes do sistema enterrados devem ser protegidos contra entrada de animais ou corpos estranhos e líquidos que possam contaminar a água potável. Para tanto, o projetista deve atender a todos os critérios de projeto descritos na NBR 5626 e na NBR 8160, como respeitar as distâncias do alimentador predial das fontes poluidoras, como sumidouros, valas de infiltração etc., e evitar soluções com reservatório enterrado, pois o contato das paredes dos reservatórios com o solo pode contaminar a água.

- Requisito – Contaminação por refluxo de água

Separação atmosférica: com o objetivo de evitar refluxo da água, deve ser prevista separação atmosférica, podendo ser adotada a separação atmosférica padronizada ou outros dispositivos. A NBR 5626 apresenta no item 6.15.2 as medidas de proteção que devem ser tomadas.A avaliação desse critério consiste na análise do projeto hidrossanitário, o qual deve atender à NBR 5626, sendo, portanto, de responsabilidade do projetista.

- Requisito – Ausência de odores provenientes da instalação de esgoto

Estanqueidade aos gases: o sistema de esgoto sanitário deve ser projetado de forma que não ocorra retrossifonagem ou rompimento do fecho hídrico. Para tanto, o projetista deve atender à NBR 8160:1999, na qual são especificadas as condições de ventilação para a instalação de esgoto, apresentando tal declaração no projeto. A Figura 7.5 apresenta um esquema para sistema de ventilação secundária, composta por ramais e colunas de ventilação.

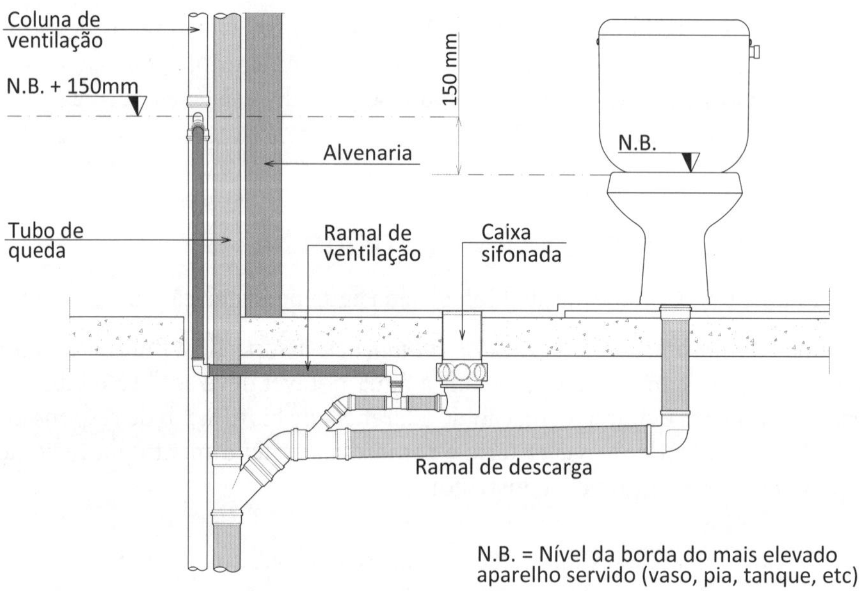

Figura 7.5 Esquema de ligação do ramal de ventilação à coluna de ventilação.

Fonte: NBR 8160 (ABNT, 1999).

7.5.6 FUNCIONALIDADE E ACESSIBILIDADE

- Requisito – Funcionamento das instalações de água

Dimensionamento da instalação de água fria e quente: o sistema predial de água fria e quente deve fornecer água na pressão, vazão e volume compatíveis com o uso, considerando a possibilidade de uso simultâneo. A avaliação consiste em uma análise de projeto, na qual deve ser verificado se o projetista atendeu a NBR 5626:2020.

Funcionamento de dispositivos de descarga: os dispositivos de descarga, como caixas e válvulas de descarga, devem atender aos critérios de fabricação quanto à vazão e volume de descarga, os quais estão dispostos na NBR 15491 e na NBR 15857, respectivamente. A avaliação consiste na realização de ensaio de responsabilidade do fornecedor, cujo laudo de ensaio deve ser exigido pelo construtor.

- Requisito – Funcionamento das instalações de esgoto

Dimensionamento da instalação de esgoto: o sistema predial de esgoto deve coletar e afastar o esgoto da edificação, em vazões adequadas, sem que haja transbordamento, acúmulo na instalação, contaminação do solo ou retorno a aparelhos não utilizados. Para a avaliação, indica-se uma análise de projeto, na qual se deve verificar se o projetista atendeu às normas referentes ao sistema de esgoto (NBR 8160, NBR 7229 e NBR 13969).

- Requisito – Funcionamento das instalações de águas pluviais

Dimensionamento de calhas e condutores: as calhas e condutores devem suportar a vazão de projeto, que deve ser calculada a partir da intensidade de chuva adotada para o local, considerando o período de retorno recomendado. A avaliação consiste em uma análise de projeto, na qual se verifica se o projetista atendeu à norma correspondente, NBR 10844.

7.5.7 CONFORTO TÁTIL E ANTROPODINÂMICO

- Requisito – Conforto na operação dos sistemas prediais

Adaptação ergonômica dos equipamentos: as peças de utilização, inclusive registros de manobra, devem possuir volantes ou dispositivos com formato e dimensões que proporcionem torque ou força adequada de acionamento, além de serem isentos de rebarbas, rugosidades ou ressaltos que possam causar ferimentos. Para atendimento a esse critério, cada equipamento deve ser fabricado conforme sua respectiva norma. Cabe ao construtor exigir laudo do fornecedor.

7.5.8 ADEQUAÇÃO AMBIENTAL

- Requisito – Uso racional da água

Consumo de água em bacias sanitárias: o volume de descarga das bacias sanitárias deve estar de acordo com as especificações da com as especificações da NBR 16727-1, NBR 16728-1 e NBR 16731-1. Portanto, a responsabilidade de cumprimento desse critério é do fornecedor, cujo laudo deve ser exigido pelo construtor.

Fluxo de água em peças de utilização: as peças de utilização (metais sanitários) devem possuir vazão que permita tornar o mais eficiente possível o uso da água, mantendo seu bom funcionamento e atendendo aos requisitos do usuário. A avaliação consiste na realização de ensaios nas peças conforme suas respectivas normas, cuja responsabilidade é do fornecedor. Assim, o construtor deve exigir o laudo de ensaio do fornecedor.

- Requisito – Contaminação do solo e do lençol freático

Tratamento e disposição de efluentes: a rede de esgoto deverá estar ligada à rede pública de esgoto ou a um sistema localizado de tratamento e disposição de efluentes, atendendo às normas NBR 8160, NBR 7229 e NBR 13969, as quais indicam os critérios de projeto das instalações prediais de esgoto e sistemas de tratamento e disposição. A avaliação consiste na análise do projeto, que deve verificar se o projetista atendeu às normas, declarando em projeto.

7.6 NORMA DE DESEMPENHO EM INSTALAÇÕES DE GÁS

Não há um capítulo exclusivo para os sistemas prediais de distribuição de gás combustível na Norma de Desempenho. Porém, na Parte 1 há recomendações quanto à segurança contra incêndio e na Parte 6 há recomendações referentes à segurança no uso e operação, ambas envolvendo as instalações de gás.

- Segurança contra incêndio: Requisito – Dificultar o princípio de incêndio

Proteção contra risco de vazamentos nas instalações de gás: as instalações de gás devem ser projetadas e executadas de acordo com a NBR 13523 e a NBR 15526, normas que tratam da central de gás e da rede de distribuição interna de gás combustível nas edificações residenciais e comerciais, respectivamente. A avaliação desse critério consiste na análise do projeto das instalações de gás, o qual deve ser elaborado conforme essas normas, considerando ainda a legislação do Corpo de Bombeiros de cada estado.

- Segurança no uso e operação: Requisito – Risco de explosão, queimaduras ou intoxicação por gás

Dispositivos de segurança em aquecedores de acumulação a gás: os aquecedores de acumulação a gás devem prover de dispositivo de alívio de sobrepressão e de dispositivo de segurança que corte a alimentação do gás em caso de superaquecimento. Como método de avaliação indica-se a inspeção, de responsabilidade do construtor, comprovada por relatório de inspeção.

Instalação de equipamentos a gás combustível: no funcionamento do equipamento a gás instalado em ambientes residenciais, a concentração máxima de dióxido de carbono (CO_2) não deve ultrapassar o valor de 0,5%. O fabricante deve atender às normas de fabricação dos aparelhos, e o construtor deve exigir os laudos dos ensaios requeridos, enquanto o profissional responsável pelo projeto de proteção contra incêndio deve apresentar em projeto as soluções de adequação dos ambientes onde são instalados os aquecedores, conforme exemplo da Figura 7.6, detalhando as ventilações permanentes do ambiente, dutos e chaminés de exaustão de gases de combustão do aquecedor, cujos requisitos são apresentados na legislação do Corpo de Bombeiros de cada estado, ou, na sua ausência, na NBR 13103.

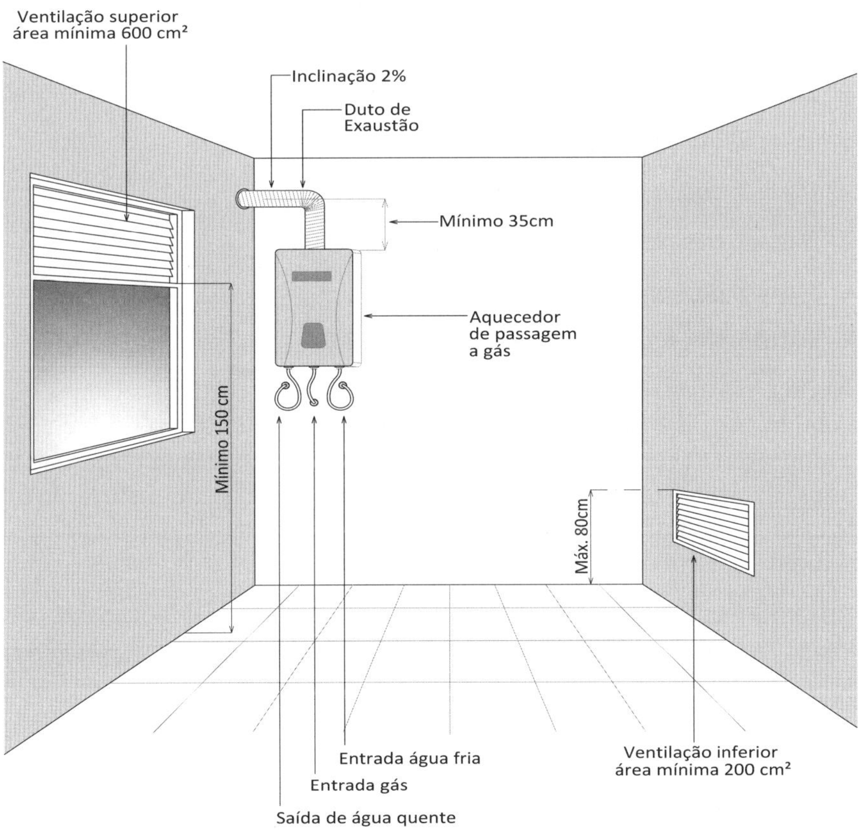

Figura 7.6 Exemplo ilustrativo da adequação de ambientes com aquecedores a gás.

- Saúde, higiene e qualidade do ar: Requisito – Contaminação do ar ambiente pelos equipamentos

Teor de poluentes: os ambientes não podem apresentar teor de CO_2 superior a 0,5% e de monóxido de carbono (CO) superior a 30 ppm. Esse critério aplica-se principalmente a sistemas de aquecimento a gás, devendo-se fazer a adequação dos ambientes em que o aparelho for instalado. Portanto, cabe ao profissional responsável pelo projeto de proteção contra incêndio apresentar em projeto as soluções de adequação dos ambientes, conforme descrito no critério anterior. Assim, a avaliação consiste em uma análise de projeto, comprovada por declaração em projeto, e também por inspeção, de responsabilidade do construtor, comprovada por relatório de inspeção.

7.7 NORMA DE DESEMPENHO EM INSTALAÇÕES DE SEGURANÇA CONTRA INCÊNDIO

A segurança contra incêndio é um dos doze requisitos do usuário abordados pela Norma de Desempenho e possui critérios de desempenho em todas partes da norma, distribuídos da seguinte forma:

- Parte 1: seis requisitos e dez critérios;
- Parte 2: indica o atendimento aos requisitos da Parte 1;
- Parte 3: dois requisitos e dez critérios;
- Parte 4: três requisitos e três critérios;
- Parte 5: dois requisitos e três critérios;
- Parte 6: três requisitos e três critérios.

A norma não apresenta um capítulo exclusivo, pois a segurança contra incêndio não é obtida por intermédio de um único projeto ou sistema, mas sim englobando toda a edificação e seus respectivos sistemas. Dessa forma, atribui responsabilidades a todos os envolvidos no processo de edificação: projetista de arquitetura, de estruturas, de instalações hidrossanitárias, de instalações elétricas, de sistemas de proteção contra incêndio, fornecedores de materiais e construtor.

Os requisitos apresentados são pautados em: proteger a vida dos ocupantes da edificação na situação de incêndio; dificultar a propagação do incêndio; proporcionar meios de controle e extinção do incêndio; dar condições de acesso para o Corpo de Bombeiros.

- Requisito – Dificultar a inflamação generalizada

Esse requisito é mencionado nas Partes 1, 3, 4 e 5 da norma, sendo que na Parte 5 é descrito como "reação ao fogo dos materiais de revestimento e acabamento", e ao todo apresenta sete critérios. Esses critérios se referem à exigência de controle de materiais de revestimento e acabamento, de vedações verticais, de pisos e de cobertura, os quais devem possuir características de propagação de chamas controladas. Para cada elemento são indicadas as classes de materiais permitidos (Classe I, por exemplo, que se refere a materiais incombustíveis), os quais são classificados conforme ensaios descritos na NBR 9442, que trata da determinação do índice de propagação superficial de chama dos materiais de construção.

- Requisito – Dificultar a propagação do incêndio e preservar a estabilidade estrutural

Esse requisito é apresentado nas Partes 1, 3 e 4 como "dificultar a propagação do incêndio" e "segurança estrutural em situação de incêndio", enquanto na Parte 5 é abordado em "resistência ao fogo do sistema de coberturas", e na Parte 6 em "evitar propagação de chamas entre pavimentos". Ao todo, existem quinze critérios, a maioria dos quais na Parte 3, referente aos sistemas de piso. Alguns desses critérios estabelecem que se deve atender à NBR 14432 quanto aos tempos de resistência ao fogo dos elementos estruturais, de compartimentação e de cobertura. No caso de elementos estruturais, como lajes, vigas, pilares e paredes estruturais, esse tempo de resistência ao fogo é determinado conforme ensaio descrito na NBR 5628.

Além disso, para atender a esse requisito, o projetista de estruturas deve simular e analisar a edificação em situação de incêndio, seguindo as normas específicas para cada tipo de estrutura, como a NBR 14323 para estrutura de aço, e NBR 15200 para estruturas em concreto. Outras medidas para dificultar a propagação do incêndio são apresentadas na Parte 1 da norma, como isolamento de risco a distância, que se refere ao afastamento seguro entre edifícios, e medidas de isolamento de risco por proteção, que inclui o uso de portas e selos corta-fogo.

Na Parte 3 são apresentados os critérios de selagem corta-fogo, uso de registros corta-fogo, prumadas enclausuradas e prumadas de churrasqueiras, ventilação e escadas. A selagem corta-fogo deve ser prevista nas aberturas existentes nos pisos para as prumadas elétricas e hidráulicas (Figura 7.7), com tempo de resistência ao fogo igual ao do sistema de pisos utilizado e levando em consideração a altura da edificação. Já os registros corta-fogo devem ser instalados em tubulações de ventilação e ar-condicionado que transpassam os pisos, e acionados automaticamente por sistema de detecção de fumaça. Ambos os sistemas são avaliados mediante ensaios conforme a NBR 6479, a qual trata da determinação de resistência ao fogo de portas e vedadores.

As prumadas totalmente enclausuradas, como esgoto e águas pluviais, não precisam ser seladas se as paredes de fechamento forem corta-fogo e apresentarem resistência ao fogo idêntica à requerida para o piso. A avaliação consiste em ensaio das paredes corta-fogo conforme a NBR 10636. Semelhantemente, os dutos de ventilação e exaustão de banheiros possuem exigências quanto à resistência ao fogo dos elementos que os constituem, podendo ainda serem dotados de registros corta-fogo. A avaliação consiste em ensaios conforme NBR 10636 e NBR 6479. Em caso de prumadas aparentes, elas devem ser constituídas de material não propagante de chamas, devendo ainda receber selagem corta-fogo capaz de fechar a abertura deixada pelo tubo quando ele for consumido pelo fogo.

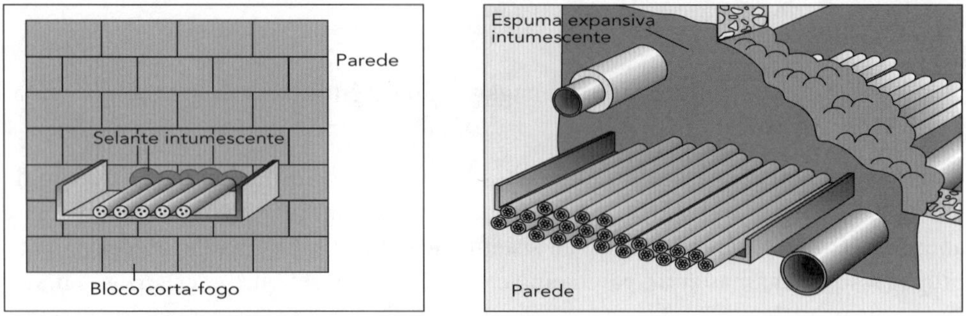

Figura 7.7 Exemplos de selagem corta-fogo em aberturas de paredes e pisos.

Fonte: adaptada de Hilti (2019).

Os dutos de lareiras, churrasqueiras, varandas gourmet e similares devem ser compostos por materiais incombustíveis, e dispostos de forma que não ocorra a propagação de incêndio entre pavimentos ou no próprio pavimento. E quanto às escadas, devem ser enclausuradas com paredes e portas corta-fogo, sendo que a resistência ao fogo varia conforme a altura da edificação e tipologia de escada. Por fim, as paredes de elevadores e monta-cargas também devem apresentar resistência ao fogo idêntica à do piso. A avaliação se dá por meio de ensaios conforme NBR 10636 e NBR 6479.

- Requisito – Dificultar o princípio de incêndio

Esse requisito está na Parte 1 da norma, e apresenta três critérios, sendo o primeiro referente ao Sistema de Proteção Contra Descargas Atmosféricas (SPDA), o qual deve atender ao estabelecido na NBR 5419, norma que rege o sistema. O segundo critério refere-se à proteção contra risco de ignição em instalações elétricas, as quais devem ser projetadas conforme a NBR 5410. E, por fim, proteção contra risco de vazamento de gás, cujas instalações devem ser projetadas e executadas de acordo com a NBR 13523 e NBR 15526, normas que tratam da central de gás e da rede de distribuição interna de gás combustível nas edificações residenciais e comerciais, respectivamente.

- Requisito – Facilitar a fuga em situação de incêndio

Esse requisito está na Parte 1 da norma, e apresenta um critério para as saídas de emergência dos edifícios, as quais devem ser projetadas de acordo com a NBR 9077. Vale ressaltar que se deve atender, primeiramente, à legislação do Corpo de Bombeiros do estado em questão, como a Instrução Técnica 11 em São Paulo e a Instrução Normativa 09 em Santa Catarina, normativas específicas de saídas de emergência.

- Requisito – Sistemas de extinção e sinalização de incêndio

Esse requisito está na Parte 1 da norma, e apresenta um critério para os sistemas de alarme, extinção, sinalização e iluminação de emergência, os quais devem ser projetados e executados conforme a legislação vigente do Corpo de Bombeiros do estado, e NBR 17240, NBR 13434, NBR 12693, NBR 13714 e NBR 10898, que tratam dos sistemas de alarme e detecção, sinalização de segurança contra incêndio e pânico, extintores de incêndio, hidrantes e mangotinhos, e iluminação de emergência, respectivamente.

- Requisito – Combate a incêndio com água

Esse requisito está na Parte 6 da norma, e apresenta um critério referente à reserva técnica de incêndio, que se aplica quando o Projeto de Proteção Contra Incêndio contemplar sistema hidráulico preventivo (hidrantes, mangotinhos ou chuveiros automáticos), cujo volume de água armazenado nos reservatórios de água potável, junto ao volume de consumo. O projeto desses sistemas deve atender à legislação vigente do Corpo de Bombeiros Militar do estado, ou, na sua ausência, à NBR 13714 para hidrantes e mangotinhos, e NBR 10897 para chuveiros automáticos.

- Requisito – Combate a incêndio por extintores

Esse requisito está na Parte 6 da norma e apresenta um critério, em que a edificação deve dispor de extintores de incêndio, sistema considerado no Projeto de Proteção Contra Incêndio, o qual deve estar em conformidade com a legislação vigente do Corpo de Bombeiros Militar do estado, ou, na sua ausência, a NBR 12693.

7.8 NORMA DE DESEMPENHO EM INSTALAÇÕES ELÉTRICAS

De acordo com a Parte 1 da Norma de Desempenho, os sistemas elétricos das edificações habitacionais fazem parte de um conjunto mais amplo de normas com base na NBR 5410 e, portanto, não foi estabelecida uma parte específica da norma referente ao desempenho desses sistemas, devendo-se cumprir assim a NBR 5410.

Porém, alguns critérios estabelecidos na Parte 6, no requisito de segurança no uso e operação, tratam das instalações e aparelhos elétricos que estão contemplados no sistema hidrossanitário, como aquecedores e chuveiros.

7.8.1 SEGURANÇA NO USO E OPERAÇÃO

- Requisito – Risco de choques elétricos e queimaduras em sistemas de equipamentos de aquecimento e em eletrodomésticos ou eletroeletrônicos

Aterramento das instalações, dos aparelhos aquecedores, dos eletrodomésticos e dos eletroeletrônicos: as tubulações, equipamentos e acessórios do sistema hidrossanitário devem ser direta ou indiretamente aterrados, conforme a NBR 5410. A avaliação consiste na análise do projeto elétrico, de responsabilidade do projetista de instalações, comprovada por declaração em projeto.

Corrente de fuga em equipamentos: os equipamentos elétricos devem atender às prescrições da NBR 12090 e da NBR 14016, as quais estabelecem os métodos de ensaio para determinação de corrente de fuga em chuveiros elétricos e aquecedores instantâneos e torneiras elétricas, respectivamente, limitando-se a corrente de fuga para outros aparelhos em 15 mA. Como método de avaliação é indicado um ensaio conforme essas normas, realizado pelo fornecedor, cujo laudo deve ser exigido pelo construtor.

Dispositivo de segurança em aquecedores elétricos de acumulação: os aquecedores elétricos de acumulação devem ser providos de dispositivo de alívio de sobrepressão e de dispositivo de segurança que corte a alimentação de energia em caso de superaquecimento. Como método de avaliação é indicada uma inspeção, de responsabilidade do construtor, comprovada por relatório de inspeção.

7.9 NORMA DE DESEMPENHO EM INSTALAÇÕES DE TELEFONIA

Não há um capítulo exclusivo para as instalações de telefonia, porém há recomendações na NBR 5410, que estabelece as condições a que devem satisfazer as instalações elétricas de baixa tensão.

Apesar disso, a norma faz menção ao sistema no item 18 da Parte 1, que trata da adequação ambiental, esclarecendo que ainda não é possível estabelecer critérios e métodos de avaliação do impacto ambiental de todas as atividades da cadeia produtiva da construção, sendo esse um tema em estudo. Portanto, a norma especifica, de forma geral, que os empreendimentos e sua infraestrutura (arruamento, drenagem, rede de água, gás, esgoto, telefonia, energia) devem ser projetados, construídos e mantidos de forma a minimizar as alterações no ambiente.

CAPÍTULO 8
BIM – Nova forma de projetar

Prof. Eng. Renato Rodrigues Raimundo

8.1 A EVOLUÇÃO DA REPRESENTAÇÃO GRÁFICA

Quando executamos os nossos projetos estamos acostumados a utilizar programas computacionais **CAD** (**C**omputer **A**ided **D**esign) em português Desenho Assistido por Computador, baseados em elementos de desenho.

Atualmente existe uma forma melhor de se trabalhar, neste capítulo vamos conhecer um pouco da metodologia BIM e como ela pode tornar os projetos mais eficientes.

8.1.1 UMA BREVE HISTÓRIA DO PROJETO E SUA REPRESENTAÇÃO

Projeto pode ser definido como:

"A construção idealizada por alguns em um primeiro momento, tem suas informações guardadas para que possa ser usada por outros em um segundo momento."

O principal propósito de um projeto é fazer com que tudo aquilo que foi idealizado possa ser construído de forma correta e sem gerar dúvidas.

Uma construção exige a integração consistente de várias áreas de conhecimento (fundações, estrutura, arquitetura, instalações, acústica etc.) as quais formam uma só edificação.

Toda a informação gerada na fase de projeto deve ser passada de forma íntegra e completa para a construção.

Guardamos estas informações de diversas formas ao longo da história.

No começo o equivalente ao arquiteto ou engenheiro de hoje eram os detentores do conhecimento que passavam as informações diretamente para os construtores no próprio local da construção.

Figura 8.1 Ilustração representando arquiteto da antiguidade.

Fonte:https://fr.wikisource.org/wiki/Dictionnaire_raisonn%C3%A9_de_l%E2%80%99architecture_fran%C3%A7aise_du_XIe_au_XVIe_si%C3%A8cle. Acesso em 27/01/2021.

8.1.2 USO DE MAQUETES

Uma das primeiras formas de fazer este armazenamento de informações e transmitir o conhecimento foi através de pequenas maquetes físicas que eram modeladas ou esculpidas com diversos materiais como pedra, argila, madeira, metais e depois tinha sua forma copiada na construção real.

No museu de Beirute no Líbano existe uma maquete (Figura 8.2) feita em pedra calcaria não maciça, datada do século II D.C. em escala 1:24 medindo aproximadamente 61cm x 64cm de base e 22,5 cm de altura, que representa uma construção real o templo A de Niha que hoje está em ruinas.

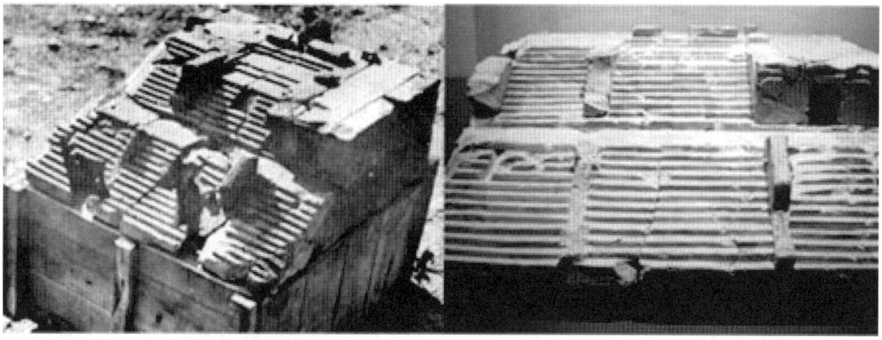

Figura 8.2 Maquete do templo A de Niha, séc. II D.C.

Fonte: Foto Bertramz [Creative Commons] (https://www.vitruvius.com.br/revistas/read/arquitextos/12.139/4155) acesso em 25/04/2021 e (https://www.teses.usp.br/teses/disponiveis/16/16131/tde-09062009-145825/publico/2003.pdf) acesso em 25/04/2021.

Figura 8.3 Ruinas do templo A de Niha.

Fonte: https://www.livius.org/pictures/lebanon/niha/niha-large-temple/niha-great-temple-cella/. Acesso em 27/01/2021.

8.1.3 USO DO PAPEL "ERA PRANCHETA"

Mais tarde com a invenção do papel tudo foi facilitado as informações agora eram desenhadas e escritas, podendo ser facilmente disponibilizada para os construtores.

Até a pouco tempo ainda eram usados os desenhos feitos a mão em papel (Figuras 8.4, 8.5 e 8.6), com algumas ferramentas para facilitar a execução do desenho como: pranchetas, réguas, gabaritos plásticos, canetas de nanquim e normógrafo.

Cada profissional envolvido projetava em papel transparente, e depois era feita a compatibilização das disciplinas sobrepondo um projeto sobre o outro de forma a permitir a visualização simultânea, assim era verificada as interferências.

Figura 8.4 Escritórios de projetos "Era da prancheta.

Fonte: https://rarehistoricalphotos.com/life-before-autocad-1950-1980/. Acesso em 25/04/2021.

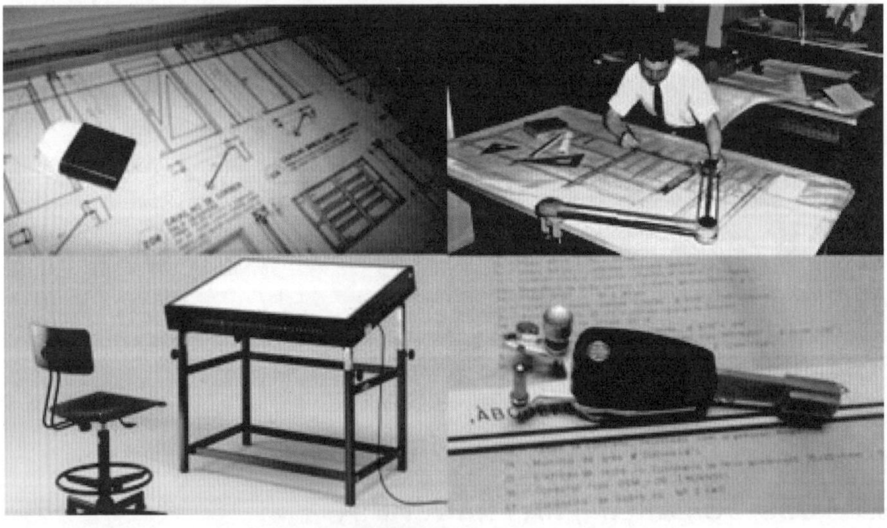

Figura 8.5 Ferramenta de desenho "Era da prancheta".

Fonte: https://pt.wikipedia.org/wiki/Ficheiro:Drafting_table.jpg. https://www.flickr.com/photos/seattlemunicipalarchives/4387246233/in/photostream/. https://www.emmeitalia.com/en/light-tables-light-boxes/. https://i.pinimg.com/736x/b7/37/b7/b737b73ab4b6da68af8bde597ac89227.jpg. Acesso em 25/04/2021.

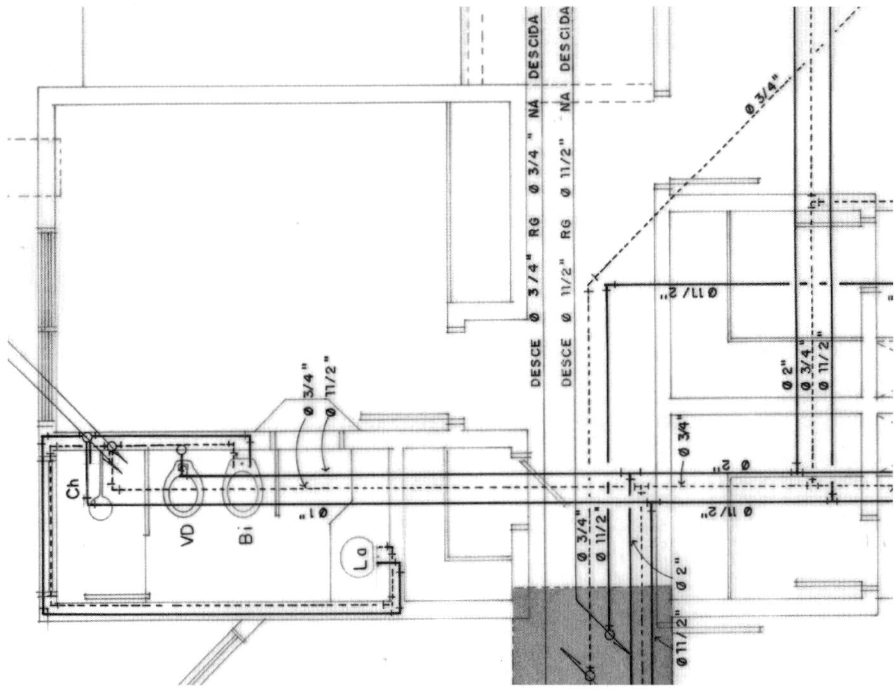

Figura 8.6 Projeto feito a mão.

8.1.4 USO DO COMPUTADOR "ERA CAD"

Mais tarde com a invenção dos computadores, começamos a desenhar nossos projetos no formato digital, utilizando programas de computador **CAD**, agora se tornava mais fácil trabalhar, um erro poderia ser facilmente corrigido, as réguas e gabaritos, se tornaram virtuais e mais precisas e flexíveis, a compatibilização agora é feita através de sobreposição de camadas digitais conhecidas como "layer" onde é possível esconder ou mostrar a visualização dos subsistemas como por exemplo arquitetura e instalações.

O armazenamento agora é digital as informações podem ser gravadas em mídia física local ou remota.

As formas de armazenamento foram evoluindo ao longo do tempo, permitindo guardar mais dados com custo cada vez menor.

Mesmo com a tecnologia disponível para a utilização de desenhos digitais com três dimensões, ela ainda não era utilizada de maneira efetiva em larga escala nos projetos de construção.

Reparem que embora da "era PRANCHETA" para a "era CAD" alcançamos uma grande evolução, mas ainda utilizamos a mesma metodologia de desenho (Figura 8.7).

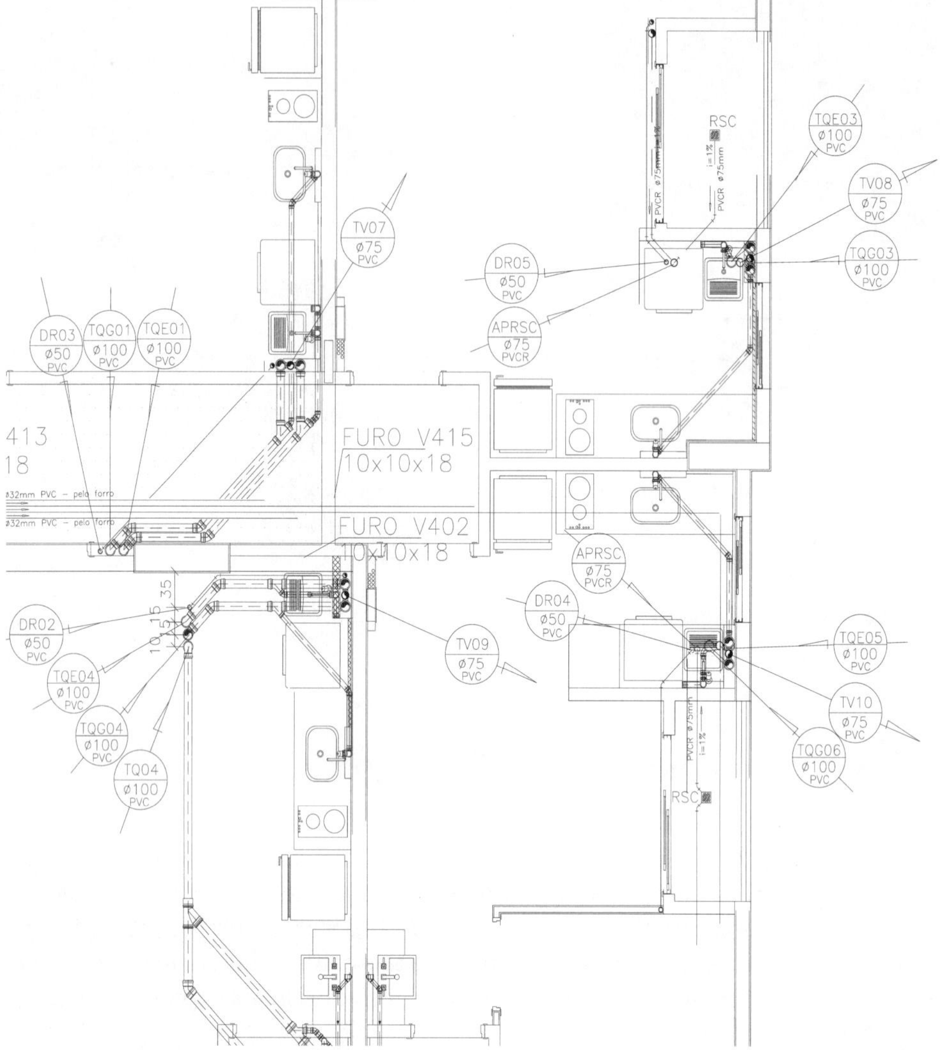

Figura 8.7 Projeto feito com tecnologia CAD.

8.1.5 USO DO COMPUTADOR "ERA BIM"

Com o avanço e popularização da tecnologia chegamos agora a "era BIM" onde temos uma nova essência na forma que projetamos e no tratamento das informações.

BIM ou **B**uilding **I**nformation **M**odeling significa em português "Modelagem da Informação da Construção".

O BIM é uma metodologia de trabalho baseada em pessoas, processos e tecnologia, que utiliza objetos virtuais 3D paramétricos que contém informações em um só ambiente organizado, utilizando modelos virtuais com as mesmas característica de uma obra real, estes modelos podem ser utilizados durante todo ciclo de vida de uma edificação, englobar vários subsistemas construtivos e diversos agentes.

Com a utilização da Metodologia BIM começamos a construir virtualmente, e de uma maneira mais próxima de uma construção real, metodologia similar à que já é utilizada a anos por outras indústrias como a automotiva e aeronáutica.

Construir virtualmente exige uma mudança de paradigma, agora não mais desenhamos linhas, mas sim modelamos, estamos mais próximos de uma escultura, ou seja, uma representação virtual em três dimensões de um elemento da vida real. A estes elementos modelados são atribuídas outras informações de formas não gráficas chamadas de parâmetros, depois em uma mesma base combinamos vários elementos formando assim nossa construção virtual. Estes modelos e suas informações serão utilizados em todo o ciclo de vida do empreendimento da concepção até a demolição.

O BIM não se limita a um único programa, os modelos podem ser criados no programa que mais se adeque a cada subsistema e depois utilizados em programas de visualização, de análise e simulações entre outros.

8.2 A MODELAGEM BIM (USOS E BENEFÍCIOS)

8.2.1 ELEMENTO PARAMÉTRICO

No exemplo da Figura 8.8 temos um elemento paramétrico que também pode ser denominado "família" ou "objeto" dependendo do programa utilizado.

Primeiro temos que criar a geometria 3d do elemento, depois atribuímos parâmetros que ficam vinculados ao elemento, portanto toda vez que o elemento é inserido no projeto ele traz consigo estes parâmetros.

Os parâmetros podem ser alterados sempre que necessário.

Segue um exemplo de forma didática e hipotética de um ralo de banheiro (caixa sifonada) de como parâmetros podem funcionar:

Nome: Caixa Sifonada → Este é o nome do elemento (identificação do elemento no projeto, pode ser usado para a exibição do nome do elemento no projeto).

Material: PVC → Material real que é fabricado a Caixa Sifonada.

Cor: Branca → Cor da Caixa Sifonada (os parâmetros podem ter uma ligação direta com elemento, neste exemplo se alteramos a cor do parâmetro para Cinza "figura 8.9" automaticamente a cor do elemento visualizado passa a ser cinza).

Medidas: 100 x 150 x 50 → medidas da Caixa Sifonada (se alteramos as medidas no parâmetro a geometria 3D também pode se alterar automaticamente).

Formato da grelha: Quadrado → formato da grelha da Caixa Sifonada (se alteramos para redondo a geometria 3D também pode se alterar automaticamente exibindo assim o elemento com grelha redonda).

Fabricante: Tigre → fabricante da Caixa Sifonada (muitos dos fabricantes já disponibilizam coleção de elementos denominadas "bibliotecas" estes já vêm com parâmetros preenchidos de acordo com as características técnicas do produto).

Tipo do Sistema: Esgoto Sanitário → a classificação a qual o sistema foi inserido no projeto. (isso permite que depois possam ser criados filtros de seleção e visualização por tipos de sistema).

Produtividade: 3 por hora → índice de produtividade três caixas sifonadas por hora podem ser instaladas (Isso permite que seja feito cronograma executivo com informações extraídas do modelo).

Custo: R$25,00 → preço unitário da caixa sifonada (isso permite que seja feito algumas estimativas de custo do projeto com informações extraídas do modelo).

Vida útil: 30 anos → tempo de vida útil estimado em projeto com todas as manutenções adequadamente executadas (este parâmetro poderia ser usado alinhado com a norma de desempenho para uma verificação durante o período de uso no que diz respeito ao acompanhamento da vida útil de cada item do empreendimento).

Manutenção: Limpeza Mensal → tipo de manutenção e periodicidade que a manutenção deve ser feita (este parâmetro poderia ser usado alinhado com a norma de desempenho para uma verificação da manutenção durante o período de uso).

Localização: 3º Andar – Banho 2 → local do elemento (este parâmetro poderia ser usado para localizar um elemento no edifício).

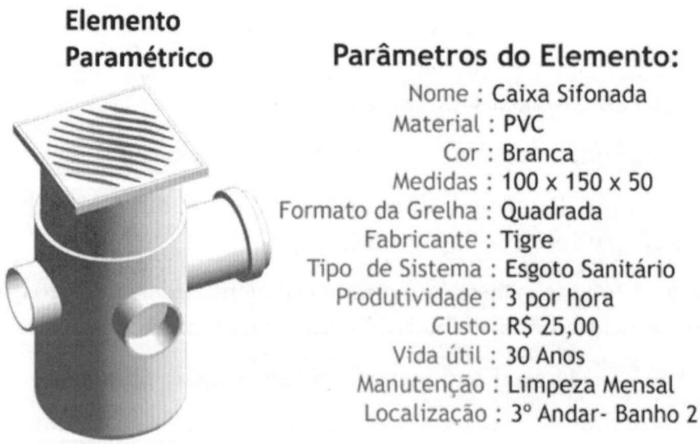

Figura 8.8 Exemplo de projeto elementos paramétricos.
Acervo BIM Simples Assim Engenharia.

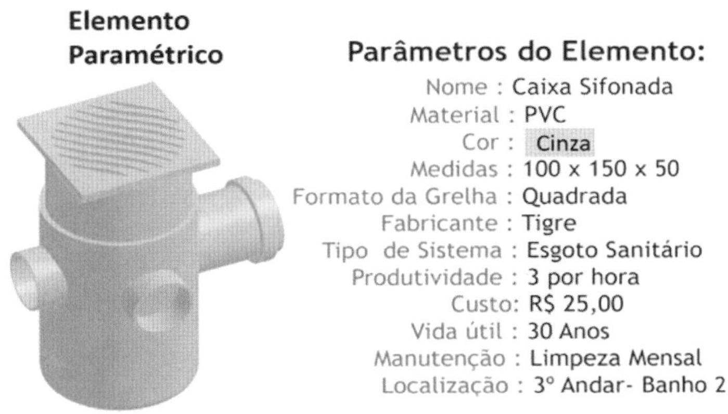

Figura 8.9 Exemplo de projeto elementos paramétricos com parâmetro cor agora cinza. Acervo BIM Simples Assim Engenharia.

8.2.2 CONSTRUINDO O MODELO

Cada elemento paramétrico vai sendo incorporado de modo a formar nosso sistema hidráulico de esgoto como no exemplo da Figura 8.10.

Se tudo precisou ser projetado de forma mais real, esta montagem chegara ao canteiro de obra e poderá ser executada sem alterações de peças ou improvisações, fazendo com que o fluxo de trabalho no canteiro não sofra interrupções, o que poderia gerar custos imprevistos ou uma mudança do que foi projetado gerando mau funcionamento do sistema, as dúvidas geradas durante a execução podem também significar um retrabalho ao projetista que terá que retornar em um trabalho já entregue.

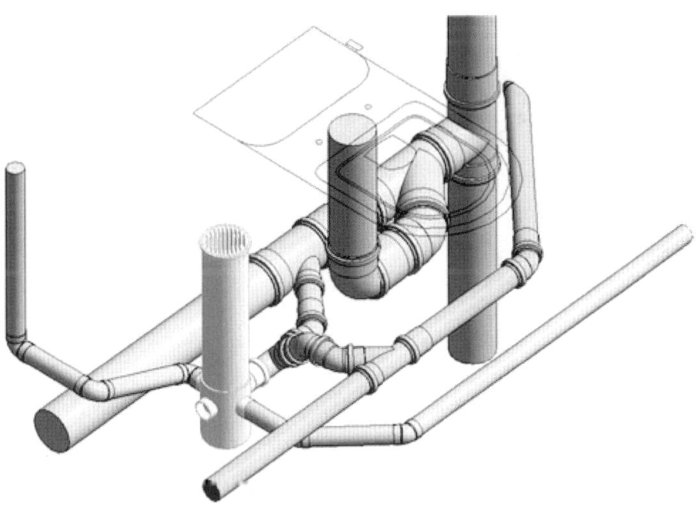

Figura 8.10 Exemplo de modelo BIM sendo construído. (*continua*).

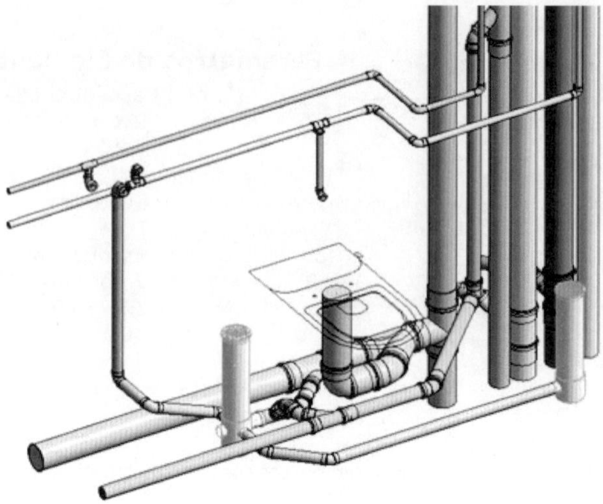

Figura 8.10 Exemplo de modelo BIM sendo construído. (*continuação*)
Acervo BIM Simples Assim Engenharia.

8.2.3 ANOTAÇÕES AUTOMÁTICAS

Como todos os elementos contêm parâmetros que já foram preenchidos anteriormente para fazer as anotações de projetos basta exibir o parâmetro, isso evita qualquer erro de anotação que um processo manual possa gerar.

No nosso exemplo da caixa sifonada Figura 8.11, basta clicar no elemento e utilizar a opção de exibir o parâmetro **"nome"** assim será exibido "**Caixa Sifonada**".

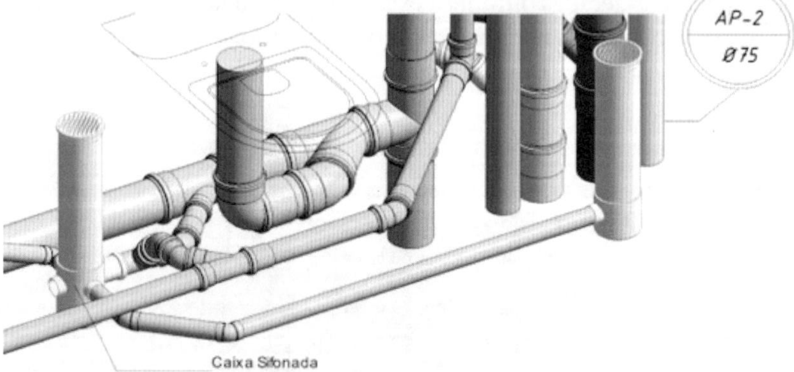

Figura 8.11 Exemplo anotações automáticas extraídas do modelo.
Acervo BIM Simples Assim Engenharia.

8.2.4 CORTES E ELEVAÇÕES AUTOMÁTICA

Os cortes e elevações são geradas de forma automática (Figura 8.12), uma vez alterado o modelo seu corte e elevação acompanham esta alteração. Mesmo utilizando uma vista em 2D os programas que modelam em BIM proporcionam uma visualização com mais detalhes, o que torna mais fácil a sua interpretação.

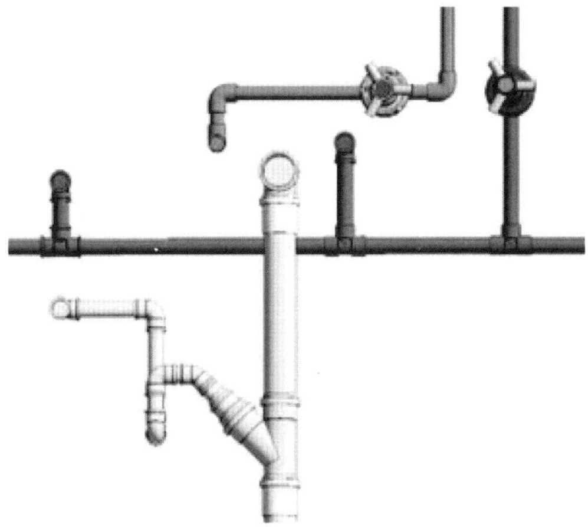

Figura 8.12 Exemplo Cortes e elevações são geradas de forma automática.
Acervo BIM Simples Assim Engenharia.

8.2.5 DETECTANDO INTERFERÊNCIAS ENTRE SUBSISTEMAS

Durante o projeto temos condição visual que facilita detectar as interferências entre os diversos subsistemas, como no exemplo da Figura 8.13 o cano escuro que corta os demais tubos é de fácil percepção visual enquanto modelamos ou eventualmente em uma análise posterior pode ser utilizado um programa de detecção de conflitos "Clash Detection" que sinalizam estes conflitos automaticamente.

Estes conflitos de compatibilização poderiam estar entre as interfaces prediais, por exemplo um tubo passando por um pilar não furado, um eletroduto colidindo com um tubo hidráulico e assim por diante.

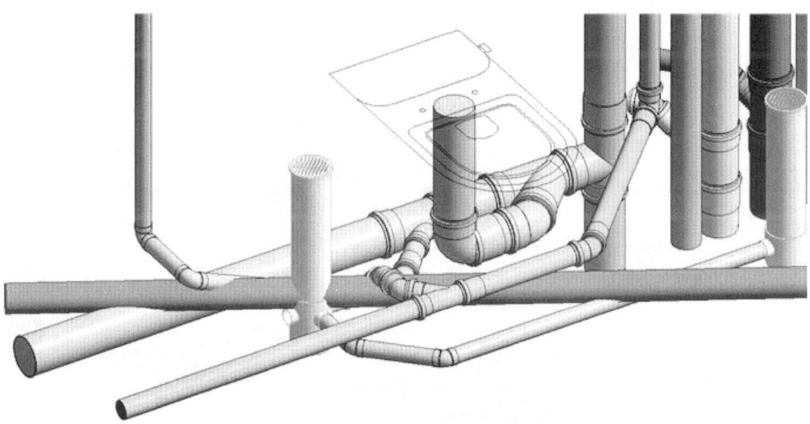

Figura 8.13 Exemplo de detecção visual de interferências.
Acervo BIM Simples Assim Engenharia.

8.2.6 VISÃO SISTÊMICA

Em uma mesma base temos os diversos subsistemas que formam nosso empreendimento o que nos proporciona uma visão sistêmica geral da obra.

À medida que projetamos conseguimos ver claramente através da modelagem como realmente são as interfaces prediais de cada subsistema (Figura 8.14).

Se tivéssemos por exemplo uma interferência com a estrutura podemos tomar a decisão se vai ser necessário solicitar ao projetista de estrutura um furo na viga para passar a tubulação ou se temos condição simplesmente de passar esta tubulação por baixo da viga.

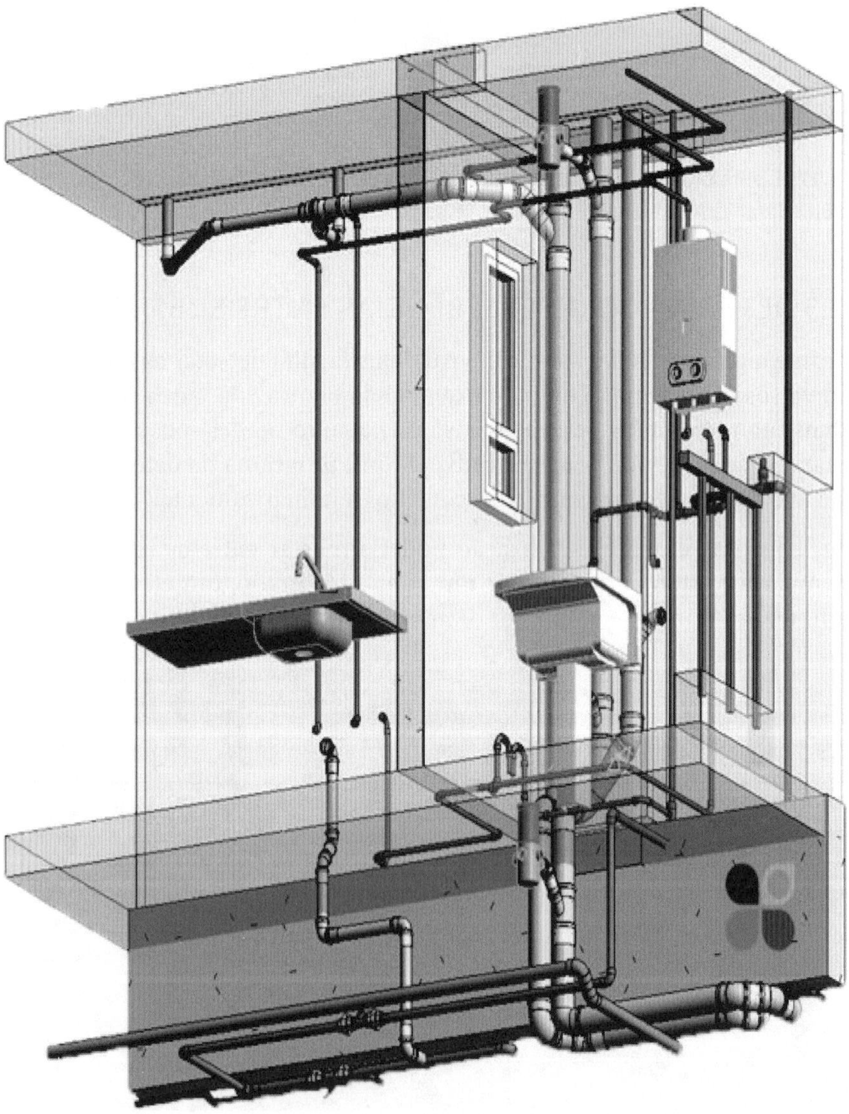

Figura 8.14 Exemplo de visualização integrada de vários subsistemas.
Acervo BIM Simples Assim Engenharia.

8.2.7 INTEGRAÇÃO ENTRE MODELOS

Existem várias maneiras de fazer a integração entre os modelos.

Uma das mais utilizadas é a que o autor de cada subsistema cria o seu próprio modelo podendo assim alterá-lo (Figura 8.15), estes modelos são disponibilizados para outros projetistas que podem visualizar de forma integrada ao modelo que está projetando.

Assim por exemplo o arquiteto cria seu modelo de arquitetura, disponibiliza para o engenheiro estrutural, o qual pode somente visualizar e colocar sua estrutura, digamos que foi preciso fazer um pilar maior que a espessura da parede, a estrutura disponibiliza seu modelo atualizado e assim a arquitetura pode visualizar a estrutura e corrigir a largura da parede em seu modelo escondendo este pilar.

O projetista de instalações pode receber os modelos de arquitetura e de estrutura, os quais ele não pode alterar, porém pode utilizar esses modelos para fazer as suas tubulações, sendo que estas podem ser colocadas de maneira embutida nas paredes ou de forma aparente de modo a serem desviadas da estrutura. Ou o projetista solicita ao engenheiro de estrutura um furo que possa permitir a passagem da tubulação em um determinado trecho. Ainda pode ser necessário, também, solicitar a arquitetura um enchimento para embutir alguma tubulação.

Na realidade não existe um único programa computacional BIM, e sim diversos programas compatíveis com o BIM que permitem a visualização ou o intercâmbio entre modelos. Cada parte envolvida no processo de projeto pode desenvolver a sua modelagem em um programa computacional específico que pode ser mais adequado a um determinado subsistema em termos de tecnologias embarcadas e custo-benefício.

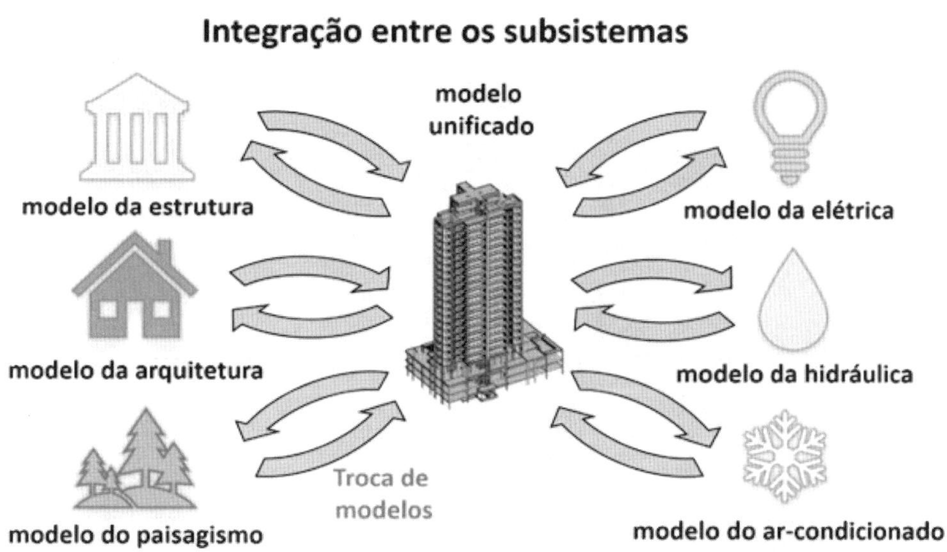

Figura 8.15 Integração entre modelos dos vários subsistemas.
Acervo BIM Simples Assim Engenharia.

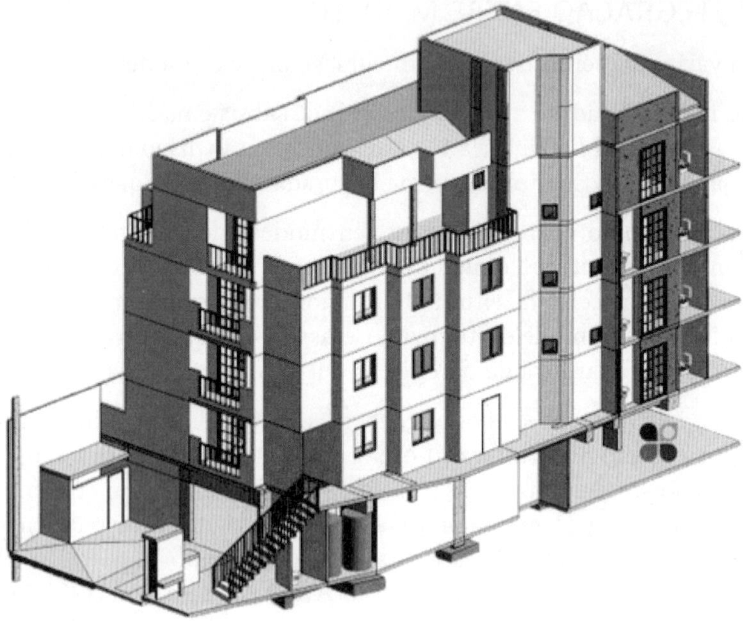

Figura 8.16 Exemplo de modelo de arquitetura.
Acervo BIM Simples Assim Engenharia.

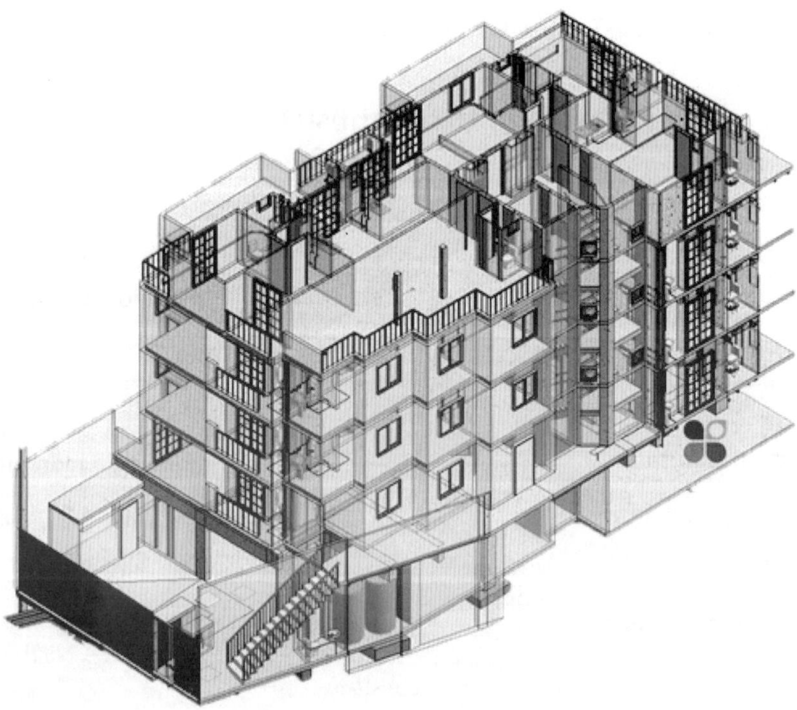

Figura 8.17 Exemplo de modelo unificado com vários Subsistemas.
Acervo BIM Simples Assim Engenharia.

8.2.8 ANTECIPAÇÃO DE POSSÍVEIS PROBLEMAS

Vários aspectos das interfaces prediais foram vistos nos capítulos anteriores sendo este conhecimento fundamental para a utilização do BIM, pois para poder projetar corretamente é necessário entender as interfaces entre as disciplinas.

Construir virtualmente muda o fluxo de trabalho com relação aos projetos em CAD, temos uma antecipação dos problemas o que é muito bom, assim podemos resolver a nossa construção de forma efetiva na fase de concepção e projeto onde a possiblidade de mudança é maior e os custos das alterações são menores.

Na fase de projeto temos a possiblidade de reduzir muitas das patologias que poderiam aparecer durante a operação do edifício, gerando uma grande economia e zelando pela imagem das empresas.

Nos projetos da "era CAD" temos um projeto básico mais simplificado e os problemas só começam a aparecer quando começamos a fazer o projeto executivo, já no fluxo BIM, nosso projeto básico se aproxima bastante a um projeto executivo pois à medida que modelamos já temos a visão do que poderia acontecer na obra.

8.2.9 EXTRAÇÃO DE DOCUMENTAÇÃO FACILITADA

Uma vez criado nosso modelo virtual a extração do que chamamos de documentação (material impresso para execução da obra) é muito prática, como se fotografássemos (Figura 8.18) um determinado ângulo de visão do modelo, desta forma podemos gerar plantas baixa, corte, elevações ou vistas, que serão utilizadas no canteiro de obra (Figura 8.19).

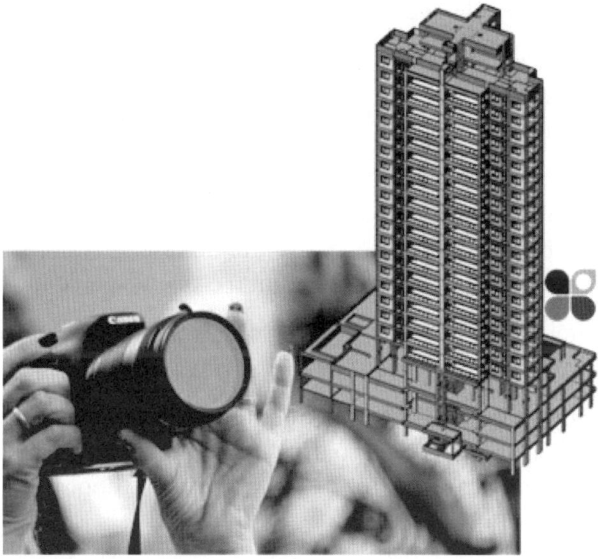

Figura 8.18 Extração de documentação do modelo.
Acervo BIM Simples Assim Engenharia.

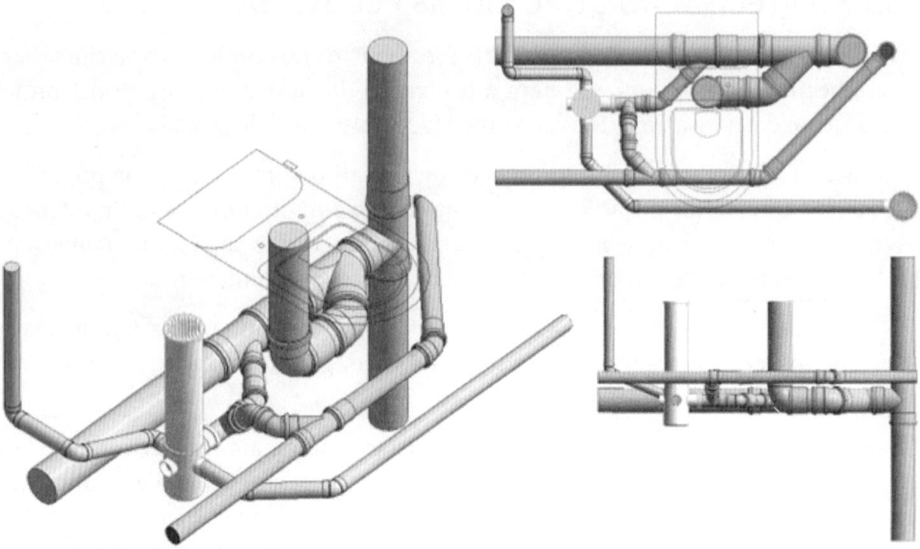

Figura 8.19 Vistas extraídas do modelo.
Acervo BIM Simples Assim Engenharia.

8.2.10 QUANTITATIVOS EXTRAÍDOS DO MODELO

Quando falamos em extração de quantitativos dos modelos o ganho de produtividade e precisão são evidentes.

Cada elemento que é inserido no modelo é contado automaticamente pelo programa de modelagem BIM, à medida que criamos por exemplo uma tubulação temos sua metragem calculada, assim como quando fazemos uma parede podemos obter a sua área.

Estas metragens são extraídas com a simples geração de um relatório, caso seja excluído algum elemento do modelo ele sai automaticamente da lista de materiais (Figura 8.20).

Para que seja feito um orçamento ou uma compra de materiais de uma edificação, é essencial que o quantitativo esteja correto. Quando esse quantitativo é feito manualmente, torna-se um serviço complexo, demorado e sujeito a erro humano.

A modelagem que visa a quantificação automática necessita que os elementos tenham os seus parâmetros preenchidos de forma correta.

Dessa forma, os programas BIM podem quantificar corretamente e permitir, por meio da utilização de filtros, que se faça uma lista específica baseada no ambiente em que o elemento foi inserido, por exemplo uma relação de tubos e conexões utilizados no banheiro do pavimento.

- Conexões e Acessórios - Industrial			
Quant.	**Descrição**	**Tipo**	**Diâmetro**
1	CAP - AC, FORJ, ASTM A105, DIMENSÕES CONF. ASME B16.9	3000 lbs - ES	Ø20
18	CAP - AC, FORJ, ASTM A105, DIMENSÕES CONF. ASME B16.9	3000 lbs - ES	Ø50
1	CAP - AC, FORJ, ASTM A105, DIMENSÕES CONF. ASME B16.9	3000 lbs - ES	Ø100
109	CURVA - AC, FORJ, ASTM A105, DIMENSÕES CONF. ASME B16.9	3000 lbs - ES	Ø20-Ø20
70	CURVA - AC, FORJ, ASTM A105, DIMENSÕES CONF. ASME B16.9	SCH 40 - ST	Ø50-Ø50
2	CURVA - AC, FORJ, ASTM A105, DIMENSÕES CONF. ASME B16.9	SCH 40 - ST	Ø100-Ø100
26	NIPLE REDUCAO - AC, FORJ, ASTM A105, MSS SP95, DIMENSÕES CONF. ASME B16.9	3000 lbs - ES	Ø50-Ø20
1	TEE - AC, FORJ, ASTM A105, DIMENSÕES CONF. ASME B16.9	3000 lbs - ES	Ø20-Ø20-Ø20
93	TEE - AC, FORJ, ASTM A105, DIMENSÕES CONF. ASME B16.9	SCH 40 - ST	Ø50-Ø50-Ø20
47	TEE - AC, FORJ, ASTM A105, DIMENSÕES CONF. ASME B16.9	SCH 40 - ST	Ø50-Ø50-Ø50
1	TEE - AC, FORJ, ASTM A105, DIMENSÕES CONF. ASME B16.9	SCH 40 - ST	Ø100-Ø100-Ø20
5	TEE - AC, FORJ, ASTM A105, DIMENSÕES CONF. ASME B16.9	SCH 40 - ST	Ø100-Ø100-Ø50

Figura 8.20 Exemplo de lista de material extraída do modelo. Acervo BIM Simples Assim Engenharia.

8.2.11 ANÁLISE POR REGRAS – VALIDAÇÃO DE CÓDIGOS E NORMAS

Em programas de análise de modelos BIM é possível criar regras para fazer validações.

Por exemplo se no modelo uma porta abrir para a circulação atrapalhando assim a passagem, poderia ser criado uma regra no programa da seguinte forma: avisar quando a porta abrir para a circulação.

Os projetos que são modelados com seus parâmetros adequados permitem criar regras de forma automática. Esses modelos podem ser entregues para a análise pela prefeitura, pelo corpo de bombeiros e por outros órgãos. Estes por sua vez poderiam fazer uma análise automática dos modelos de forma mais rápida e precisa, utilizando os modelos BIM.

8.2.12 SIMULAÇÕES DO COMPORTAMENTO E DO DESEMPENHO DOS EDIFÍCIOS

Com o uso do modelo BIM podemos fazer simulação do comportamento do edifício: análise de estrutura, simulação de ventos, análises acústicas, análise térmica, análise luminotécnica, análise de sombreamento, entre outras.

Na Figura 8.21 temos um exemplo de análise de sombreamento utilizando o Modelo BIM que permitiu colocar as placas de aquecimento solar na melhor posição de aproveitamento do sol.

Para isso ser possível, colocamos as coordenadas geográficas reais da edificação e sua posição em relação ao norte. Com isso, o programa nos permite obter o sombreamento, baseado na posição do sol, ao longo de todos os dias e horários do ano. Assim, podemos saber quanto tempo durante o ano as placas solares receberão a energia solar, e calcular a eficiência potencial do sistema.

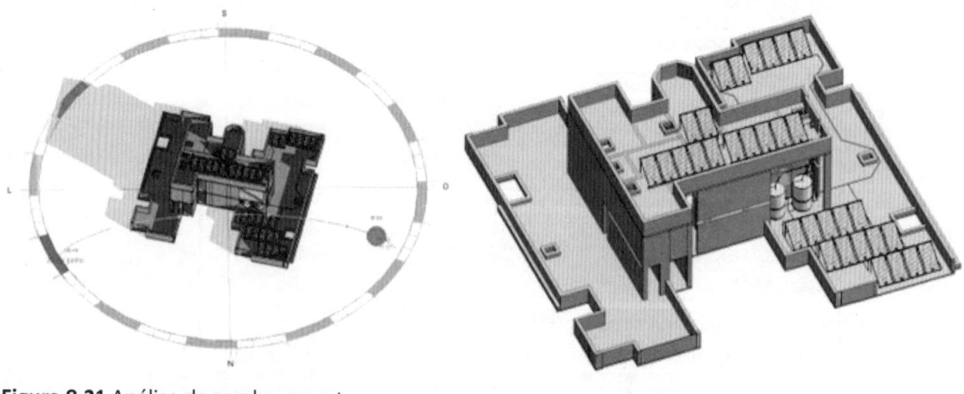

Figura 8.21 Análise de sombreamento.
Acervo BIM Simples Assim Engenharia.

8.2.13 SIMULAÇÃO DE CONSTRUÇÃO ATRELADA AO CRONOGRAMA

Em programas específicos de planejamento BIM é possível integrar os modelos ao cronograma da obra, permitindo visualizar a obra em todas as suas fases dando maior precisão ao planejamento.

O canteiro de obra também pode ser simulado, com a sequência construtiva integrada ao modelo podemos por exemplo saber de forma visual quando temos que desmobilizar o escritório da obra por conta de uma laje que será concretada no local ou o saber se a grua está no seu melhor posicionamento, fazendo inclusive simulações logísticas.

8.2.14 ANÁLISE DE CONSTRUTIBILIDADE

Com as simulações construtivas utilizando os modelos BIM podemos verificar qual é a melhor forma de construir, entendendo melhor qual serviço tem que ser executado primeiro para não atrapalhar os demais.

Cada vez mais, a construção industrializada vem ganhando mercado e quebrando paradigmas no Brasil, com foco em aumentar a produtividade. Com ela, é possível construir em uma fábrica a edificação em partes, transportar e, depois, fazer somente a união dessas partes, formando a edificação.

O uso do BIM facilita a construção industrializada uma vez que os modelos podem ser tão precisos, que os elementos podem ser feitos em uma fábrica (ambiente de maior controle), assim diminuímos a necessidade de montagem no canteiro de obra.

Podemos também ter a fabricação digital onde o modelo pode por exemplo alimentar com dados uma máquina de corte que vai executar os cortes em uma peça conforme o modelo.

Esse mesmo modelo pode ser utilizado diretamente para fabricação de peças e para o entendimento da sequência correta de montagem entre as peças, aumentando a produtividade e diminuindo os erros. O uso do BIM é uma ferramenta importante para a construção industrializada.

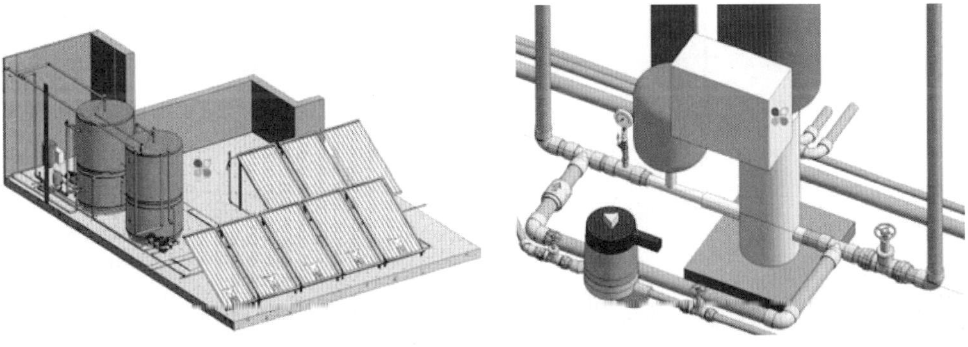

Figura 8.22 Análise de construtibilidade. Acervo BIM Simples Assim Engenharia.

8.2.15 MANUAL DE USO OPERAÇÕES E GARANTIA DO IMÓVEL

Quando construímos modelos BIM nos aproximamos muito da construção real e temos como resultado uma construção bem próxima ao que foi idealizado em projeto, porém existem situações de interferências entre os subsistemas que podem não ter sido detectadas na fase de projeto, neste caso podemos corrigir o modelo para que ele reflita a forma real de como foi construída a obra (As Built).

Este modelo devidamente corrigido pode gerar toda a informação gráfica necessária para a elaboração de um bom manual da edificação (Figura 8.23).

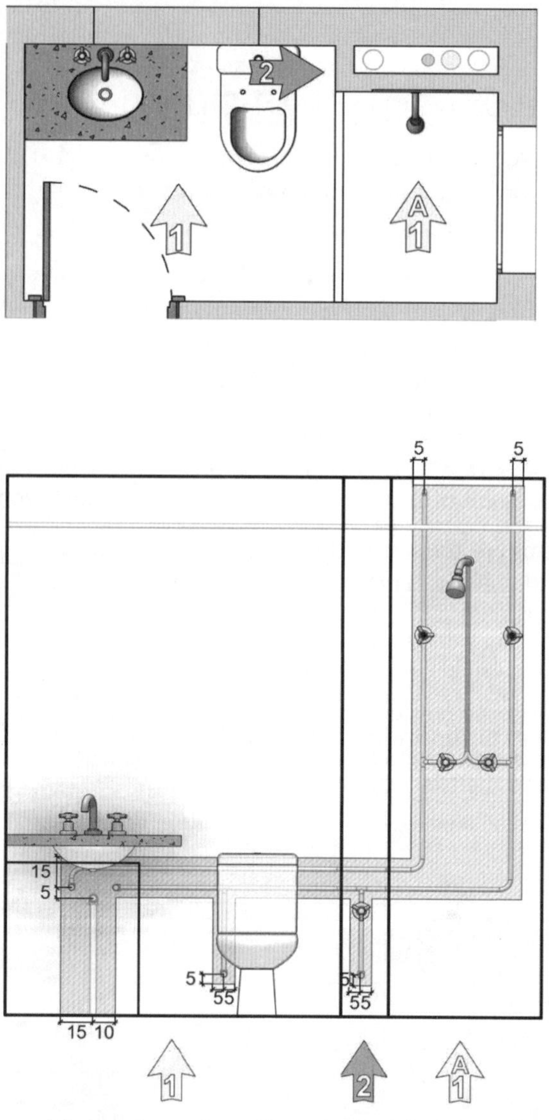

Figura 8.23 Exemplo de Manual de Uso Operações e Garantia do Imóvel. (*continua*).

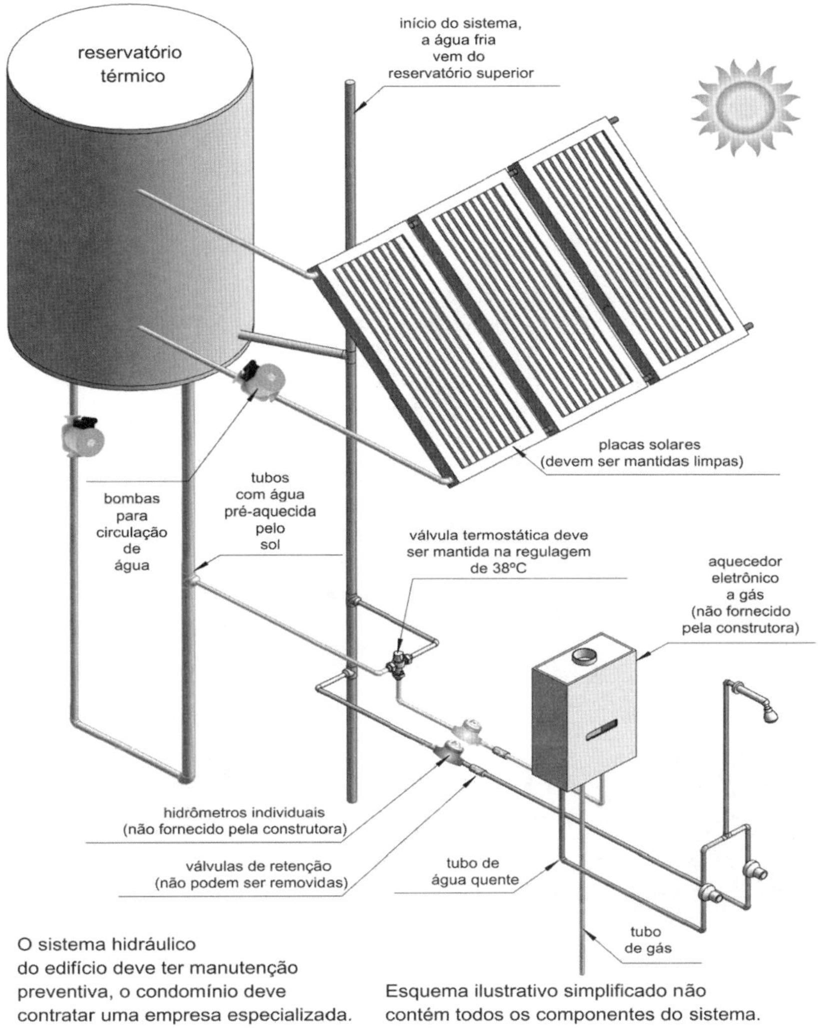

Figura 8.23 Exemplo de Manual de Uso Operações e Garantia do Imóvel. (*continuação*). Acervo BIM Simples Assim Engenharia.

8.2.16 VIABILIZAÇÃO DO USO DE NOVAS TECNOLOGIAS

Os modelos BIM permitem a integração com novas tecnologias como a "realidade virtual" onde através de um modelo criamos um ambiente de realidade totalmente virtual ou "realidade aumentada" onde integramos a realidade virtual com o ambiente real assim é possível através de um dispositivo eletrônico como celular ver uma casa construída virtualmente em um terreno real.

Também através de escaneamento podemos de forma precisa mapear ponto a ponto um edifício (Figura 8.24), e através destes mapeamentos construir um modelo BIM, que pode ser utilizado para projetos de reformas, ampliações, conservação de patrimônio histórico, estudos e simulações.

Figura 8.24 Exemplo de escaneamento com nuvens de ponto. Cedido por Huginn Flying.

8.3 O BIM NÃO É SÓ MODELAGEM

Fazendo uma analogia só para que tenhamos uma visão mais abrangente do processo BIM podemos dizer que na construção da metodologia BIM teríamos três pilares principais (processos, pessoas e tecnologia). Na laje teríamos informação e comunicação e para que nossa fundação seja sólida teríamos a gestão.

Figura 8.25 Representação da metodologia BIM. Acervo BIM Simples Assim Engenharia.

8.3.1 PILAR – PROCESSOS

Toda a organização que se propõe a entregar um produto ou serviço tem um processo de negócio que pode estar formalizado ou não.

Empresa é composta por um conjunto de processos interligados.

A metodologia BIM deve ser composta por processos, que é um conjunto de ações sequenciadas ou cronológicas, com o objetivo de fazer uma entrega recorrente dentro do fluxo de produção de uma empresa, processos formais permitem uma evolução constante e padroniza as ações da equipe, evitando que os erros se repitam.

Com o BIM se produz de uma forma diferente isso acaba afetando de forma direta ou indireta diversos processos da empresa, portanto alterando o processo de negócio da própria empresa.

A implantação BIM promove desenvolvimento organizacional das empresas.

8.3.2 PILAR – PESSOAS

São as pessoas que executam os processos e este é o pilar mais importante, pois sem pessoas nada pode ser executado.

BIM em sua essência é um processo colaborativo, mas vai muito além disso é também uma forma de criação conjunta entre os projetistas e colaboradores para a formação de um resultado comum e assertivo.

Em reuniões de compatibilização de projeto na metodologia BIM se pratica o exercício da "cocriação" que é uma iniciativa de gestão, ou forma de estratégia econômica, que reúne diferentes partes (por exemplo, um grupo de projetistas e um grupo de clientes), a fim de produzir conjuntamente um resultado mutuamente valorizado.

8.3.3 PILAR – TECNOLOGIA

Este pilar já comentado anteriormente usa a tecnologia como forma de unir e acessar a informação, através de modelos virtuais.

Utilizando a tecnologia BIM trabalhamos diretamente em 3D, o mundo real é 3D para que possamos representá-lo em 2D temos que fazer uma conversão no projeto, quando estes projetos vão ser executado temos que novamente converter o 2D para o 3D, com isso ao interpretarmos um projeto podemos perder ou distorcer parte da informação.

8.3.4 LAJE – INFORMAÇÃO E COMUNICAÇÃO

Nenhum processo funciona adequadamente se não gerarmos informações corretas, estas informações devem ser transmitidas e para isso precisamos de um meio no qual estas informações possam ser passadas de forma correta e sem distorções, para isso utilizamos os modelos BIM.

8.3.5 FUNDAÇÃO – GESTÃO

Ter o controle do processo é fundamental para a implantação do BIM, por isso a gestão é nossa fundação.

Gestão pode ser descrita como um conjunto de ações necessárias para se administrar, promovendo a integração entre as pessoas, utilizando da melhor forma os recursos disponíveis, para atingir os objetivos planejados.

8.4 UM CONVITE AO BIM

Este capítulo termina com um convite ao leitor a se aprofundar no conhecimento do mundo BIM, podendo assim usufruir de todos os benefícios desta nova forma de projetar.

REFERÊNCIAS BIBLIOGRÁFICAS

CBIC - Coletânea para implantação do BIM nas construtoras e incorporadoras - Disponível em: <https://cbic.org.br/faca-o-download-da-coletanea-bim-no-site-da-cbic/> Acesso em: 25 abril 2021.

GUIA AsBEA – Boas práticas em BIM - Fascículos 1 e 2 - Disponível em: <http://www.asbea.org.br/manuais> Acesso em: 25 abril 2021.

Chuck Eastman - Manual de BIM: Um Guia de Modelagem da Informação da Construção para Arquitetos, Engenheiros, Gerentes, Construtores e Incorporadores. São Paulo: Bookman 2015.

Artur Simões Rozestraten -(Catálogo USP) -Dissertação de mestrado: Estudo sobre a história dos modelos arquitetônicos na antiguidade: origens e características das primeiras maquetes de arquiteto. São Paulo, 2003.

Disponível em: <https://www.teses.usp.br/teses/disponiveis/16/16131/tde-09062009-145825/pt-br.php> Acesso em: 25 abril 2021.

BIM Simples Assim Engenharia Disponível em: <https://bimsimplesassim.com.br> Acesso em: 25 abril 2021.

CAPÍTULO 9

Referências

ABNT – ASSOCIAÇÃO BRASILEIRA DE NORMAS TÉCNICAS

NBR 15575:2021 – Edificações Habitacionais – Desempenho (Parte 6: Requisitos para os Sistemas Hidrossanitários).

NBR 5626:2020 – Sistemas prediais de água fria e água quente - Projeto, execução, operação e manutenção.

NBR 6118:2014 – Projeto de estruturas de concreto – procedimento.

NBR 14931:2004 – Execução de estruturas de concreto – procedimento.

NBR 9575:2010 – Impermeabilização – seleção e projeto.

NBR 14799:2018 – Reservatório poliolefínico para água potável – requisitos.

NBR 14800:2018 – Reservatório poliolefínico para água potável – instalações em obra.

NBR 13714:2000 – Sistemas de hidrantes e de mangotinhos para combate a incêndio.

NBR 5410:2004 – Instalações elétricas de baixa tensão.

NBR 16728-2:2019 – Tanques, lavatórios e bidês, Parte 2. Procedimento para instalação.

NBR 16727-2:2019 –Bacia sanitária, Parte 2: Procedimento para instalação.

NBR 14037:2011 – Uso, operação e manutenção das edificações.

NBR 10152:2017 – Acústica – Níveis de pressão sonora em ambientes internos a edificações.

NBR 15939:2011 – Sistemas de Tubulações Plásticas para Instalações Prediais de Água Quente e Fria – Polietileno Reticulado.

NBR 15575:2013 – Edificações habitacionais - Desempenho - Parte 6: Requisitos para sistemas hidrossanitários.

NBR 16057:2012 – Sistema de aquecimento de água a gás (SAAG) – Projeto e instalação.

NBR 13103:2020 – Instalação de Aparelhos a gás – Requisitos.

NBR 5899:1995 – Aquecedor de água a gás instantâneo.

NBR 8130:2004 – Aquecedor de água a gás tipo instantâneo - Requisitos e métodos de ensaio.

NBR 10540:2016 – Aquecedores de água a gás tipo acumulação – Terminologia.

NBR 15569:2020 – Sistema de aquecimento solar de água em circuito direto: requisitos de projeto e instalação.

NBR 8160:1999 – Sistemas prediais de esgoto sanitário – projeto e execução.

NBR 7229:1993 – Projeto, construção e operação de sistemas de tanques sépticos.

NBR 13969:1997 – Tanques sépticos – unidades de tratamento complementar e disposição final dos efluentes líquidos – projeto, construção e operação.

NBR 10844:1989 – Sistemas prediais de águas pluviais.

NBR 15527:2019 – Aproveitamento de água de chuva de coberturas para fins não potáveis - Requisitos.

NBR 15527:2019 – Água de chuva – aproveitamento de coberturas em áreas urbanas para fins não potáveis.

NBR 10844:1989 – Instalações prediais de águas pluviais.

NBR 12213:1992 – Projeto de captação de água de superfície para abastecimento público.

NBR 12214:1992 – Projeto de sistema de bombeamento de águas para abastecimento público.

NBR 12217:1994 – Projeto de reservatório de distribuição de água para abastecimento público.

NBR 13523:2019 – Central de gás liquefeito de petróleo (GLP).

NBR 15526:2012 – Rede de distribuição interna para gases combustíveis em instalações residências e comerciais – Projeto e execução.

NBR 15358:2020 – Rede de distribuição interna para gas combustível em instalação de uso não residencial de ate 400 Kpa (4,08 kgf/cm^2) – Projeto e execução.

NBR 14024:2018 – Central de gás liquefeito de petróleo (GLP). Sistema de abastecimento a granel – Procedimentos operacionais.

NR 13:2018 – Caldeiras e vasos de pressão.

NR 20:2019 – Segurança e saúde no trabalho com inflamáveis e combustíveis.

NBR 15489:2007 – Solda e fluxos para união de tubos e conexões de cobre e ligas de cobre – Especificação.

NBR 15277:2012 – Conexões com terminais de compressão para uso com tubos de cobre – Requisitos.

NBR 15345:2013 – Instalação predial de tubos e conexões de cobre e ligas de cobre – Procedimento.

NBR 15590:2008 – Regulador de pressão para gases combustíveis.

NBR 15575-1:2013 – Norma de desempenho.

NBR 15923:2011 – Inspeção de rede de distribuição interna de gases combustíveis em instalações residenciais e instalação de aparelhos a gás para uso residencial - Procedimento.

NBR 13103:2020 – Instalação de aparelhos a gás.

NBR 16821-1:2020 – Sistema de tubulação multicamada para condução de gases combustíveis.

NBR 12712:2002 – Projeto de sistema de transmissão e distribuição de gás combustível.

NBR 14461:2000 – Sistema para distribuição de gás combustível para redes enterradas - tubos e conexões de polietileno PE 80 e PE 100 instalação em obra por método destrutivo (vala a céu aberto).

NBR 13419:2001 – Mangueira de borracha para condução de gases GLP / GN / GNf.

NBR 14177:2018 – Tubo flexível metálico para instalações de gás combustível de baixa pressão.

NBR 14955:2003 – Tubo flexível de borracha para uso em instalações de GLP/GN – Requisitos e metódos de ensaios.

NBR 13206:2010 – Tubo de cobre leve, médio e pesado, sem costura para condução de fluídos – Requisitos.

NBR 14745:2010 – Tubo de cobre sem costura flexível para condução de fluídos – Requisitos.

NBR 5580:2015 – Tubo de aço-carbono para usos comuns na condução de fluídos – Especificação.

NBR 5590:2017 – Tubo de aço-carbono com ou sem solda longitudinal Pretos ou galvanizados – Requisitos.

NBR 12712:2002 – Projeto de sitema de transmissão e distribuição de gás combustível.

NBR 14037:2011 (versão corrigida: 2014) – Diretrizes para elaboração de manuais de uso, operação e manutenção das edificações – Requisitos para elaboração e apresentação dos conteúdos.

NBR 6118:2014 – Projeto de estruturas de concreto: procedimento.

NBR 10897:2014 – Sistemas de proteção contra incêndio por chuveiros automáticos: Requisitos.

NBR 5419:2015 – Proteção proteção contra descargas atmosféricas.

NBR 10281:2015 – Torneiras: torneiras: requisitos e métodos de ensaio.

ISO 18225 – Norma referência tubos com proteção UV.

ISO 17484-1:2014 – Sistema de tubo multicamada para instalação interna de gás com pressão de operação 5 bar (500 Kpa).

IT 28/2019 – Manipulação, armazenamento, comercialização e utilização de gás liquefeito de petróleo (GLP).

IT 29/2019 – Comercialização, distribuição e utilização de Gás Natural.

AIDAR, F. H. O incômodo ruído das instalações hidráulicas. *Téchne*, São Paulo, n. 35, p. 38-42, jul./ago. 1998.

ANA – AGÊNCIA NACIONAL DE ÁGUAS et al. Conservação e reúso da água em edificações. Brasília, DF, 2005. Disponível em: <http://www.ufscar.br/progesa/ManualReusoH2OANA.pdf>. Acesso em: 23 maio 2017.

ASTRA. *Catálogo técnico.* Disponível em: <http://www.astra-sa.com.br/arquivos/pdf/catalogo-construtoras.pdf>. Acesso em: 25 maio 2017.

BORGES, R. S.; BORGES, W. L. *Manual de instalações prediais hidráulico-sanitárias e de gás.* 4. ed. São Paulo: Pini, 1987.

BOTELHO, M. H. C.; ANDRADE, G. R. J. *Instalações hidráulicas prediais utilizando tubos plásticos.* 4. ed. São Paulo: Blucher, 2014.

BUCKA INDÚSTRIA E COMÉRCIO LTDA. [201-]. *Extintor de incêndio sobre rodas* CO^2. Disponível em: <http://www.bucka.com.br/extintores/extintores-de-incendio-sobre-rodas/>. Acesso em: 17 jan. 2016.

CARVALHO JR., R. *Instalações hidráulicas e o projeto de arquitetura.* 13. ed. São Paulo: Blucher, 2021.

CARVALHO JR., R. *Instalações elétricas e o projeto de arquitetura.* 9. ed. São Paulo:

Blucher, 2019.

CARVALHO JR., R. *Instalações prediais hidráulico-sanitárias*: princípios básicos para elaboração de projetos. 4. Ed. São Paulo: Blucher, 2020.

CAPOZZI, S. Trabalho em conjunto. *Téchne*, São Paulo, n. 34, p. 32-34, maio/jun. 1998.

CAVALCANTI, M. Tire partido da iluminação embutida em todos os ambientes. *Arquitetura & Construção*, São Paulo, n. 9, p. 96-97, set. 1990.

CAVALIN, G.; CERVELIN, S. *Instalações elétricas prediais*. 4. ed. São Paulo: Érica, 1998. (Coleção Estude e Use. Série Eletricidade.)

CELG. Companhia Energética de Goiás.

CESP - COMPANHIA ENERGÉTICA DE SÃO PAULO. *Manual de instalação elétrica*: guia prático para autoconstrução. São Paulo, 1983. Disponível em: <http://www.cienciamao.usp.br/dados/pdf/_manualdeinstalacaoeletricaresidencial.arquivopdf.pdf>. Acesso em: 10 nov. 2016.

CESP - COMPANHIA ENERGÉTICA DE SÃO PAULO; PIRELLI. *Instalações elétricas residenciais*: informações e recomendações. São Paulo, 1984.

CHG CONSTRUÇÕES. *Luminárias de emergência*. [20--]. Disponível em: <http://chgconstrucoes.com.br/produto/luminarias-de-emergencia.html>. Acesso em: 17 jan. 2016.

CICHINELLI, G. Soluções não potáveis. *Téchne*, São Paulo, n. 133, p. 54-57, abr. 2008.

COELHO, A. C. *Medição de água individualizada*: manual de consulta. Recife: Editora do Autor, 2007.

CPFL - COMPANHIA PAULISTA DE FORÇA E LUZ. Como utilizar a energia elétrica com segurança e sem desperdício. Manual do Consumidor. Campinas, [20--].

CPFL - COMPANHIA PAULISTA DE FORÇA E LUZ. *Fornecimento de energia elétrica a edifícios de uso coletivo*. Campinas, 2016. (Nota técnica 119). Disponível em: <http://sites.cpfl.com.br/documentos-tecnicos/GED-119.pdf>. Acesso em: 10 nov. 2016.

COSTA, D. Com todo o respeito, aproveite a natureza. *Arquitetura & Construção*, São Paulo, p. 74-77, nov. 2004.

COSTA, D.; MEDEIROS, E. G. Luz sob controle. *Arquitetura & Construção*, São Paulo, Abril, n. 11, p. 104-105, nov. 2004.

COSTELLA, M. F. *Norma de desempenho de edificações*: modelo de aplicação em construtoras. Curitiba: Appris, 2018. 203 p.

CREDER, H. *Instalações hidráulicas e sanitárias*. 5. ed. Rio de Janeiro: Livros Técnicos e Científicos, 1991.

DCA ARQUITETURA. *Saída de emergência.* [201-]. Disponível em: <http://www.dca.arq.br/index.php/saida-de-emergencia/>. Acesso em: 17 jan. 2016.

DI BERNARDO, L.; BLUNDI, C. E.; DE ARAÚJO FILHO, A. R. *Instalações prediais de água fria.* São Carlos: Escola de Engenharia de São Carlos, 1981. (Publicação 001/94).

GARCEZ, L. N. *Elementos de engenharia hidráulica e sanitária.* 2. ed. São Paulo: Blucher, 1976.

GONÇALVES, O. M. Avanços conceituais e tecnológicos. *Téchne*, São Paulo, n. 12, p. 30-34, set./out. 1994.

GONÇALVES, O. M. et al. In: PRADO, R. T. A. (Org.). *Execução e manutenção de sistemas hidráulicos prediais.* São Paulo: Pini, 2000.

HILTI. *Manual de proteção passiva contra fogo.* 2019. Disponível em: https://www.hilti.com.br/content/hilti/W2/BR/pt/engineering/news-and-references/manuais-tecnicos.html. Acesso em: 5 abr. 2019.

IAPMO – INTERNATIONAL ASSOCIATION OF PLUMBING AND MECHANICAL OFFICIALS. *Uniform plumbing code.* Ontario, 1955.

JATO SISTEMA. *Sirene audiovisual Savv.* [201-]. Disponível em: <http://www.jatosistema.com.br/alarme-incendio/sirene/sirene-audio-visual-savv.html>. Acesso em: 17 jan. 2016.

LEAL, U. Ruídos em tubulações podem ter várias causas. *Téchne*, São Paulo, n. 72, p. 48-51, mar. 2004.

LIMA, C. F. M; ANDERY, P. R. P; VEIGA, A. C. R. Análise do processo de projeto de sistemas hidrossanitários prediais. *Pesquisa em Arquitetura e Construção*, Campinas, v. 7, n. 2, p. 102-113, jun. 2016.

LORENZI, L. S. *Análise Crítica e Proposições de Avanço nas Metodologias de Ensaios Experimentais de Desempenho à Luz da ABNT NBR 15575 (2013) para Edificações Habitacionais de Interesse Social Térreas.* 2013. Tese (Doutorado em Engenharia Civil) – Universidade Federal do Rio Grande do Sul, Porto Alegre.

MACINTYRE, J. A. *Manual de instalações hidráulicas e sanitárias.* Rio de Janeiro: Guanabara, 1990.

MEDEIROS, G. E.; BARACUHY, L. J. 24 duchas. *Arquitetura & Construção*, São Paulo, p. 86-89, dez. 2008.

MEDEIROS, G. E.; MEDEIROS, H. Planeje a compra das pias e torneiras da cozinha. *Arquitetura & Construção*, São Paulo, p. 98-103, dez. 1999.

MELO, V. O.; AZEVEDO NETTO, J. M. *Instalações prediais hidráulico-sanitárias.* São Paulo: Blucher, 1988.

NAKAMURA, J. Cada coisa em seu lugar. *Téchne*, São Paulo, n. 156, p. 30-32, mar. 2010.

NAKAMURA, J. Água e energia em áreas em comum. *Téchne*, São Paulo, n. 168, p. 54-56, mar. 2011.

NAKAMURA, J. Norma de desempenho: parte 6 comentada: instalações hidrossanitárias. *Téchne*, São Paulo, n. 201, p. 34-41, dez. 2013.

NETTO, F.; MORAIS, M. Banheiros. *Arquitetura & Construção*, São Paulo, p. 92-98, abr.-ago. 1990.

OKAMOTO, P. S.; MELHADO; S. B. *A Norma Brasileira de Desempenho e o Processo de Projeto de Empreendimentos Residenciais*, In: ENCONTRO NACIONAL DE TENCOLOGIA DO AMBIENTE CONSTRUÍDO, Maceió, 2014. Anais... Maceió, 2014.

OKAMOTO, P. S. Os impactos da norma brasileira de desempenho sobre o processo de projeto de edificações residenciais. São Paulo, 2015. Dissertação (Mestrado em Ciências) Escola Politécnica da Universidade de São Paulo. Departamento de Engenharia de Construção Civil. São Paulo, 2015.

OLIVEIRA, M. V. C.; CARVALHO, A. R. *Saneamento do meio*. 5. ed. São Paulo: Senac, 2005.

PHILIPS. *Manual de iluminação*. Eindhoven, 1986.

PIRELLI. *Manual Pirelli de instalações elétricas*. São Paulo: Pini, 1993.

PMSP – POLÍCIA MILITAR DO ESTADO DE SÃO PAULO. Corpo de Bombeiros. *Instrução técnica n. 06/2019*: acesso de viatura na edificação e áreas de risco. São Paulo, 2019a. Disponível em: <http://www.cbm.pi.gov.br/download/201904/CBM25_590aa95e33.pdf>. Acesso em: 24 jul. 2019.

PMSP – POLÍCIA MILITAR DO ESTADO DE SÃO PAULO. Corpo de Bombeiros. *Instrução técnica n. 07/2019*: separação entre edificações (isolamento de risco). São Paulo, 2019b. Disponível em: <http://www.ccb.policiamilitar.sp.gov.br/dsci_publicacoes2/_lib/file/doc/IT-07-2019.pdf>. Acesso em: 02 jul. 2019.

PMSP – POLÍCIA MILITAR DO ESTADO DE SÃO PAULO. Corpo de Bombeiros. *Instrução técnica n. 09/2019*: compartimentação horizontal e compartimentação vertical. São Paulo, 2019c. Disponível em: <http://www.ccb.policiamilitar.sp.gov.br/dsci_publicacoes2/_lib/file/doc/IT-09-2019.pdf>. Acesso em: 18 jun. 2019.

PMSP – POLÍCIA MILITAR DO ESTADO DE SÃO PAULO. Corpo de Bombeiros. *Instrução técnica n. 11/2019*: saídas de emergência. São Paulo, 2019d. Disponível em: <http://www.ccb.policiamilitar.sp.gov.br/dsci_publicacoes2/_lib/file/doc/IT-11-2019.pdf>. Acesso em: 24 jul. 2019.

PMSP - POLÍCIA MILITAR DO ESTADO DE SÃO PAULO. Corpo de Bombeiros. *Instrução técnica n. 20/2019*: sinalização de emergência. São Paulo, 2019e. Disponível em: <http://www.ccb.policiamilitar.sp.gov.br/dsci_publicacoes2/_lib/file/doc/IT-20-2019.pdf>. Acesso em: 18 jun. 2019.

PMSP - POLÍCIA MILITAR DO ESTADO DE SÃO PAULO. Corpo de bombeiros. *Instrução técnica n. 22/2019*: sistemas de hidrantes e de mangotinhos para combate a incêndio. São Paulo, 2019f. Disponível em: <http://www.ccb.policiamilitar.sp.gov.br/dsci_publicacoes2/_lib/file/doc/IT-22-2019.pdf>. Acesso em: 17 jul. 2019.

PROMA Construções e negócios. *Botijão de gás: leis proíbem o uso em edificações com instalação interna de gás canalizado.* Disponível em: http://www.proma.com.br/blog/botijao-de-gas-leis-proibem-o-uso-em-edificacoes-com-instalacao-interna-de-gas--canalizado/. Acesso em: 11 out. 2021.

PRYSMIAN GROUP. *Instalações elétricas residenciais.* Santo André, 2006.

RAMOS, HÉLDER DOS REIS. *Manutenção de sistemas hidráulicos prediais*: manual de intervenção preventiva. 2010. Dissertação (Mestrado em Engenharia Civil) - Universidade do Porto, Porto, 2010.

SÃO PAULO (ESTADO). Decreto n. 63.911, de 10 de dezembro de 2018. Institui o Regulamento de Segurança Contra Incêndios das edificações e áreas de risco no Estado de São Paulo e dá providências correlatas. *Casa Civil*, São Paulo, 10 dez. 2018. Disponível em: <https://www.al.sp.gov.br/repositorio/legislacao/decreto/2018/decreto-63911-10.12.2018.html>. Acesso em: 18 jul. 2019.

SAYEG, S. Economia pelo cano. *Téchne*, São Paulo, n. 62, p. 28-33, maio 2002.

SCALA SCI. *Portas corta-fogo.* [201-]. Disponível em: <http://scalasci.com.br/produtos/portas-corta-fogo/NBR/porta-corta-fogo-nbr-11742-saida-de-emergencia/>. Acesso em: 18 jan. 2016.

TECSEG. *Botoeira manual, alarme de incêndio.* [20--]. Disponível em: <http://tecsegonline.com.br/produtos/23/produtos/registro/98/botoeira-manual-alarme-de-incendio>. Acesso em: 17 jan. 2016.

TELEBRAS - TELECOMUNICAÇÕES BRASILEIRAS. *Norma 224-3115-01/02*: tubulações telefônicas em edifícios. Brasília, 1976.

TELESP - TELECOMUNICAÇÕES DE SÃO PAULO S.A. *Manual de redes telefônicas internas*: tubulação telefônica em prédios: projeto. São Paulo, 1985. v. 1.

TNA TECHNOLOGY. *Detector de fumo, intrínseca, seguro e apropriado para refinarias e centrais eléctricas.* [201-]. Disponível em: <http://portuguese.tandafirealarm.com/china-explosion_proof_device_intrinsically_safe_smoke_detector_for_industrial_fire_alarm_system-4979546.html>. Acesso em: 17 jan. 2016.

TUBOS E CONEXÕES TIGRE S.A. *Manual técnico de instalações hidráulicas e sanitárias.* 2. ed. São Paulo: Pini, 1991.

VERÓL, A.P.; VAZQUES.E.G.; MIGUES.M.G. *Sistemas Prediais hidráulicos e sanitários: projetos práticos e sustentáveis.* 1ª ed. – (Reimpr.). Rio de Janeiro: Livros Técnicos e Científicos (LTC), 2021.

WENZEL, M. A gota d'água. *Arquitetura & Construção*, São Paulo, p. 96-99, jun. 2003.

GRÁFICA PAYM
Tel. [11] 4392-3344
paym@graficapaym.com.br